"十三五"国家重点图书出版规划项目

BIM 技术及应用丛书

中美英 BIM 标准与技术政策

李云贵　主编

何关培　李海江　邱奎宁　赵　欣　副主编

U0249903

中国建筑工业出版社

图书在版编目（CIP）数据

中美英BIM标准与技术政策 / 李云贵主编. — 北京：中国建筑工业出版社，2018.12

（BIM技术及应用丛书）

ISBN 978-7-112-22982-6

Ⅰ.①中… Ⅱ.①李… Ⅲ.①建筑设计—计算机辅助设计—应用软件—标准—对比研究—中国、美国、英国②建筑设计—计算机辅助设计—应用软件—技术政策—对比研究—中国、美国、英国 Ⅳ.① TU201.4

中国版本图书馆CIP数据核字（2018）第265620号

本书是"BIM技术及应用丛书"中的一本，主要内容为：第1章简单介绍了BIM技术的产生背景、地位和作用，以及当前研究和应用现状，并对本书要介绍的BIM标准和技术政策做了简单分类。随后的章节按照中国篇、美国篇、英国篇三部分组织。第2章至第5章，介绍中国BIM研究与应用、国家和行业BIM标准和技术政策、地方BIM标准和技术政策、部分企业BIM标准和技术政策。第6章至第9章介绍美国BIM应用的主要特点、国家和行业标准与技术政策、地方标准与技术政策、部分机构和企业标准与技术政策。第10章至第13章介绍英国BIM应用的主要特点、技术政策、标准规范和推广体系。

本书可供企业管理人员及BIM从业人员参考使用。

总　策　划：尚春明
责任编辑：范业庶　杨　杰
责任校对：张颖

BIM技术及应用丛书
中美英BIM标准与技术政策
李云贵　主编
何关培　李海江　邱奎宁　赵　欣　副主编
＊
中国建筑工业出版社出版、发行（北京海淀三里河路9号）
各地新华书店、建筑书店经销
北京点击世代文化传媒有限公司制版
天津翔远印刷有限公司印刷
＊
开本：787×1092毫米　1/16　印张：15　字数：310千字
2018年12月第一版　2018年12月第一次印刷
定价：55.00元
ISBN 978-7-112-22982-6
　　（33059）

本书编委会

主　　编　李云贵

副主编　何关培　李海江　邱奎宁　赵　欣

编　　委　姜韶华　叶　凌　宛　春　沈　宏　杨远丰

　　　　　鲁丽萍　赖建燕　金　睿　周红波　肖宝琦

　　　　　朱镇北　姜月菊　琚　娟　屠剑飞　李雄毅

　　　　　钟　宸　孙　上　尹　恺　钱琛川　何　波

　　　　　张家立　罗　兰　刘金樱

丛书前言

"加快推进建筑信息模型（BIM）技术在规划、勘察、设计、施工和运营维护全过程的集成应用，实现工程建设项目全生命期数据共享和信息化管理，为项目方案优化和科学决策提供依据，促进建筑业提质增效。"

——摘自《关于促进建筑业持续健康发展的意见》（国办发 [2017] 19 号）

BIM 技术应用是推进建筑业信息化的重要手段，推广 BIM 技术，提高建筑产业的信息化水平，为产业链信息贯通、工业化建造提供技术保障，是促进绿色建筑发展，推进智慧城市建设，实现建筑产业转型升级的有效途径。

随着《2016-2020 年建筑业信息化发展纲要》（建质函 [2016]183 号）、《关于推进建筑信息模型应用的指导意见》（建质函 [2015]159 号）等相关政策的发布，全国已有近 20 个省、直辖市、自治区发布了推进 BIM 应用的指导意见。以市场需求为牵引、企业为主体，通过政策和技术标准引领和示范推动，在建筑领域普及和深化 BIM 技术应用，提高工程项目全生命期各参与方的工作质量和效率，实现建筑业向信息化、工业化、智慧化转型升级，已经成为业内共识。

近年来，随着互联网信息技术的高速发展，以 BIM 为主要代表的信息技术与传统建筑业融合，符合绿色、低碳和智慧建造理念，是未来建筑业发展的必然趋势。BIM 技术给建设项目精细化、集约化和信息化管理带来强大的信息和技术支撑，突破了以往传统管理技术手段的瓶颈，从而可能带来项目管理的重大变革。可以说，BIM 既是行业前沿性的技术，更是行业的大趋势，它已成为建筑业企业转型升级的重要战略途径，成为建筑业实现持续健康发展的有力抓手。

随着 BIM 技术的推广普及，对 BIM 技术的研究和应用必然将向纵深发展。在目前这个时点，及时对我国近几年 BIM 技术应用情况进行调查研究、梳理总结，对 BIM 技术相关关键问题进行解剖分析，结合绿色建筑、建筑工业化等建设行业相关课题对今后 BIM 深度应用进行系统阐述，显得尤为必要。

2015 年 8 月 1 日，中国建筑工业出版社组织业内知名教授、专家就 BIM 技术现状、发展及 BIM 相关出版物进行了专门研讨，并成立了 BIM 专家委员会，囊括了清华大学、同济大学等著名高校教授，以及中国建筑股份有限公司、中国建筑科学研究院、上海建工集团、中国建筑设计研究院、上海现代建筑设计（集团）有限公司、北京市建筑设计研究院等知名专家，既有 BIM 理论研究者，还有 BIM 技术实践推广者，更有国家及行业相关政策和技术标准的起草人。

秉持求真务实、砥砺前行的态度，站在 BIM 发展的制高点，我们精心组织策划了《BIM 技术及应用丛书》，本丛书将从 BIM 技术政策、BIM 软硬件产品、BIM 软件开发工具及方法、BIM 技术现状与发展、绿色建筑 BIM 应用、建筑工业化 BIM 应用、智慧工地、智慧建造等多个角度进行全面系统研究、阐述 BIM 技术应用的相关重大课题。将 BIM 技术的应用价值向更深、更高的方向发展。由于上述议题对建设行业发展的重要性，本丛书于 2016 年成功入选"十三五"国家重点图书出版规划项目。认真总结 BIM 相关应用成果，并为 BIM 技术今后的应用发展孜孜探索，是我们的追求，更是我们的使命！

随着 BIM 技术的进步及应用的深入，"十三五"期间一系列重大科研项目也将取得丰硕成果，我们怀着极大的热忱期盼业内专家带着对问题的思考、应用心得、专题研究等加入到本丛书的编写，壮大我们的队伍，丰富丛书的内容，为建筑业技术进步和转型升级贡献智慧和力量。

前　言

信息技术是近几十年人类科技发明应用最为广泛、进步最快、与传统产业创新发展结合最为紧密的科学技术。特别是近年来，以互联网为代表的新技术、新经济正在重塑甚至颠覆传统行业，引发了新一轮的产业革命。2015年，党中央国务院出台了《关于积极推进"互联网＋"行动的指导意见》《促进大数据发展行动纲要》等一系列文件，推动以互联网、大数据为代表的新一代信息技术向更广泛领域的拓展、更深入的应用。习近平主席指出："当今时代，以信息技术为核心的新一轮科技革命正在孕育兴起，互联网日益成为创新驱动发展的先导力量，深刻改变着人们的生产生活，有力推动着社会发展。"建筑业是国民经济的支柱产业，是全面建成小康社会的重要组成部分，借助信息技术更好推进建筑业改革发展意义重大。

BIM作为建筑业前沿信息化技术，是建筑行业和信息技术融合的主要方法和手段之一，普及BIM应用对建筑行业的转型和发展具有重要意义。一方面，它可以极大地改善和升级建筑业行为模式和管理方式，加速工程建设逐步向工业化、标准化和集约化方向发展；另一方面它可以在提高生产效率、节约成本和缩短工期方面发挥重要作用，推动工程建造向更加精益、可持续的方向发展，成为"应用信息技术改造与提升传统建筑业"的重要组成部分，其信息结构化和信息可视化的核心价值将长期深入促进建筑业全产业链各环节的技术升级和管理模式变革。

建筑信息模型（BIM）这个专业术语2002年产生于美国。作为BIM的发源地，美国的BIM研究与应用一直处于国际引领地位。特别是美国国家BIM标准，其第一版发布于2007年，又分别于2012年和2015年发布了第二版和第三版。美国国家BIM标准对奠定BIM理论体系有着重要的作用。因为其理论性和系统性，以及对美国各主流标准的引用和融合，使得美国国家BIM标准成为被其他国家和地区引用或参照最多的BIM标准。

英国是目前全球BIM应用推广力度最大和增长最快的地区之一。作为最早把BIM

应用于各项政府投资工程的国家之一，英国不仅建立了比较完善的 BIM 标准体系，并且出台了 BIM 强制政策。英国的 BIM 应用行业背景和中国有非常类似之处，英国 BIM 应用的成功经验和未来发展规划对我国极具参考价值，是我国工程建设行业推进 BIM 应用的重点参考对象。

我国从"十五"期间开始，科技部在国家层面通过持续科研立项逐步深入研究，有力推动了 BIM 在我国的发展和应用落地。"十二五"期间，BIM 理念在建筑市场逐步深入人心，BIM 的重要性和意义在行业已得到共识。住房和城乡建设部于 2011 年发布了《2011～2015 建筑业信息化发展纲要》，把 BIM 作为支撑行业产业升级的核心技术重点发展；住房和城乡建设部在 2012、2013 年批准了 6 本 BIM 国标的编制计划，这些标准正在陆续推出，从而在业内掀起了 BIM 应用高潮。进入"十三五"，为进一步推进 BIM、物联网、大数据、智能化、移动通信、云计算等信息技术的集成应用，国家在重点研发计划中设立了"绿色施工与智慧建造关键技术"研究项目（编号：2016YFC0702100），为建筑业的可持续发展提供技术支撑，本书作者是项目组核心成员，书籍的编写也得到项目的支持。我国 BIM 应用发展至今，通过不断研发、试点示范应用和推广，BIM 的作用和价值已经得到行业普遍认可，应用环境已初步成熟，BIM 普及应用条件已经基本具备。

全面系统了解全球具有代表性的美国、英国 BIM 标准和技术政策对我国下一阶段 BIM 发展应用有着重要的参考价值。为此，作者在对美国、英国、中国的 BIM 标准及技术政策进行深入调研基础上，组织相关专家编写了本书，其目的是让 BIM 技术人员及管理者、决策者等深入了解国内外 BIM 的发展动态、正确理解相关技术政策。

本书第 1 章简单介绍了 BIM 技术的产生背景、地位和作用，以及当前研究和应用现状，并对本书要介绍的 BIM 标准和技术政策做了简单分类。随后的章节按照中国篇、美国篇、英国篇三部分组织。第 2 章至第 5 章，介绍中国 BIM 研究与应用、国家和行业 BIM 标准和技术政策、地方 BIM 标准和技术政策、部分企业 BIM 标准和技术政策。第 6 章至第 9 章介绍美国 BIM 应用的主要特点、国家和行业标准与技术政策、地方标准与技术政策、部分机构和企业标准与技术政策。第 10 章至第 13 章介绍英国 BIM 应用的主要特点、技术政策、标准规范和推广体系。

由于我们的调研范围有一定局限性，书中有些观点和描述可能存在偏差或片面性，有些结论和描述也仅仅是针对当前状态，并不代表未来的发展。特别是限于作者能力、经验和水平，本书内容可能还存在不能令人满意之处，也不一定完全正确，期待同行批评指正，以期下一版有所改进和提高。

目　录

第 1 章　概述 ··· 1

  1.1　BIM 产生和发展 ·· 1

  1.2　BIM 研究和应用现状 ··· 2

  1.3　BIM 在建筑业发展中的地位和作用 ··· 4

  1.4　BIM 标准和技术政策 ··· 6

中国篇

第 2 章　中国 BIM 研究与应用 ·· 7

  2.1　概述 ·· 7

  2.2　中国 BIM 技术研究 ··· 8

  2.3　中国设计和施工 BIM 应用 ·· 10

  2.4　中国常用 BIM 软件与相关设备 ·· 11

第 3 章　中国国家和行业 BIM 标准和技术政策 ·· 14

  3.1　概述 ·· 14

  3.2　《建筑信息模型应用统一标准》（GB/T 51212-2016） ······················ 18

  3.3　《建筑信息模型施工应用标准》（GB/T 51235-2017） ······················ 20

  3.4　《关于推进 BIM 应用的指导意见》 ·· 23

  3.5　《2016-2020 建筑业信息化发展纲要》 ··· 24

第 4 章　中国地方 BIM 标准和技术政策 ··· 28

  4.1　地方 BIM 标准和技术政策汇总 ·· 28

4.2 北京市 BIM 标准和技术政策 ··· 29

　4.2.1 《北京市推进建筑信息模型应用工作的指导意见（征求意见稿）》 ············ 29

　4.2.2 《北京市建筑信息模型（BIM）应用示范工程管理办法》和验收细则（试行稿）··· 30

　4.2.3 北京市 BIM 标准体系建设 ·· 31

4.3 上海 BIM 标准和技术政策 ··· 31

　4.3.1 上海市 BIM 技术政策 ··· 32

　4.3.2 上海市 BIM 标准、指南和示范文本 ·· 34

4.4 广东省和广州市 BIM 标准和技术政策 ·· 37

　4.4.1 广东省 BIM 标准和技术政策 ··· 37

　4.4.2 广州市 BIM 标准和技术政策 ··· 39

4.5 浙江 BIM 标准和技术政策 ··· 42

　4.5.1 《浙江省建筑信息模型（BIM）技术应用导则》 ······························ 43

　4.5.2 浙江省建筑信息模型（BIM）技术推广应用费用计价参考依据 ·············· 43

　4.5.3 浙江省《建筑信息模型（BIM）统一标准》 ································· 44

第5章 中国部分企业 BIM 标准和技术政策 ······················· 47

5.1 概述 ··· 47

5.2 中建 BIM 标准和技术政策 ·· 47

　5.2.1 中建 BIM 技术政策 ·· 50

　5.2.2 中建 BIM 标准 ·· 52

5.3 万达 BIM 标准和技术政策 ·· 57

　5.3.1 万达 BIM 技术政策 ·· 58

　5.3.2 万达 BIM 标准 ·· 60

5.4 浙江建工 BIM 标准和技术政策 ·· 62

　5.4.1 浙江建工 BIM 技术政策 ··· 64

　5.4.2 浙江建工 BIM 标准 ·· 66

美国篇

第6章 美国 BIM 主要特点 ··································· 68

6.1 概述 ··· 68

6.2 BIM 发展 ··· 69

6.3 美国主要 BIM 标准和技术政策 ·· 72

6.4 美国编码体系及应用情况 ··· 73

6.4.1　美国编码体系概述 ·· 73

6.4.2　OmniClass 主要内容 ··· 74

6.4.3　OmniClass 应用情况 ··· 75

6.4.4　编码应用情况 ··· 76

6.5　VDC、BIM 与 IPD ·· 76

6.5.1　VDC 与 BIM ··· 76

6.5.2　IPD 概述和应用情况 ··· 77

6.5.3　IPD 应用情况 ··· 77

第 7 章　美国国家和行业 BIM 标准与技术政策 ·················· 80

7.1　概述 ··· 80

7.1.1　美国国家 BIM 标准 ··· 80

7.1.2　行业 BIM 标准与技术政策 ··· 81

7.2　美国国家 BIM 标准 ·· 82

7.2.1　NIBS 及 bSa 概况 ··· 82

7.2.2　美国国家 BIM 标准编制背景 ··· 83

7.2.3　内容概述 ··· 84

7.2.4　主要内容之一 - 引用标准 ··· 85

7.2.5　主要内容之二 - 信息交换 ··· 87

7.2.6　主要内容之三 - 实践文件 ··· 88

7.3　行业协会 BIM 标准 -AIA BIM 指南 ··· 88

7.3.1　AIA 概况 ··· 88

7.3.2　AIA 编制背景 ··· 89

7.3.3　标准内容 ··· 90

7.3.4　标准实施与影响 ··· 91

7.4　AGC BIM 指南 ·· 92

7.4.1　AGC 概况 ··· 92

7.4.2　AGC 编制背景 ··· 93

7.4.3　主要内容 - 承包商 BIM 使用指南 ··· 94

7.4.4　主要内容 -Consensus DOCS ··· 94

7.4.5　标准实施与影响 ··· 97

7.5　bSa BIM 标准 ·· 98

7.5.1　PXP 与 bSa 概况 ··· 98

7.5.2　BIM 项目实施计划指南 ··· 98

7.5.3　业主 BIM 规划指南 ··· 102

7.5.4 BIM 用法 ·· 104

7.5.5 bSa BIM 研究项目 ·· 105

7.5.6 美国国家 BIM 标准 ··· 106

7.5.7 标准实施与影响 ··· 106

7.6 整体推动效应 ·· 107

7.6.1 美国国家 BIM 标准 ··· 107

7.6.2 行业 BIM 标准与技术政策 ······································· 108

第 8 章 美国地方 BIM 标准与技术政策 ································ 109

8.1 概述 ··· 109

8.2 威斯康辛州 ·· 109

8.2.1 标准概况 ·· 109

8.2.2 标准内容 ·· 110

8.2.3 标准实施及影响 ··· 111

8.3 德克萨斯州 ·· 113

8.3.1 标准概况 ·· 113

8.3.2 标准内容 ·· 114

8.3.3 标准实施及影响 ··· 114

8.4 俄亥俄州 ··· 115

8.4.1 标准概况 ·· 115

8.4.2 标准内容 ·· 117

8.4.3 标准实施及影响 ··· 118

8.5 马萨诸塞州 ·· 119

8.5.1 标准概况 ·· 119

8.5.2 标准内容 ·· 119

8.5.3 标准实施及影响 ··· 122

8.6 整体推动效应 ··· 123

第 9 章 美国部分机构和企业 BIM 标准与技术政策 ·············· 124

9.1 概述 ··· 124

9.2 GSA BIM 标准介绍 ·· 125

9.2.1 GSA 概况 ··· 125

9.2.2 GSA 编制背景 ··· 125

9.2.3 标准编写 ·· 126

9.2.4 标准内容 ···································· 127

9.2.5 标准实施与影响 ······················· 130

9.3 USACE BIM 路线图 ······························· 131

9.3.1 USACE 概况 ······························· 131

9.3.2 USACE BIM 路线图介绍 ············· 131

9.3.3 标准实施及影响 ······················· 133

9.4 USC BIM 实施标准 ······························· 134

9.4.1 USC 概况 ·································· 134

9.4.2 USC 编制背景 ···························· 134

9.4.3 标准内容 ································ 134

9.4.4 标准实施及影响 ······················· 137

9.5 从企业标准到管理提升 ······················· 138

9.5.1 概述 ······································ 138

9.5.2 岗位设置 ································· 138

9.6 推动效应 ··· 145

英国篇

第 10 章 英国 BIM 主要特点 ··················· 146

10.1 概述 ·· 146

10.2 BIM 发展 ·· 147

10.3 英国主要 BIM 标准和技术政策 ·············· 150

10.4 英国编码体系及应用情况 ···················· 152

10.5 英国 BIM 推广体系 ··························· 155

10.5.1 BIM Task Group ························ 157

10.5.2 UK BIM Alliance ······················ 157

10.5.3 BIM4 Communities ···················· 159

10.5.4 BSI - British Standards Institution ····· 159

10.5.5 NBS - National Building Specification ··· 160

10.5.6 CIC - Construction Industry Council ···· 161

10.5.7 BIM 英国各区域工作小组 ··············· 161

第 11 章 英国 BIM 技术政策 ··················· 165

11.1 概述 ·· 165

11.2　Government Construction Strategy 2011 ································· 165

11.3　Government Construction Strategy 2016-20 ······················· 170

11.4　Construction 2025 ··· 173

11.5　Digital Built Britain ··· 176

11.6　Built Environment 2050 ··· 180

11.7　英国 BIM 政策实施与影响 ··· 181

第 12 章　英国 BIM 标准规范 ··· 185

12.1　概述 ··· 185

12.2　BS 系列标准 ··· 186

12.2.1　协同设计标准：BS 1192：2007 ································· 186

12.2.2　数据基础标准：BS 8541 系列 ·································· 187

12.2.3　设计管理标准：BS 7000-4：2013 ······························ 189

12.2.4　信息交互标准：BS 1192-4：2014 ······························ 190

12.2.5　运营标准：BS 8536-1：2015 ·································· 192

12.3　PAS 系列标准 ··· 194

12.3.1　施工阶段信息管理标准：PAS 1192-2：2013 ···················· 194

12.3.2　运营阶段信息管理标准：PAS 1192-3：2014 ···················· 195

12.3.3　模型数据安全性标准：PAS 1192-5：2015 ······················ 198

12.3.4　工程安全标准：PAS 1192-6：2018 ···························· 200

12.4　英国 BIM 相关法律合同 ·· 201

12.4.1　CIC BIM Protocol ··· 201

12.5　其他相关标准 ··· 203

12.5.1　NBS BIM Object Standard ····································· 203

12.5.2　BIP 2207 ·· 204

12.5.3　CIC Best Practice ··· 205

12.5.4　CIC Outline ·· 206

12.5.5　CPIx Protocol ·· 207

12.5.6　EIR Core Contents and Guidance ······························ 209

12.5.7　Digital Plan of Work（DPoW） ································· 210

12.6　标准实施与影响 ·· 211

第 13 章　英国 BIM 推广体系 ··· 214

13.1　BIM 培训 ··· 214

13.1.1 英国标准学会（BSI）的 BIM 培训 ·············· 214

13.1.2 英国建筑研究院（BRE）的 BIM 培训 ·············· 215

13.1.3 皇家特许测量师学会（RICS）的 BIM 培训 ·············· 216

13.1.4 英国土木工程师学会（ICE）的 BIM 培训 ·············· 216

13.1.5 特许建造学会（CIOB）的 BIM 培训 ·············· 217

13.2 风筝认证体系 ·············· 219

13.3 支持体系 ·············· 219

13.3.1 NBS BIM Library 与 NBS BIM ToolKit ·············· 219

13.3.2 Bre Templater 与 DataBook ·············· 220

13.3.3 UniClass 2015 ·············· 220

13.4 推广体系的效果与影响 ·············· 221

参考文献 ·············· 222

第1章 概述

1.1 BIM 产生和发展

20 世纪 70 年代，受全球石油危机的影响，美国整个建筑业都在考虑如何提高行业生产效益的问题。在此背景下，1975 年美国乔治亚理工大学的 Chuck Eastman 教授在其研究课题"Building Description System"（建筑物描述系统）中提出"a computer-based description of a building"（基于计算机的建筑物描述方法），并以第一作者的身份撰写了世界上第一篇 BIM 论文"An Outline of the Building Description System"（建筑物描述系统的框架）。最初，Chuck Eastman 教授将 BIM 定义为"建筑信息模型是一种涵盖建筑项目在其整个生命期内所有形貌特征、功能要求及组件性能信息的综合模型，该模型中也应包括工程进度、建造过程及其控制信息"。他认为 BIM 是通过数字技术对建筑工程项目中的各个关键信息进行建模，从而实现建筑工程项目的数字化，进而解决建筑工程各个阶段所存在的信息不对等或是不完整的问题，实现工程项目的可视化、可控性和高效率，即 BIM 便于实现建筑工程的可视化和量化分析，提高工程建设效率。

发展至今，BIM 发展主要经历了以下几个大的阶段：

1. 萌芽阶段

在计算机开始应用于建筑工程的早期，很多学者就意识到了基于图纸（或二维图形）工作的低效率问题。所以，在 BIM 的萌芽阶段，这些学者纷纷基于面向对象编程的思想，描述了参数化建模场景，提出了一些 BIM 理论原型。

但受限于当时的计算机软硬件环境，特别是计算机 CPU 计算速度、图形处理和显示速度、交互输入设备、数据库技术等，业界没能开发出与建筑信息模型交互的成熟手段，所以也没有被大多数工程技术人员认知。例如，Charles Eastman 领导研发的软件 Building Description System（BDS），使用了图形用户界面（正交视图和透视图），允许用户"在左侧输入代码，在右侧就生成可参数化调整的楼梯"。显然这个软件系统具备了 BIM 软件的某些基本特征，但使用很笨拙，也无法处理实际应用中的大模型。

2. 产生阶段

从 20 世纪 80 年代开始，BIM 技术进入产生阶段，出现了可用于实际工程项目的软件系统，如 GDS、EdCAAD、Cedar、RUCAPS、Sonata 和 Reflex 等，1988 年斯坦福大学综合设施工程中心成立，并进一步发展了有时间属性的"四维"建筑模型。

在这一阶段，一方面，BIM 技术开始服务于建筑业，各种可提升建造效率的专业工具得到发展；另一方面，BIM 模型可用于测试和模拟建筑性能表现，例如，RUCAPS 使用了建筑建造进程中时间定相概念，协助完成了 Heathrow 机场 3 号航站楼工程的部分工作；又如，劳伦斯伯克利国家实验室开发的 Building Design Advisor，可基于模型反馈形成模拟解决方案。

3. 发展阶段

进入 20 世纪 80 年代，随着计算机技术的革命性发展，可普遍应用的 PC 端 BIM 软件产生，促使 BIM 开始进入可普遍应用的发展阶段。1982 年，Gabor Bojar 和 Istvan Gabor 在匈牙利首都布达佩斯创建 Graphisoft 公司（图软公司），其开发的 Radar CH（即后来的 ArchiCAD）成为第一个能在 PC 上使用的 BIM 软件。之后，很多软件厂商将航空、航天、机械等制造行业的先进信息技术引入建筑行业，PC 端 BIM 软件逐渐多了起来。例如：参与研发 Pro/ENGINEER（采用基于约束的参数化建模软件）的 Irwin Jungreis 和 Leonid Raiz 前往剑桥创立了自己的软件公司 Charles River Software，2000 年开发出面向建筑行业的 Revit 建模软件（2002 年，被 Autodesk 公司收购）。围绕 BIM 应用的各种软件也逐渐配套成体系，如 Autodesk Navisworks、Bentley Navigator、Trimble Connect 等。

从 2002 年开始，"BIM"作为一个专业术语及其相应的技术和方法在业界专业人士与主要软件厂商的推动下，得到广泛认可，成为工程建设行业继 CAD 之后新一代的代表性信息技术。在这一阶段，相关技术标准和技术政策也取得很大进展，成为推动 BIM 应用和行业技术升级的主要因素，本书也将重点介绍相关内容。

上述三个阶段并没有严格的阶段转换时间点，往往下一阶段都是上一阶段延续和积累的结果。

1.2　BIM 研究和应用现状

从 1975 年算起，BIM 技术已经诞生和发展了四十多年，其内涵和外延也在不断发展并被更多人们认知，特别是近十年，BIM 成为国内外研究和应用的热点。从 Chuck Eastman 教授给出 BIM 的最初定义开始，很多专家、学者或组织都根据自己的视角和实践，给出自己对 BIM 的理解和定义，就是 BIM 这个英文缩写目前也至少包括三种含义："Building Information Model"、"Building Information Modelling"和"Building Information Management"。国家标准《建筑信息模型施工应用标准》GB/T 51235-2017 给出的定义："在建设工程及设施全生命期内，对其物理和功能特性进行数字化表达，并依此设计、施工、运营的过程和结果的总称。简称模型。"较为全面，包括两层含义：

建设工程及其设施物理和功能特性的数字化表达，在全生命期内提供共享的信息资源，并为各种决策提供的基础信息，接近于"Building Information Model"的含义；BIM 的创建、使用和管理过程，即模型的应用，接近于"Building Information Modelling"和"Building Information Management"的含义。

目前 BIM 研究和应用各个方面的情况大致如下：

1. BIM 关键技术研究和应用

尽管 BIM 技术已经广泛应用于各类工程项目，但还有许多关键技术需要攻关，才能促进其深入应用。例如：目前大模型的操作和互操作效率都还很低，对硬件要求过高，面向建筑行业应用的图形引擎核心技术还有很大的提升空间。再比如，BIM 模型的存储技术，当前 BIM 模型的实用交换格式都是私有的，这并不利于模型数据在建筑物全生命期的应用。所有这些说明，BIM 技术本身还处在快速发展阶段，技术研发和深度应用正相互促进。

2. BIM 软件研究和应用

早期的 BIM 软件以建模、模拟分析和专业协调为主要功能，大多数产品针对的是工程技术人员的工作需求。当前，侧重于辅助工程管理（质量安全、进度、成本管理等）的 BIM 软件逐渐多了起来。此类软件往往涉及多人协同，与企业的管理模式有关，个性化需求增多，因此这类软件的开发、推广难度也相应增大很多。

3. BIM 技术集成研究和应用

BIM 技术是服务于工程建设行业的信息技术，必须与其他主流、前沿信息技术深入融合才能发挥更大的价值。目前，以 BIM 为核心，将其与大数据、云计算、移动互联网、人工智能、物联网等技术的深度融合和集成的研究与应用，已经成为热点，这也是未来"智慧建造"技术的基础。例如：不少企业积累了一定数量的 BIM 应用项目，但这些 BIM 数据并没有被收集（或很好地收集）起来，有了高质量的数据，但仍然大多是信息孤岛，没有形成企业高质量的信息资产。这需要领域专家、厂商和应用企业合力攻关。

4. BIM 应用模式的研究与应用

由于 BIM 应用的复杂性，不同企业采用了不同的方法，也就产生了不同的 BIM 应用模式。目前，主要有三种 BIM 应用模式：

（1）设立专门的部门支持 BIM 应用，例如很多企业成立的 BIM 中心。这种模式好处是 BIM 应用起步快、起点高，专业人干专业的事情，不足的地方是容易与实际生产管理流程脱离。

（2）根据项目的实际需求，一对一的设定 BIM 应用目标，这是一种 BIM 的分散应用模式。这种模式的好处是可以灵活多变地解决实际问题，缺点是不易积累，容易低水平重复。

（3）从企业层面给出总体规划和技术政策，新项目都采用 BIM 技术，这是一种 BIM 的全员应用模式。这种模式的好处是快速形成企业核心竞争力，整体提升应用水平，但需要的资源投入和实施难度也是最大的，目前少数企业逐步进入全员应用模式。

很多的文献和工程示范都在研究和验证上述不同的 BIM 应用模式，这些应用模式也在逐步普及和成熟。如何在企业或跨越企业边界的供应链层面研究 BIM 应用模式，正在成为新的关注点。

1.3 BIM 在建筑业发展中的地位和作用

经济全球化和信息技术突飞猛进的发展，有力地推进了各个行业的科技创新、管理创新和业务模式创新，正在深刻改变传统产业的生产方式和管理模式，对于建筑业也是如此。建筑工程（这里是广义的工程，也包括桥梁、公路、铁路等工程）是一个涉及多个专业领域，综合性很强的系统工程，它包含有大量的工程信息需要强有力的技术手段去采集、整理、分析、检索和传输。BIM 技术作为建筑业的新技术、新理念和新手段，得到业内的普遍关注，BIM 技术正在触发建筑业传统思维方式、技术手段和商业模式的全面变革，也极大可能会带来建筑业全产业链的技术革命。

工程人员通过 BIM 建立数字化的工程信息模型，涵盖与项目相关的大量信息，服务于建设项目的策划、规划、设计、建造安装、运营等整个生命期，进而提高生产效率、保证生产质量、节约成本、缩短工期，发挥出新技术应用的巨大优势。基于 BIM 的工程管理模式是创建信息、管理信息、共享信息的数字化新模式，是建设行业数字化、信息化管理的发展趋势，对于整个建筑行业来说，必将产生更加深远的影响。

当前，BIM 在各国建筑领域所发挥的作用正日益显现，虽然 BIM 应用还未到全面普及阶段，但是认识并发展 BIM、实现行业的信息化升级转型，已成必然趋势。BIM 的价值主要体现在如下几个方面：

1. 实现建筑全生命期的信息共享

BIM 技术有力地支持建设项目信息在规划、设计、建造和运行维护全过程充分共享、高效传递，从而使建筑全生命期信息得到更有效的管理。应用 BIM 技术可以使建设项目的所有参与方（包括政府主管部门、业主、设计团队、施工单位、建筑运营部门等）在项目从概念产生到完全拆除的整个生命期内都能够在模型中操作信息和在信息中操作模型，进而协同工作。改变了过去依靠符号文字形式表达的蓝图进行项目建设和运营管理的模式，提升信息共享效率，促进了精细化管理。

2. 成为可持续建造的有效工具

BIM 技术有力地支持建设项目安全、美观、舒适、经济，以及节能、节水、节地、节材、环境保护等多方面的分析和模拟，促进建设项目全生命期内全方位的可预测、可控制。例如，利用 BIM 可以将设计结果自动导入建筑节能分析软件中进行能耗分析，或导入虚拟施工软件进行虚拟施工，避免重复建模。又如，利用 BIM 直观地展示设计结果或施工细节，对施工过程进行仿真，反映实际过程中的偶然性，增加施工过程的可控性。

3. 促进建筑业生产方式转变

BIM 技术有力地支持设计与施工一体化，减少工程中"错、缺、漏、碰"现象的发生，进而减少建筑全生命期的浪费，带来巨大的经济和社会效益。例如：英国机场管理局利用 BIM 技术削减希思罗 5 号航站楼百分之十的建造费用。又如，美国斯坦福大学 CIFE 中心总结的 BIM 优势：消除 40% 预算外更改；造价估算控制在 3% 精确度范围内；造价估算耗费的时间缩短 80%；通过发现和解决冲突，将合同价格降低 10%；项目工期缩短 7%，及早实现投资回报。所有这些都意味着 BIM 促进建筑业生产方式转变的可能性。

4. 促进建筑行业工业化发展

从横向比较，制造业的生产效率和质量在近半个世纪得到突飞猛进的发展，生产成本大大降低，其中一个非常重要的因素就是以三维设计为核心的 PDM/PLM（Product Data Management 产品数据管理，Product Lifecycle Management 产品生命周期管理）技术的普及应用。建设项目本质上都是工业化制造和现场施工安装结合的产物，提高工业化制造在建设项目中的比重，是建筑行业工业化的发展方向和目标。工业化建造至少要经过设计制图、工厂制造、运输储存、现场装配等主要环节，其中任何一个环节出现问题都会导致工期延误和成本上升，例如：图纸不准确导致现场无法装配。BIM 技术不仅为建筑行业工业化解决了信息创建、管理、传递的问题，而且 BIM 三维模型、装配模拟、采购制造运输存放安装的全程跟踪等手段为工业化建造的普及提供了技术保障。建筑工业化还为自动化生产加工奠定了基础，能够提高产品质量和效率，例如：对于复杂钢结构，可以利用 BIM 模型数据和数控机床的自动集成，完成传统"二维图纸 - 深化图纸 - 加工制造"流程费时费工、容易出错的下料工作。BIM 技术的产业化应用将大大有利于推动和加快建筑行业工业化进程。

5. 促进建筑产业链整合，提高行业竞争力

工程项目产业链包括建设方、勘察设计、总承包、专业分包、设备材料供应商等，一般项目都有数十个参与方，大型项目的参与方可以达到上百个甚至更多。二维图纸作为产业链成员之间传递沟通信息的载体已经使用了几百年，其弊端也随着项目复杂性和市场竞争的日益加大变得越来越明显。近几年来，在各国政府推动、市场需求、企业参与、行业助力和社会关注下，BIM 成为打通产业链和提升行业竞争力的一项关键技术和手段。

1.4 BIM 标准和技术政策

1. BIM 标准

可以认为 BIM 标准是"为了在一定范围内获得 BIM 应用的最佳秩序，经相关组织协商一致制定并批准的文件"。BIM 标准为 BIM 应用的各种活动或其结果提供规则、指南或规范，解决 BIM 技术研究与应用问题的同时，让与 BIM 标准相关的产品或服务能加速产业化，直接体现了 BIM 标准牵引产业的作用。

根据一般的标准体系划分原则，BIM 标准大致可分为三类。第一类是基础标准，如信息分类和编码标准 IFD、数据交换标准 IFC 等，这些标准往往是指导 BIM 软件产品研发的基础标准。第二类是通用标准，如 ISO 29481 "Information Delivery Manual"标准、美国的 BIM 国家标准，以及中国的《建筑信息模型应用统一标准》等，这些标准给出 BIM 应用的一般性规则和方法。第三类是专用标准，如我国的《建筑信息模型施工应用标准》，这些标准直接面向工程技术人员，指导具体的工程应用。

2. BIM 技术政策

BIM 技术政策是指国家、行业、地方，以及组织（包括企业）制定的用以引导、促进和干预 BIM 应用和进步的政策。BIM 技术政策以 BIM 技术支持行业发展为直接目标，是保障 BIM 技术适度和有序发展的重要手段。

BIM 技术政策的制定和实施非常重要。首先，促进 BIM 技术进步是各级组织本身的职能要求。其次，单纯依靠市场机制分配资源有时难以满足 BIM 技术发展的需要。最后，迅速增强本国的技术力量需要包括政府在内的各级组织干预。

一般 BIM 技术政策可分为三个层次。最高层次是国家和行业的 BIM 技术政策，给出推动行业整体 BIM 应用水平的目标、任务和保障措施。其次是地方的 BIM 技术政策，结合地方的特色和需求，给出 BIM 进步的激励机制。而企业层面的 BIM 技术政策更加落地，往往有更加详细的企业制度与组织形式相对应，而 BIM 应用的奖惩政策更加明确。本书也是根据这三个层次的划分来组织相关内容的。

中国篇

第2章 中国 BIM 研究与应用

2.1 概述

近年来，在政府推动、市场需求、企业参与、行业助力和社会关注下，BIM 技术已经成为中国建筑业研究和应用的重点。业内已经普遍认识到 BIM 技术对推进建筑业技术升级和生产方式变革的作用和意义。

中国具有全球最大的工程建设规模以及自成体系的建筑法律法规和标准规范体系，因此必须探索和实践与我国工程建设行业相适应的 BIM 普及应用和发展提高的道路、理论和制度，研究编制相关 BIM 标准，引导行业 BIM 应用、提升 BIM 应用效果、规范 BIM 应用行为，借此促进我国建筑工程技术的更新换代和管理水平的提升。

中国 BIM 研究与应用起步于"九五"期间（约 1995 年~2000 年），在相关科研项目中涉及了一些"基于模型的分析与计算"、"基于模型的信息传递和交换"、"IFC 标准研究"、"STEP 标准研究"等 BIM 基础技术和理论研究内容。国家在随后的"十五"、"十一五"、"十二五"、"十三五"科研计划中，也给予 BIM 技术持续、深入研究的支持。

进入 21 世纪，基于国家建设的特殊需要，如奥运工程、世博会工程等，部分企业开始了 BIM 技术的先期尝试应用。随后中国经济大发展，给建筑业带来绝佳发展机遇的同时，也为 BIM 技术的应用带来广阔平台，众多超高超限建筑、异形建筑等都成为 BIM 技术应用好场景。

中国 BIM 的推广和应用取得了显著进展，可以说到了一个转折点，正在引发建筑界一场新的革命。BIM 的价值在于创建并利用数字模型对项目进行设计、建造及运营管理的过程。建筑信息模型正在引发建筑行业一次史无前例的变革。利用 BIM 建模软件，提高项目设计、建造和管理的效率，并给采用该模型的建筑企业带来极大的新增价值。同时，通过促进项目周期各个阶段的知识共享，开展更密切的合作，将设计、施工和运营专业知识融入整个设计，建筑企业之间多年存在的隔阂正在被逐渐打破。这改善了易建性、对计划和预算的控制和整个建筑生命周期的管理，并提高了所有参与人员的生产效率。

目前，BIM 技术应用既有很强的动力，也面临着前进路程中的障碍，既了解到改善生产力和协调有序的益处，但同时面临成本、人才、软件能力限制等的挑战，需要平衡上述几个方面的关系，才能将 BIM 技术转化为生产力。

2.2 中国 BIM 技术研究

中国对 BIM 技术的研究始于 20 世纪 80 年代，起步研究的主题是基于模型的建筑 CAD 软件的技术架构和应用方法。而正式将 BIM 技术研究内容列入国家项目是 1998 年。1998 年国内专业人员开始接触和研究 IFC 标准，对 IFC 标准的早期（2001 年~ 2004 年）研究和应用之一就是在国家 863 计划中，通过扩展 IFC 标准形成了《数字社区信息表达与交换标准》。在此研究项目中，基于 IFC 标准制定了一个计算机可识别的社区数据表达与交换的标准，提供社区信息的表达以及可使社区信息进行交换的必要机制和定义。此项目的另一个收获就是，探索了 IFC 标准实际工程应用问题，以及根据我国建筑行业的实际情况进行必要扩充的方法。

近年来，中国 BIM 研究进入高峰期，相关科技论文呈现一种爆发式的增长态势。根据中国知网关键词 BIM 搜索，2008 年时 BIM 这一关键词的相关文章仅 148 篇（还包含部分医学文章），至 2017 年已经接近 3500 篇，2018 年前三个季度已有 2037 篇，如图 2-1 所示。

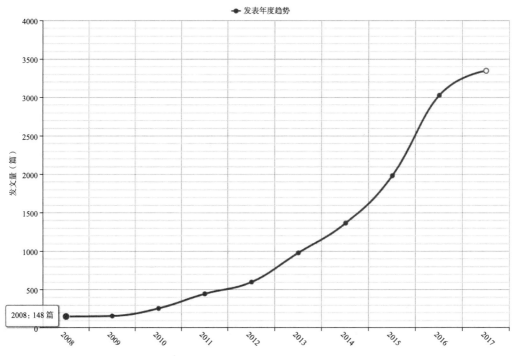

图 2-1　中国 BIM 研究论文逐年增长情况

以下按照国家五年计划，梳理各阶段中国 BIM 技术研究情况。

1. "十五"期间

在国家"十五"科技攻关项目中，设立了"基于国际标准 IFC 的建筑设计及施工管理系统研究"研究课题。此课题的重要研究成果包括：全文翻译了 IFC 标准，为后期的国家标准等同采用打下基础；开发了基于 IFC 标准的建筑结构 CAD 软件系统，以及基于 IFC 的建筑工程 4D 施工管理系统。在"基于 IFC 标准的建筑结构 CAD 软件系统"研发中，深入探索了已有 CAD 系统借助商业软件和自主开发这两种主要 BIM 软件集成模式，为直至今日的国产软件改造和系统集成打下坚实基础。在"基于 IFC 的建筑工程 4D 施工管理系统"研发中，探索了通过 WBS 编码集成 3D 模型、工程资源、进度管理，形成 4D 可视化动态管理系统的方法，此系统在"广州珠江新城西塔工程"、"青岛海湾大桥工程"等重大工程中得到应用。

2. "十一五"期间

在国家"十一五"科技支撑计划项目中，通过"现代建筑设计施工一体化关键技术研究"研究课题，研发了建筑工程协同设计集成系统、数字工地集成控制系统和设计与施工一体化信息共享系统，进而实现了设计与施工两个阶段的信息共享，同时集成和改造了现有的专业 CAD 软件和管理软件。课题 BIM 相关研究成果包括：建筑施工管理 IFC 数据描述标准、基于 IFC、IDM、IFD 的信息共享和交换技术、基于 IFC 标准的建筑信息模型数据集成与交换引擎装置和方法等。

在国家"十一五"科技支撑计划滚动支持项目"建筑业信息化关键技术研究与应用"中，设立了"基于 BIM 技术的下一代建筑工程应用软件研究"研究课题。课题形成了诸多 BIM 技术相关成果，包括：基于 BIM 技术的建筑设计软件系统、基于 BIM 技术的建筑成本预测软件系统、基于 BIM 技术的建筑节能软件系统、基于 BIM 技术的建筑施工优化软件系统、基于 BIM 技术的建筑工程安全分析软件系统、基于 BIM 技术的建筑工程耐久性评估软件系统、基于 BIM 技术的建筑工程信息资源利用软件系统。

2009 ~ 2012 年，清华大学、Autodesk 公司联合开展了"中国 BIM 标准框架研究"项目，研究成果体现在《中国建筑信息模型标准框架研究》、《设计企业 BIM 实施指南》两本专业书籍中。

2006 ~ 2009 年，我国参与了欧盟"Europe INNOVA"项目，应用 IFC 标准，完成了基于性能的建造标准与实际业务过程的集成，以促进行业的技术创新和可持续发展。

3. "十二五"期间

"十二五"国家科技支撑计划课题《城镇住宅建设 BIM 科技研究及其产业化应用示范》，旨在建立中国城镇住宅 BIM 标准体系（CBIMS）和中国城镇住宅开发建设 BIM 技术集成应用平台。

国家高技术研究发展计划（863 计划）"基于全生命期绿色住宅产品化数字开发技

术研究和应用",针对我国节能环保面临的严峻挑战和发展绿色建筑的迫切需要,以最典型且量大面广的高耗能产品—建筑产品作为研究对象,以住宅产品生命周期为主线,研究突破 BIM 建模、仿真以及绿色性能预测、分析、评价、监控等共性关键技术,提出和构建基于全生命期绿色住宅产品化数字开发基础理论、发展模式、标准体系和推广机制;形成涵盖规划、设计、部品生产、施工和运营管理的绿色住宅产品化数字开发关键技术和方法;研发适合我国国情的绿色住宅产品化开发的数字开发与管理平台;建立绿色住宅产品化开发示范工程。

4."十三五"期间

"十三五"期间,在国家"绿色建筑及建筑工业化"重点专项中,列入两个 BIM 相关研究项目。分别是:①"基于 BIM 的预制装配建筑体系应用技术"项目,研发预制装配建筑产业化全过程的自主 BIM 平台关键技术;研发装配式建筑分析设计软件与预制构件数据库;研发基于 BIM 模型的预制装配式建筑部件计算机辅助加工(CAM)技术及生产管理系统;研发基于 BIM 的空间钢结构预拼装理论技术和自动监控系统;研发基于 BIM 模型和物联网的预制装配式建筑运输、智能虚拟安装技术与施工现场管理平台。②"绿色施工与智慧建造关键技术"项目,研究基于 BIM 技术的信息化绿色施工技术,建设基于物联网和分布式计算技术的绿色施工监控管理平台;研究 BIM 与物联网、移动通信、智能化等信息技术在绿色施工与智慧建造中的集成应用技术及标准体系。目前,这两个项目研究工作正在进行中。

与国外研究类似,国内研究对 BIM 的研究主题也主要聚焦 BIM 技术的应用研究、BIM 技术自身的研究两方面。但是在国内的 BIM 技术研究中,仍存在较多的不足,一是在应用研究中的研究范围过小,大多不具备推广性,对 BIM 的研究具有较多局限,脱离了其限定环境就无法应用。二是对 BIM 技术的研究缺乏系统性,大多是技术创新的简单陈述,未能带入实际场景深入挖掘新技术的实用性。三是在研究中大多采用工程视角,虽提到了 BIM 系统在工程建设中削减成本、提升效率等作用,但很少有相关文章从供应链角度考虑 BIM 技术对整个行业的促进作用。

2.3 中国设计和施工 BIM 应用

2007 年 BIM 开始进入中国设计领域。从上海国家电网馆工程、天津中钢大厦工程到深圳机场扩建等大型工程均开展了设计 BIM 应用,但此时的 BIM 应用还仅停留于设计阶段。2010 年 5 月,上海中心工程启动,由业主牵头对设计、施工和运营全过程的 BIM 应用进行了全面规划,通过整合设计、施工和设备安装单位资源和力量,启动了 BIM 在"设计 – 施工 – 安装 – 运维"的一体化应用。作为当时在建的第一高楼,上海中心项目成为第一个由业主主导,在项目全生命期中应用 BIM 的标杆。目前,以中国建筑设计研究院、北京市建筑设计研究院、上海现代建筑设计集团等为代表的一些大型设计单位正在以不同形式编制企业级 BIM 实施标准和指南，推进 BIM 应用。但总体而言，我国勘察设计领域的 BIM 应用还存在诸多困难，主要问题是投入较大、工作量增加，而效益没有得到体现，造成勘察设计领域 BIM 应用的积极性不高，这是目前勘察设计领域面临的一个难题。

我国施工领域 BIM 应用的一个特点是"热情高涨"。在过去几年的发展过程中，施工 BIM 应用还是以单项任务为主要应用方式，随着技术的不断成熟，BIM 逐渐成为解决包括成本管理、进度管理、质量管理等项目管理问题的有效手段之一，其应用重心也从单点技术应用向项目管理应用方向逐步过渡。另外，随着物联网、移动互联网等新的信息技术迅速发展，云存储和移动设备的应用，满足了工程现场数据和信息的实时采集、高效分析、及时发布和随时获取等需求，进而形成了"云 + 网 + 端"的应用模式。这种基于网络的多方协同应用方式与 BIM 集成应用，形成优势互补，为实现工地现场不同参与者之间的协同与共享，以及对现场管理过程监控都起到了显著的作用。

目前，业界的 BIM 应用发展不均衡，中建、中铁、中交等大型央企 BIM 普及率比较高，而大量的中小企业和民企还有较大差距，这与认识、标准、软件、法律环境等问题有关。2018 年的统计数据表明，国内建筑业整体的 BIM 应用普及率还不高，25.5% 的企业尚无推进 BIM 计划，38.0% 的企业仍处于 BIM 概念普及阶段，36.5% 的企业开始应用 BIM，26.1% 的企业仅在试点项目上应用 BIM，10.4% 企业开始大规模推广 BIM。对施工企业调研数据表明，具备 BIM 应用能力人员占企业人员总数比例超过 50% 的仅仅占 5%，20% ~ 50% 的占 7%，10% ~ 20% 的占 10%，5% ~ 10% 的占 18%，5% 以下的占 60%。2014 年 10 月，上海市人民政府办公厅发布了《关于在本市推进建筑信息模型技术应用指导意见的通知》(沪府办发〔2014〕58 号)。2017 年 11 月上海市人民政府办公厅发布了延长《关于在本市推进建筑信息模型技术应用指导意见的通知》(沪府办发〔2017〕73 号),明确"经评估需要继续实施 2014 年的指导意见，有效期延长至 2022 年 11 月 30 日"(原日期为 2017 年 11 月 30 日，延长 5 年)。

2.4 中国常用 BIM 软件与相关设备

BIM 产品（包括 BIM 软件和相关设备）在 BIM 应用体系里处于非常重要的地位，如图 2-2 所示。BIM 产品是 BIM 理论体系落地和 BIM 应用实现不可或缺的工具，没有 BIM 产品 BIM 相关标准也难于贯彻实施。应用 BIM 需要多样化的工具和实现项目的技能。虽然 BIM 软件是在传统工序和基础原则上发展起来的，但是它代表了一种全新的实现项目的方式。应用 BIM 软件的优势非常明显，包括不同软件、不同项目参与者之间的出色协调、提高生产率、改善沟通、加强质量控制等。

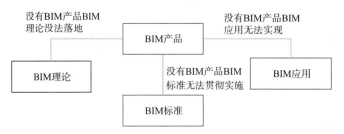

图 2-2　BIM 产品在 BIM 应用体系中的作用

本书作者从 2014 年开始，系统调研在中国应用的 BIM 软件和设备，并编写形成《BIM 软件与相关设备》一书，与行业的工程技术人员分享 BIM 产品相关知识，减少企业和项目在选择 BIM 产品过程中的重复工作和资源浪费。

表 2-1 是按功能分类的中国常用 BIM 软件与设备。其中涉及的 BIM 软件与相关设备包括：以建筑信息模型应用为主要目的，具有信息交换和共享能力，已经有一定应用范围和市场影响力，在中国建筑股份有限公司及相关单位有一定应用基础的软件和设备，也包括有一定应用价值和发展前景，但目前还没有普及的软件和设备。此外，涉及的软件和设备更侧重于房屋建筑领域的 BIM 应用，基础设施和工业设施领域的 BIM 应用软件和设备没有完全纳入。

中国常用 BIM 软件与设备　　　　　　　　　　表 2-1

类型	BIM 产品
模型创建与建筑 BIM 软件	1. Autodesk Revit 2. Bentley AECOsim Building Designer 3. GRAPHISOFT ArchiCAD 4. Dassault CATIA 5. Trimble SketchUp 6. 天正 TR 7. McNeel Rhino
结构 BIM 软件	1. 构力 PKPM-BIM 2. 盈建科 YJK 3. 广厦 GSRevit 4. 探索者 TSRS 5. 中建技术中心 ISSS 6. 理正深基坑支护结构设计软件 7. Tekla Structures 8. Autodesk Advance Steel 9. Nemetschek AllPLAN PLANBAR
机电 BIM 软件	1. 鸿业 BIMSpace 2. 广联达 MagiCAD 3. Autodesk Revit MEP 和 MEP Fabrication 4. Bentley Building Mechanical System（BBMS）

续表

类型	BIM 产品
建筑性能分析软件	1. Autodesk Ecotect 2. IES VE 3. ANSYS Fluent 4. LBNL EnergyPlus
BIM 集成应用与可视化软件	1. Autodesk Navisworks 2. Synchro Pro 4D 3. Dassault DELMIA 4. Bentley Navigator 5. Trimble Connect 6. Act-3D Lumion 7. 优比基于 BIM 机电设备管线应急管理系统 8. 理正 BIM 基坑施工监管系统
BIM 集成管理软件	1. 广联达 BIM5D 2. 云建信 4D-BIM 3. Autodesk BIM 360 4. Bentley Projectwise 5. TrimbleVico Office 6. Dassault ENOVIA
其他 BIM 软件	1. 理正勘察三维地质软件 2. 广联达模架设计软件、场地布置软件 3. 品茗模板脚手架工程设计软件、塔吊安全监控系统 4. 鸿业综合管廊设计软件 5. 优比 BIM 铝模板软件 6. 云建信 BIM-FIM 7. Autodesk AutoCAD Civil 3D
三维扫描设备及相关软件	1. 法如激光扫描仪 2. 徕卡扫描仪 3. 中建技术中心基于 BIM 的工程测控系统集成 4. Autodesk Recap
测量机器人	1. 天宝测量机器人 2. 徕卡全站仪 3. 拓普康放样机器人
虚拟现实（VR/AR/MR）设备及相关软件	1. Oculus Rift 2. 曼恒 G-Motion 3. HTC Vive 4. Autodesk Revit Live

近几年，中国 BIM 应用软件的研发和推广进入投入高峰期，主要表现为如下几个特征：

1. 很多企业将 BIM 应用软件作为新一代核心产品，投入大量资源；

2. 在国外 BIM 软件平台二次开发为主，完全自主知识产权 BIM 软件较少；

3. 支持工程设计（包括深化设计）的 BIM 应用软件较多，支持工程管理软件较少。

第3章 中国国家和行业BIM标准和技术政策

3.1 概述

中国国家层面最早的一项BIM技术政策是《2011-2015年建筑业信息化发展纲要》，此后陆续发布了一系列BIM技术政策和标准编制计划。

中国BIM标准和技术政策的制定和推进有以下几个特点：

1. 充分考虑行业现状和需求

首先，中国有自成体系的工程建设管理制度和政策，BIM标准和技术政策要与之匹配才能落地实施，同时作为支撑行业技术进步和转型升级的重要手段，BIM技术应用也会与行业其他技术和标准产生相互影响。其次，中国有规模庞大的从业企业和人员，BIM技术应用水平和能力千差万别，相关技术标准和政策应以推广普及为主，进而起到整体提升行业技术能力的作用，同时也兼顾对更高层次技术应用的引领。最后，中国有相当数量符合国内工程标准和规范的专业应用软件和设备，技术上和经济上短期内都不可能出现全新的替代品，BIM标准和政策要逐步引导这些软件和设备的改造和升级，同时也鼓励创新。

2011年5月住建部发布了《2011-2015年建筑业信息化发展纲要》（建质函[2011]67号）。规定了"十二五"期间的发展目标为：基本实现建筑企业信息系统的普及应用，加快建筑信息模型（BIM）、基于网络的协同工作等新技术在工程中的应用，推动信息化标准建设，促进具有自主知识产权软件的产业化，形成一批信息技术应用达到国际先进水平的建筑企业。这是BIM第一次出现在我国行业技术政策中，文件中把BIM应用作为重点任务，提出了对BIM研发和应用的具体要求。《2011-2015年建筑业信息化发展纲要》把BIM从理论研究阶段推进到工程应用阶段，从而在中国掀起了BIM标准研究和在工程中探索应用的高潮。也可以说，2011年是中国BIM应用的"元年"。

2015年6月住建部发布了《关于推进建筑信息模型应用的指导意见》（建质函[2015]159号）。提出的发展目标为：到2020年末，建筑行业甲级勘察、设计单位以及特级、一级房屋建筑工程施工企业应掌握并实现BIM与企业管理系统和其他信息技术的一体化集成应用。到2020年末，以下新立项项目勘察设计、施工、运营维护中，集成应用BIM的项目比率达到90%：以国有资金投资为主的大中型建筑；申报绿色建筑的公共建筑和绿色生态示范小区。文件要求各级住房城乡建设主管部门，要结合实际，制定

BIM 应用配套激励政策和措施，扶持和推进相关单位开展 BIM 的研发和集成应用，研究适合 BIM 应用的质量监管和档案管理模式；要求有关企业，要针对建设企业、勘察企业、规划和设计企业、施工企业和工程总承包企业，以及运营维护企业的特点，分别提出 BIM 应用要点。研究建立基于 BIM 的工作流程与工作模式，根据工程项目的实际需求和应用条件确定不同阶段的工作内容。按照《指导意见》的指导思想和基本原则，各地主管部门和行业内都积极开展了 BIM 技术研发和推广应用工作，并取得了较好的成果。从 2016 年 7 月开始到 11 月，住建部组织力量对工程设计企业和施工企业的 BIM 应用情况进行了调研。通过问卷的收集与分析，以及深度座谈，得到能够全面反映目前各地各类企业 BIM 技术研究与应用进展及存在问题的第一手信息，并撰写了调研报告，为住建部有关领导科学决策提供参考依据。

2016 年 8 月住建部发布了《2016-2020 年建筑业信息化发展纲要》（建质函 [2016]183 号）。提出的发展目标为："十三五"期间：全面提高建筑业信息化水平，着力增强 BIM、大数据、智能化、移动通信、云计算、物联网等信息技术集成应用能力，建筑业数字化、网络化、智能化取得突破性进展；初步建成一体化行业监管和服务平台，数据资源利用水平和信息服务能力明显提升；形成一批具有较强信息技术创新能力和信息化达到国际先进水平的建筑企业及具有关键自主知识产权的建筑信息技术企业。《纲要》从企业、政府两个主体，以及专项信息技术和信息化标准两个角度分别阐述信息化主要任务。使"十三五"建筑业信息化建设工作主体明确，任务清晰。同时，建筑业相关方关系紧密，信息化建设需要行业整体协同发展。《纲要》在分别阐述的同时，还特别注意到设计企业、施工企业、政府监管等主体和专项技术、信息化标准等工作任务的衔接，保障行业层面数据的联通、共享，促进建筑业信息化水平整体提高。

2. BIM 技术政策的推出分阶段、分层次

作为一个大国，特别是我国正在进行着世界上最大规模的建设，有必要着力推进 BIM 技术的应用，以便促进我国建筑工程技术的更新换代和管理水平的提升。BIM 技术是一项新技术，其发展与应用需要政府的引导，以提升 BIM 应用效果、规范 BIM 应用行为。

在国家层面 BIM 技术政策制定中，《2011-2015 年建筑业信息化发展纲要》（建质 [2011]67 号）是起步的政策，文中 9 次提到 BIM 技术，把 BIM 作为"支撑行业产业升级的核心技术"重点发展。随后（2012 年），住建部启动"勘察设计和施工 BIM 发展对策研究"课题研究，针对我国特有的国情和行业特点，参考发达国家和地区 BIM 技术研究与应用经验，提出了我国在勘察设计与施工领域的 BIM 应用技术政策方向、BIM 发展模式与技术路线、近期应开展的主要工作等建议。这为后期《关于推进 BIM 技术在建筑领域内应用的指导意见》（建质函 [2015]159 号）和《2016-2020 建筑业信息化发展纲要》（建质函 [2016]183 号）的推出打下了基础。在《关于推进 BIM 技术在建筑领域内应用的指导意见》中将 BIM 技术提升为"建筑业信息化的重要组成部分"，

在《2016-2020 建筑业信息化发展纲要》中重点强调了 BIM 集成能力的提升，首次提出了向"智慧建造"和"智慧企业"的方向发展。

中国国家和行业的主要 BIM 技术政策如表 3-1 所示。

中国国家和行业主要 BIM 技术政策 表 3-1

序号	技术政策名称	发布单位和时间	主要内容
1	"2011-2015 年建筑业信息化发展纲要"（建质 [2011]67 号）	住房与城乡建设部，2011 年 5 月	"加快 BIM、基于网络的协同工作等新技术在工程中的应用"
2	"关于推进 BIM 技术在建筑领域内应用的指导意见"（建质函 [2015]159 号）	住房与城乡建设部，2015 年 6 月	"到 2020 年末，建筑行业甲级勘察、设计单位以及特级、一级房屋建筑工程施工企业应掌握并实现 BIM 与企业管理系统和其他信息技术的一体化集成应用。到 2020 年末，以下新立项项目勘察设计、施工、运营维护中，集成应用 BIM 的项目比率达到 90%：以国有资金投资为主的大中型建筑；申报绿色建筑的公共建筑和绿色生态示范小区。"
3	"2016-2020 建筑业信息化发展纲要"（建质函 [2016]183 号）	住房与城乡建设部，2016 年 8 月	"着力增强 BIM、大数据、智能化、移动通信、云计算、物联网等信息技术集成应用能力，建筑业数字化、网络化、智能化取得突破性进展"

3. BIM 国家标准体系初步形成

住房和城乡建设部 2012 年 01 月 17 日《关于印发 2012 年工程建设标准规范制订修订计划的通知》（建标 [2012]5 号）和 2013 年 01 月 14 日《关于印发 2013 年工程建设标准规范制订修订计划的通知》（建标 [2013]6 号）两个通知中，共发布了 6 项 BIM 国家标准制订项目（如表 3-2 所示），分别是：《建筑工程信息模型应用统一标准》、《建筑工程信息模型存储标准》、《建筑工程信息模型编码标准》、《建筑工程设计信息模型交付标准》、《制造工业工程设计信息模型应用标准》和《建筑工程施工信息模型应用标准》。这两个工程建设标准规范制订修订计划宣告了中国 BIM 标准制定工作的正式启动。

中国国家 BIM 标准 表 3-2

序号	标准名称	标准编制状态	主要内容
1	《建筑信息模型应用统一标准》GB/T 51212-2016	自 2017 年 7 月 1 日起实施	提出了建筑信息模型应用的基本要求
2	《建筑信息模型存储标准》	正在编制	提出适用于建筑工程全生命期（包括规划、勘察、设计、施工和运行维护各阶段）模型数据的存储要求，是建筑信息模型应用的基础标准
3	《建筑信息模型分类和编码标准》（GB/T 51269-2017）	自 2018 年 5 月 1 日起实施	提出适用于建筑工程模型数据的分类和编码的基本原则、格式要求，是建筑信息模型应用的基础标准
4	《建筑工程设计信息模型交付标准》	通过标准审查，正在报批	提出建筑工程设计模型数据交付的基本原则、格式要求、流程等

序号	标准名称	标准编制状态	主要内容
5	《制造工业工程设计信息模型应用标准》	通过标准审查，正在报批	提出适用于制造工业工程工艺设计和公用设施设计信息模型应用及交付过程
6	《建筑信息模型施工应用标准》GB/T51235-2017	自 2018 年 1 月 1 日起实施	提出施工阶段建筑信息模型应用的创建、使用和管理要求

这六个标准可以分为三个层次，分别是统一标准一项：《建筑工程信息模型应用统一标准》；基础标准两项：《建筑工程信息模型存储标准》、《建筑信息模型分类和编码标准》；应用标准三项：《建筑工程设计信息模型交付标准》、《建筑工程施工信息模型应用标准》、《制造工业工程设计信息模型应用标准》。

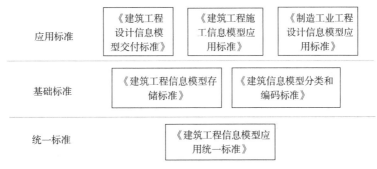

图 3-1　中国国家 BIM 标准层次结构

国家 BIM 标准编制的基本思路是"BIM 技术、BIM 标准、BIM 软件同步发展"，以中国建筑工程专业应用软件与 BIM 技术紧密结合为基础，开展专业 BIM 技术和标准的课题研究，用 BIM 技术和方法改造专业软件。中国 BIM 标准的研究重点主要集中在以下三个方面：信息共享能力是 BIM 的核心，涉及信息内容、格式、交换、集成和存储；协同工作能力是 BIM 的应用过程，涉及流程优化、辅助决策，体现与传统方式的不同；专业任务能力是 BIM 的目标，通过专业标准提升专业软件，提升完成专业任务的效率、效果，同时降低付出的成本。

住建部从 2016 年开始，陆续批准发布了 3 部 BIM 国标。2016 年 12 月 2 日，住建部发布了"关于发布国家标准《建筑信息模型应用统一标准》的公告"，批准《建筑信息模型应用统一标准》为国家标准，编号为 GB/T51212-2016，自 2017 年 7 月 1 日起实施。《建筑信息模型应用统一标准》是我国第一部建筑信息模型应用的工程建设标准，提出了建筑信息模型应用的基本要求，是建筑信息模型应用的基础标准，可作为我国建筑信息模型应用及相关标准研究和编制的依据。

2017 年 5 月 4 日，住建部发布了"关于发布国家标准《建筑信息模型施工应用标

中美英 BIM 标准与技术政策

准》的公告"，批准《建筑信息模型施工应用标准》为国家标准，编号为 GB/T51235-2017，自 2018 年 1 月 1 日起实施。《建筑信息模型施工应用标准》是我国第一部建筑工程施工领域的 BIM 应用标准，与行业 BIM 技术政策《关于推进建筑信息模型应用的指导意见》（建质函 [2015]159 号）和《2016-2020 年建筑业信息化发展纲要》（建质函 [2016]183 号）等相呼应，从深化设计、施工模拟、预制加工、进度管理、预算与成本管理、质量与安全管理、施工监理、竣工验收等方面提出了建筑信息模型的创建、使用和管理要求，填补了我国施工 BIM 应用标准的空白。

2017 年 10 月 25 日，住建部发布了"关于发布国家标准发布了《建筑信息模型分类和编码标准》的公告"，批准《建筑信息模型分类和编码标准》为国家标准，编号为 GB/T51269-2017，自 2018 年 5 月 1 日起实施。目前，还有三部 BIM 国标正在编制中。为配合 BIM 国标的实施，行业协会、地方政府和中国 BIM 发展联盟等部门也组织编制了相应的实施标准，如：中国 BIM 发展联盟陆续发布了十余部 P-BIM 标准。

3.2 《建筑信息模型应用统一标准》（GB/T 51212-2016）

1. 标准编制背景

2011 年，住房和城乡建设部在《2011-2015 年建筑业信息化发展纲要》中明确提出，在"十二五"期间加快建筑信息模型（BIM）、基于网络的协同工作等新技术在工程中的应用；并特别要求"完善建筑业行业与企业信息化标准体系和相关的信息化标准"。

我国已在 2010 年将 BIM 的国际标准之一 ISO/PAS 16739：2005《Industry Foundation Classes, Release 2x, Platform Specification（IFC2x Platform）》等同采用为国家标准 GB/T 25507-2010《工业基础类平台规范》。但我国的 BIM 应用工程建设标准仍属空白，无法为我国建筑工程各阶段 BIM 技术的应用实践及发展提供技术指导和规范。

在此背景下，2012 年 1 月 17 日，住房和城乡建设部印发《2012 年工程建设标准规范制订、编制计划》（建标 [2012]5 号），国家标准《建筑工程信息模型应用统一标准》（以下简称《标准》）列入制订计划，由中国建筑科学研究院会同有关单位进行编制。

2. 主要编制过程

为做好 BIM 标准编制前期工作，2012 年 2 月 29 日在北京组织召开了 BIM 标准研讨会。来自业主、政府主管部门、科研院所、规划设计单位、施工单位、软件厂商、咨询服务等单位的共计 200 余名代表参加了此次研讨会。随后由中国建筑科学研究院、中国建筑股份有限公司等单位发起成立"中国 BIM 发展联盟"，发布了《中国 BIM 标准研究项目实施计划》《中国 BIM 标准研究项目申请指南》，邀请行业内相关软件厂商、设计院、施工单位、科研院所等近百家单位参与标准研究项目 / 课题 / 子课题的研究。

2012 年 3 月 28 日,《标准》编制组成立会召开。住房和城乡建设部标准定额司、住房和城乡建设部标准定额研究所、住房和城乡建设部信息技术应用标准化技术委员会有关领导以及《标准》编制组成员出席了会议。编制组成员讨论了《标准》编制大纲（草案）和拟研究的课题内容。会议确定了 BIM 技术与我国的建筑工程应用软件紧密结合的 P-BIM 路线,以既有产品成果为依托、实现上下游数据贯通、达到数据完备性要求,并在此基础上实现统一的数据存取和安全机制。《标准》编制大纲也确定了明确对象、掌握深度,借鉴国外先进经验、结合我国国情,做好课题研究、研发配套软件等三点编制原则。

会后,由《标准》主编单位中国建筑科学研究院发起成立的"中国 BIM 发展联盟"（于 2013 年由国家科学技术部确定为国家产业技术创新战略试点联盟）面向全社会组织实施中国 BIM 标准研究项目,共有研究项目 3 项、课题 10 项、子课题 38 项。研究项目为《标准》编制工作提供了有力的技术支撑。至《标准》报批前的 2015 年 1 月,中国 BIM 标准研究项目共编写研究报告 56 份、开发改造软件 40 项、取得软件著作权 23 项、发表学术论文 54 篇、申请专利 5 项,工程应用实例达 134 项,研究工作取得丰硕成果。

《标准》于 2013 年 11 月 15 日起正式征求意见,共收到反馈意见 100 余份 800 余条。《标准》编制组根据反馈意见对《标准》征求意见稿进行了修改,于 2014 年 11 月 21 日在北京召开《标准》审查会。审查专家认为,《标准》充分考虑了我国国情和工程建设行业现阶段特点,创新性地提出了我国建筑信息模型（BIM）应用的一种实践方法（P-BIM）,内容科学合理,具有基础性和开创性,对促进我国建筑信息模型应用和发展具有重要指导作用。《标准》自 2017 年 7 月 1 日起实施。

3.《标准》主要技术内容

《标准》共分 6 章,主要技术内容是:总则、术语和缩略语、基本规定、模型结构与扩展、数据互用、模型应用。其中:

第 2 章 "术语和缩略语",规定了建筑信息模型、建筑信息子模型、建筑信息模型元素、建筑信息模型软件等术语,以及 "P-BIM" 基于工程实践的建筑信息模型应用方式这一缩略语。

第 3 章 "基本规定",提出了 "协同工作、信息共享" 的基本要求,并推荐模型应用宜采用 P-BIM 方式,还对 BIM 软件提出了基本要求。

第 4 章 "模型结构与扩展",提出了唯一性、开放性、可扩展性等要求,并规定了模型结构由资源数据、共享元素、专业元素组成,以及模型扩展的注意事项。

第 5 章 "数据互用",对数据的交付与交换提出了正确性、协调性和一致性检查的要求,规定了互用数据的内容和格式,对数据的编码与存储也提出了要求。

第 6 章 "模型应用"，不仅对模型的创建、使用分别提出了要求，还对 BIM 软件提出了专业功能和数据互用功能的要求，并给出了对于企业组织实施 BIM 应用的一些规定。

3.3 《建筑信息模型施工应用标准》(GB/T 51235-2017)

1. 标准编制背景

中国具有全球最大的工程建设规模以及自成体系的建筑法律法规和标准规范体系，因此必须探索和实践与我国工程建设行业相适应的 BIM 普及应用和发展提高的道路、理论和制度，研究编制相关 BIM 标准，引导行业 BIM 应用、提升 BIM 应用效果、规范 BIM 应用行为，借此促进我国建筑工程技术的更新换代和管理水平的提升。

在此背景下，《建筑信息模型施工应用标准》（以下简称"标准"）列入国家标准编制计划（《关于印发〈2013 年工程建设标准规范制订、修订计划〉的通知》建标 [2013]6 号）。标准由中国建筑股份有限公司（以下简称"中建"）和中国建筑科学研究院主编，中国 BIM 发展联盟、清华大学、上海市建筑科学研究院（集团）有限公司等 17 家单位参与了编制。

2. 标准编制原则

国家标准应体现科学性、系统性、实用性和前瞻性。由于 BIM 技术起源于欧美，因此借鉴国外先进经验、结合我国国情、做好相关课题研究、研发配套软件，最后验证和总结可行的工程应用经验，成为标准编制的基本原则。由于 BIM 技术和应用处于快速发展期，既要将应用条件相对成熟的经验总结归纳为条文，也要适度超前，引领行业进步。

标准编制过程中，遵循了如下原则：

（1）聚焦如何应用 BIM 解决工程问题，强调实用性、可操作性，以及指导和引导作用；

（2）只写可行的，不写可能的，在实践的基础上总结和提升，适度超前，引领行业发展；

（3）结合我国国情，体现建筑施工验收规范等标准的要求；

（4）条文尽可能丰富、具体、详细，而不过于宏观；

（5）注重 BIM 技术与其他技术的融合，如：物联网、激光扫描等；

（6）与《建筑信息模型应用统一标准》（GB/T 51212）原则一致，承上启下；

（7）借鉴国外先进经验，注重与国际规范和方法接轨，如借鉴 IDM 表述 BIM 应用过程的方法，采用 BPMN 标准业务流程建模符号表示业务流程。

3. 标准编制的研究和工程实践基础

国家和参编企业多年的科研投入为本标准的编制打下良好基础。为标准编制，参编企业也投入大量资源设立科研课题，支持 BIM 技术深入研究和应用，例如：2013 年，中建设立"城市综合建设项目建筑信息模型（BIM）应用研究"、"建筑工程施工 BIM

集成应用研究"等课题。所以，本标准编制是建立在大量科研理论研究基础上的，是基础研究成果的总结和升华。

同时，标准编制组深入调研和学习国外先进经验和技术。BIM 技术发源于美国，美国和欧洲一些国家的应用水平也处于领先地位，编制组组织翻译了 26 部国际标准、国家标准、协会标准，形成总计 534 页约 40 万字的参考资料，供标准编制组深入研究、学习和参考。

"在实践的基础上总结和提升"是本标准的编制基本策略之一。《标准》是建立在大量工程实践基础上的，是工程实践经验的凝练。为编制本标准，标准编制单位组织了大量工程示范活动。中建从 2013 年开始在业内率先开展 BIM 应用示范工程建设，投入大量人力和物力将 BIM 技术应用于一批代表性工程，如在广州东塔项目中开展了我国第一例基于 BIM 的工程总包项目管理实践，在中建技术中心实验楼工程中实践了我国第一例 IPD 模式的 BIM 应用，打造了 BIM 技术"四位一体"应用范例。在 BIM 示范工程的带动下，有大量的工程项目开展了 BIM 应用，到 2015 年底统计，已有 1658 个项目中不同程度应用了 BIM 技术，其他参编单位也在众多项目中积累了丰富的 BIM 应用经验，这些工程实践为本标准编制积累了宝贵的经验。

4. 标准编制过程

标准编制工作从 2013 年 2 月开始，在制定标准框架过程中，采用"自上而下，先集中后民主"的策略，保证了标准系统性、完整性；在组稿过程中，采用"自下而上，先民主后集中"的策略，通过对大量工程实践的总结和凝练，保证了标准实用性、和可操作性。标准编制主要经历如下几个阶段：准备阶段（2013.2～2013.5），确定编制原则、分工；标准研究和示范试点工程建设阶段（2013.6～2015.3），共设计 5 个版本的标准目录大纲，不断研讨和循环演进；条文编写阶段（2015.4～2015.12），确定标准框架，经过几轮修改，形成了征求意见稿；征求意见阶段（2016.1～2016.4），经过定向征求意见、公开征求意见、函审、预评审等多轮征求意见和修改；标准审查（2016.7.21），标准通过 12 名专家组成审查委员会审查；标准报批（2016.8-2017.5），住房和城乡建设部于 2017 年 5 月 4 日发布第 1534 号公告，批准本标准，编号为 GB/T51235-2017，自 2018 年 1 月 1 日起实施。

标准编制过程中，保持了与其他国家标准的集成和协同，重点是《建筑工程信息模型应用统一标准》，《建筑工程设计信息模型分类和编码标准》和《建筑工程设计信息模型交付标准》。由中国 BIM 联盟牵头制定的一系列 BIM 标准与本标准的编制工作同步进行，部分参编单位同时参加两方面的工作，相互补充和完善。

部分企业标准的编制为本标准的编制打下良好基础。如中建的企业标准《建筑工程施工 BIM 应用指南》（第一版,2014 年）和《建筑工程施工 BIM 应用指南》（第二版,2017 年）。

5. 标准技术特点

标准形成了可扩展的技术框架。《标准》共分 12 章，包括：总则、术语、基本规定、施工模型、深化设计、施工模拟、预制加工、进度管理、预算与成本管理、质量与安全管理、施工监理、竣工验收。标准的技术条文从应用内容（包括：BIM 应用点、BIM 应用典型流程）、模型元素（包括：模型内容和模型细度）、交付成果和软件要求等几方面给出规定，形成了较为稳定的技术框架，并为未来可能的扩展留下了空间，例如：幕墙、装饰装修的深化设计和预制加工 BIM 应用没有纳入当前版本，未来可以在对应章增加一节进行扩展。

术语定义更加准确、精炼。"术语"一章给出了建筑信息模型、建筑信息模型元素、模型细度、施工建筑信息模型等术语定义。其中，"建筑信息模型"定义涵盖了"模型"和"模型应用"两层含义，高度概括。"模型细度"的定义相较于"模型粒度"、"模型颗粒度"、"模型精度"、"模型精细度"等纷杂的定义更具概括性，且易于理解和使用。同时，标准给出了模型细度等级代号规定，即与国际通行方法接轨，又体现和结合了国情，保证了标准的落地应用。

6. 标准主要内容

"基本规定"一章首先提出"适度"的施工 BIM 应用基本要求，即由"项目特点、合约要求及工程项目相关方 BIM 应用水平等"综合确定施工 BIM 应用的目标和范围。同时，强调了"施工 BIM 应用策划"和"施工 BIM 应用管理"的重要性，引导和规范 BIM 应用过程，标准给出了应用策划内容和制定流程，以及模型质量控制措施等重要条文。

"深化设计"一章给出了现浇混凝土结构、预制装配式混凝土结构、钢结构、机电等专业深化设计的 BIM 技术应用点、深化设计流程和模型细度等要求。

"预制加工"一章与深化设计一章衔接，重点在混凝土构件、钢构件、机电产品的预制加工管理和预制构件生产，强调了相应的编码体系和工作流程，建立了与物联网的集成 BIM 应用。

"施工模拟"一章针对施工组织设计，从施工组织模拟和施工工艺模拟两个方面给出规定，施工组织中的工序安排、资源配置、平面布置、进度计划等工作，土方工程、大型设备及构件安装、垂直运输、脚手架工程、模板工程等施工工艺模拟可参考本章内容。

"进度管理"一章从进度计划编制和进度控制两方面给出计划编制、工程量计算、资源配置、进度计划优化、进度对比分析等 BIM 应用规定，特别是基于工作分解结构 WBS 与 BIM 模型的关联方法，是 BIM 4D 应用落地实施的关键。

"预算与成本管理"一章从施工 BIM 应用的角度，重点阐述施工图预算和施工过程成本管理方法，给出工程量清单项目确定、工程量计算、分部分项计价、工程总造价计算等预算工作的 BIM 应用方法，以及成本计划制定、进度信息集成、合同预算成本计算、三算对比、成本核算、成本分析等成本过程管理 BIM 应用方法。

"质量与安全管理"一章给出质量验收计划确定、质量验收、质量问题处理、质量问题分析等质量管理 BIM 应用方法，以及技术措施制定、实施方案策划、实施过程监控及动态管理、安全隐患分析及事故处理等安全管理 BIM 应用方法。

"施工监理"是中国工程管理的特色，这一章从监理控制和监理管理角度给出 BIM 应用方法，特别是监理过程记录附加或关联到相应的施工过程模型中，实现了与竣工验收过程的集成。

"竣工验收"一章给出竣工验收 BIM 应用流程，通过将相关信息附加或关联到施工过程模型上，实现与国家质量验收标准和工程资料管理规程的集成。

标准附录给出深化设计模型和施工过程模型细度表，与各章内容对应，便于使用。

本标准是我国第一部建筑工程施工领域的 BIM 应用标准，填补了我国 BIM 技术应用标准的空白，与国家推进 BIM 应用政策（《关于推进建筑信息模型应用的指导意见》（建质函 [2015]159 号）和《2016-2020 年建筑业信息化发展纲要》（建质函 [2016]183 号）等）相呼应。

《标准》审查委员会认为，《标准》充分考虑了我国现阶段工程施工中建筑信息模型应用特点，内容科学合理，可操作性强，对促进我国工程施工建筑信息模型应用和发展具有重要指导作用。

3.4 《关于推进 BIM 应用的指导意见》

为贯彻《2011～2015 年建筑业信息化发展纲要的通知》和《住房城乡建设部关于推进建筑业发展和改革的若干意见》有关工作部署、推进我国 BIM 应用，住房城乡建设部日前印发《关于推进建筑信息模型应用的指导意见》（建质函 [2015]159 号，以下简称《指导意见》）。

出台指导意见的背景为，BIM 在我国建筑领域的应用逐步兴起，技术理论研究持续深入，标准编制工作正在全面展开。同时，BIM 在部分重点项目的设计、施工和运营维护管理中陆续得到应用，与国际先进水平的差距正在逐步缩小。推进 BIM 应用，已成为政府、行业和企业的共识。

但是 BIM 的发展还存在一些问题，如：缺少顶层设计；BIM 应用只停留在各企业和项目的自发层面，没有形成统一的目标和路径；项目应用中设计、施工、运营维护各阶段处于割裂状态，没有充分体现 BIM 在全生命周期中的优势等。为此，迫切需要在国家层面出台纲领性文件，更好地进行指导和推进。

为满足发展需要，住房城乡建设部工程质量安全监管司于 2012 年开始组织有关协会学会、高校、设计和施工单位开展相关课题研究，在总结研究成果基础上，着手起草有关文件，并充分征求吸收各方意见，形成了《指导意见》。

《指导意见》明确了 BIM 应用的基本原则，即"企业主导，需求牵引；行业服务，创新驱动；政策引导，示范推动"。

《指导意见》同时提出了发展目标：到 2020 年年底，建筑行业甲级勘察、设计单位以及特级、一级房屋建筑工程施工企业应掌握并实现 BIM 与企业管理系统和其他信息技术的一体化集成应用。以国有资金投资为主的大中型建筑以及申报绿色建筑的公共建筑和绿色生态示范小区新立项项目勘察设计、施工、运营维护中，集成应用 BIM 的项目比率达到 90%。

《指导意见》强调 BIM 的全过程应用，指出要聚焦于工程项目全生命期内的经济、社会和环境效益，在规划、勘察、设计、施工、运营维护全过程普及和深化 BIM 应用，提高工程项目全生命期各参与方的工作质量和效率，并在此基础上，针对建设单位、勘察单位、规划和设计单位、施工企业和工程总承包企业以及运营维护单位的特点，分别提出 BIM 应用要点。要求有关单位和企业要根据实际需求制订 BIM 应用发展规划、分阶段目标和实施方案，研究覆盖 BIM 创建、更新、交换、应用和交付全过程的 BIM 应用流程与工作模式，通过科研合作、技术培训、人才引进等方式，推动相关人员掌握 BIM 应用技能，全面提升 BIM 应用能力。

此外，《指导意见》还提出了 7 项保障措施，包括宣传 BIM 理念、意义、价值，梳理、修订、补充有关法律法规，建立 BIM 应用标准体系，自主研发适合我国国情的 BIM 应用软件，培育 BIM 应用产业化示范基地和产业联盟，培训 BIM 应用人才，研究基于 BIM 的工程监管模式。

《指导意见》为进一步推动 BIM 在我国建筑领域的应用，支撑建筑行业技术升级，变革生产方式，创新管理模式奠定了坚实的基础。可以预见，随着《指导意见》的贯彻落实，我国建筑领域将进一步掀起 BIM 应用的热潮，不断推动我国建筑业转型升级和健康持续发展。

3.5 《2016-2020 建筑业信息化发展纲要》

《2016-2020 年建筑业信息化发展纲要》（建质函 [2016]183 号，以下简称《纲要》），以促进行业的创新能力和市场竞争力为导向，在已有基础上，通过提出未来五年中国建筑业信息化技术发展的主要任务和保障措施，推动建筑业技术进步和管理升级，进而带动行业改革和发展。

《纲要》集成了建筑领域诸多专用、通用信息技术发展趋势，专注于建筑行业未来 5 年信息化发展的总体思路和主要任务，落实国家信息化发展、改造传统方式的精神，为建筑工业化、城镇化、智慧城市及智慧建筑提供技术支撑的指引，促进建筑业信息化新技术开发、应用，带动相关产业发展。

《纲要》重点强调了 BIM 集成能力的提升，要求着力加强 BIM、大数据、智能化、移动通信、云计算等信息技术在建筑业中的集成应用，首次提出了向"智慧建造"和"智慧企业"方向发展的目标。《纲要》相比于《2011-2015 年建筑业信息化发展纲要》增加了建筑产业现代化的内容，要求推进基于 BIM 的建筑工程设计、智能生产、运输、装配及全生命期管理，促进工业化建造。建立基于 BIM、物联网等技术的云服务平台，完善开发并推广应用装配式建筑数字化标准设计图集以及构件、部件和设备库，加强产业化公共信息资源建设。

《纲要》中有关推广和应用 BIM 技术的内容如下：

1. 推进 BIM 普及应用，实现勘察设计技术升级

《纲要》提出应推广基于 BIM 的数值模拟、空间分析，主要包括：建筑指标分析、建筑室外风环境模拟分析、建筑室内空气质量（空气龄）模拟分析、建筑光环境（自然采光）模拟分析、建筑声环境模拟分析、建筑热环境模拟分析、建筑能耗模拟分析，以及建筑可视化分析。

《纲要》提出作为数字化城市、智慧城市的两项重要基础技术 BIM 和 GIS，应深入研究 BIM 与 GIS 的建模方式、数据管理和集成应用，BIM 和 GIS 集成和协同将极大提升项目策划方案和规划方案模拟分析及可视化展示的能力和效率。特别是面对大区域（几平方公里至几百平方公里）勘察规划设计任务，将 BIM 技术与遥感遥测、近地无人机扫描、地面三维扫描等多种数据采集方式集成，将极大提升勘察设计的质量和效率。

2. 推广基于 BIM 的协同设计模式，促进设计流程优化

《纲要》提出基于 BIM 的设计协同（简称 BIM 协同）是未来工作的主要模式，应该让 BIM 数据信息在设计不同阶段，不同专业之间尽可能完整准确的传递与交互，从而提高设计质量和效率。基于 BIM 的设计协同需要在一定的网络环境下实现项目参与者对设计文件（BIM 模型、CAD 文件等）的实时或定时操作。由于 BIM 模型文件比较大，对网络要求较高，因此需要研究开发基于 BIM 的集成设计系统及协同工作系统，实现建筑、结构、水暖电等专业的信息集成与共享。建立健全建筑、结构、机电等全专业协同的 BIM 协同设计工作的软件平台，推动基于云技术的 BIM 应用硬件支撑平台，大力推进族库等 BIM 标准化建设。

3. 大力推进 BIM 技术的应用，实现施工项目管理信息系统升级换代

目前，BIM 在施工企业应用正在向多元化、纵深化发展。《纲要》提出向基于 BIM 的项目管理系统转变，从二维的转向三维转变，通过应用 BIM 增强企业技术实力提高项目中标率，提升企业管控能力（成本、管线、进度、质量、安全等），增加项目利润。

《纲要》提出应用 BIM 技术解决项目技术难题，如：利用 BIM 技术进行虚拟装配、

利用 BIM 技术进行现场技术交底、利用 BIM 技术进行复杂构件的数字化加工。

4. 通过 BIM 集成应用，提升工程总承包类企业的管控能力

《纲要》提出集成 BIM、云计算、移动互联网等新技术的应用，实现工程总承包企业的设计、项目管理、施工管理、企业级管理等系统的集成，提升项目进度管理、质量管理、成本管理、风险管控水平等。

5. 基于 BIM 技术提升招投标管理水平

《纲要》提出应用 BIM 技术建设的工程项目电子招投标系统将成为未来电子化招投标发展的一个新方向。融合 BIM 的工程项目电子招投标系统的优势在于：BIM 的应用使电子招投标系统打破了传统招投标的固有模式，在现有电子化招投标系统的基础上，进一步加深对网络与信息技术的利用。文本化的招标文件和投标文件可以部分或全部被数字化模型取代。

6. 建立并完善数字化成果交付体系，提升管理效率

《纲要》提出数字化交付是贯通工程项目全生命期信息管理和共享的关键，应探索推行设计文件数字化交付"白代蓝"，加速推动勘察设计、审图质量管理上新台阶。通过数字化交付，有助于实现数字化报建、数字化审图、数字化施工、数字化竣工验收、数字化竣工图归档等一体化贯通。设计单位通过实施数字化交付可以加强设计过程控制，进而可以整合项目、人员、流程、成果、信息等资源，提升设计质量、提高效率和效益，促进设计过程规范化和精细化管控，促进知识服务，引发项目管理、图档管理等变革。

7. 加强 BIM 技术的研究与应用，提高工程质量安全监管水平

《纲要》提出，应用 BIM 技术与工程实体进行直接关联，通过物联网、移动通信、大数据等技术的集成应用，使得质量监督、安全监督、检测管理、资料管理、日常管理相互关联了，支持建筑工程招标、投标、勘察设计、施工图审查、质量安全监督、施工许可、质量监管、安全监管、企业准入与资质管理、执业注册管理、诚信体系、竣工验收备案等各环节，为查处工程建设违法违规行为或不良诚信行为提供信息支持手段，促使企业和人员更加规范自己的市场行为，直接提升建设项目的质量、安全综合管理水平。

对比中英两国政府在全行业推进 BIM 应用的技术政策制定和推进节奏方面有很多相似之处（有关英国的 BIM 技术政策参见后文）。我国在 2011 年发布了《2011-2015年建筑业信息化发展纲要》（建质函 [2011] 67 号），在全行业鼓励开始应用 BIM，在 2015 年又发布了《关于推进建筑信息模型应用的指导意见》（建质函 [2015] 159 号），提出了到 2020 年 BIM 应用发展目标；英国在 2011 年发布了《政府工程建设战略 2011-Government Construction 2011》，在其配套的行动计划（Action Plan）中要求，从 2016年 4 月起，英国所有中央政府投资的建筑项目必须满足 BIM Level 2 的起步水准，同

时建立英国 BIM 联盟（UK BIM Alliance）这样的行业专门 BIM 机构，计划帮助所有英国企业在 2020 年达到 BIM Level 2 应用能力。在 2011 年至 2020 年期间，中英两国在行业层面的 BIM 应用要求虽然在表述上略有差异，但 BIM 应用内容差不多，都是以专业 BIM 应用和基于 BIM 的协同为主。我国在 2016 年发布了《2016-2020 年建筑业信息化发展纲要》（建质函 [2016] 183 号），提出了鼓励发展方向，要着力增强 BIM、大数据、智能化、移动通信、云计算、物联网等信息技术集成应用能力，要提升数据资源利用水平。这与英国的 BIM Level 3 要求相近，重点是系统集成、数据集成、技术集成、业务集成。但要实现这样的目标，任务十分艰巨。

第4章 中国地方BIM标准和技术政策

4.1 地方BIM标准和技术政策汇总

受国家与行业推动BIM应用相关技术政策的影响，以及建筑行业改革发展的整体需求，截至2018年9月，共16个省和直辖市地方政府先后推出相关BIM标准和技术政策。这些地方BIM技术政策，大多参考住房和城乡建设部2015年06月16日发布《关于推进建筑信息模型应用的指导意见》（建质函〔2015〕159号），结合地方发展需求，从指导思想、工作目标、实施范围、重点任务，以及保障措施等多角度，给出推动BIM应用的方法和策略。主要的地方BIM标准和技术政策如表4-1所示。

中国各地方主要BIM标准和技术政策 表4-1

序号	政策名称（文号）	发布机构	发布时间
1	"广东省关于开展建筑信息模型BIM技术推广应用工作的通知"（粤建科函〔2014〕1652号）	广东省住房和城乡建设厅	2014年9月
2	"关于在本市推进建筑信息模型技术应用的指导意见"（沪府办发〔2014〕58号）	上海市建设管理委	2014年11月
3	"关于印发广西推进建筑信息模型应用的工作实施方案的通知"（桂建标〔2016〕2号）	广西壮族自治区住房和城乡建设厅	2016年1月
4	"关于开展建筑信息模型应用工作的指导意见"（湘政办发〔2016〕7号）	湖南省人民政府办公厅	2016年1月
4	"关于在建设领域全面应用BIM技术的通知"（湘建设〔2016〕146号）	湖南省住房和城乡建设厅	2016年8月
5	"关于推进我省建筑信息模型应用的指导意见"（黑建设〔2016〕1号）	黑龙江省住房和城乡建设厅	2016年3月
5	"关于印发《黑龙江省建筑信息模型（BIM）技术设计应用导则（试行）》"（黑建设〔2017〕2号）	黑龙江省住房和城乡建设厅	2017年11月
6	"关于加快推进建筑信息模型（BIM）技术应用的意见"（渝建发〔2016〕28号）	重庆市城乡建设委员会	2016年4月
6	"关于下达重庆市建筑信息模型（BIM）应用技术体系建设任务的通知"（渝建〔2016〕284号）	重庆市城乡建设委员会	2016年7月
7	"关于印发《浙江省建筑信息模型（BIM）技术应用导则》的通知"（建设发〔2016〕163号）	浙江省住房和城乡建设厅	2016年4月
8	"关于推进建筑信息模型技术应用的实施意见"（云建设〔2016〕298号）	云南省住房和城乡建设厅	2016年5月

续表

序号	政策名称（文号）	发布机构	发布时间
9	"关于发布《天津市民用建筑信息模型（BIM）设计技术导则》的通知"（津建科〔2016〕290 号）	天津市建委	2016 年 6 月
10	"关于发布江苏省工程建设标准《江苏省民用建筑信息模型设计应用标准》的公告"（江苏省住房和城乡建设厅公告第 30 号）	江苏省住房和城乡建设厅	2016 年 9 月
11	"关于发布安徽省工程建设地方标准《民用建筑设计信息模型（D-BIM）交付标准》的公告"（安徽省住房和城乡建设厅公告第 61 号）	安徽省住房和城乡建设厅	2016 年 12 月
	"关于印发《安徽省勘察设计企业 BIM 建设指南》的通知"（建标函〔2017〕1300 号）	安徽省住房和城乡建设厅	2017 年 6 月
12	"关于推进建筑信息模型（BIM）技术应用的指导意见"（黔建通〔2017〕100 号）	贵州省住房和城乡建设厅	2017 年 3 月
13	"关于加快全省建筑信息模型应用的指导意见"（吉建设〔2017〕7 号）	吉林省住房和城乡建设厅	2017 年 6 月
14	"关于印发《江西省推进建筑信息模型（BIM）技术应用工作的指导意见》的通知"（赣建科〔2017〕13 号）	江西省住房和城乡建设厅	2017 年 6 月
15	"关于印发推进建筑信息模型（BIM）技术应用工作的指导意见的通知"（豫建设标〔2017〕73 号）	河南省住房和城乡建设厅	2017 年 7 月
16	"北京市推进建筑信息模型应用工作的指导意见"（征求意见稿）	待定	征求意见中，待发布

4.2 北京市 BIM 标准和技术政策

北京市是较早出台地方 BIM 标准的地区。2013 年，出台了地方标准《民用建筑信息模型设计标准》（DB11T-1069-2014）适用于基于 BIM 的新建、改建、扩建的民用建筑设计，鼓励 BIM 模型在工程全生命期各阶段、各专业的应用，实现各专业、工程设计各阶段的有效信息传递。《标准》主要内容包括：建模软件、BIM 设计协同平台、构件和构件资源库等资源要求；建筑、结构、机电等专业模型深度；设计交付物要求。

近期，为贯彻落实住建部《关于推进建筑信息模型应用的指导意见》（建质函[2015]159 号）、《2016-2020 年建筑业信息化发展纲要》（建质函 [2016]183 号），以及国家和行业促进建筑业健康发展的相关文件要求，提高北京市建筑业信息化水平，促进建筑业转型升级，北京市建筑信息模型（BIM）技术应用联盟（以下简称"北京 BIM 联盟"）协助市住建委组织专家及成员单位编制了《北京市推进建筑信息模型应用工作指导意见（征求意见稿）》，并开展了北京市 BIM 应用示范工程的征集、评审等系列活动。

4.2.1 《北京市推进建筑信息模型应用工作的指导意见（征求意见稿）》

《北京市推进建筑信息模型应用工作的指导意见》（征求意见稿）（以下简称：《北

京 BIM 指导意见》）提出的工作目标包括：到 2018 年末，完成 BIM 应用基础标准，建设一批 BIM 应用示范工程，推进 BIM 试点及推广应用；到 2019 年末，基本建立适应 BIM 应用和发展的配套政策、地方标准、技术体系和市场环境，培育一批全生命期 BIM 集成应用的示范工程；到 2020 年末，形成较为成熟的 BIM 应用配套政策和市场环境，以国有资金投资为主的大型建筑、装配式建筑、申报二星级及以上绿色建筑标识项目为主，全面推广全生命期 BIM 应用。培育和扶持一批建筑行业甲级勘察、设计单位以及特级、一级房屋建筑工程施工企业掌握并实现 BIM 与企业管理系统和其他信息技术的一体化集成应用，提高市场核心竞争力。

《北京 BIM 指导意见》的实施范围包括：以社会投资为主的单体建筑面积 2 万平方米以上的建筑工程、工程投资额 3 亿元以上的市政基础设施工程；申报绿色建筑设计三星级、2 万平方米以上的超低能耗工程、科技示范工程、BIM 应用示范工程的项目；实施工程总承包的建设工程项目。同时，鼓励北京城市副中心行政办公区、新机场、冬奥会场馆、中关村科学城、怀柔科学城、未来科学城和北京经济技术开发区等规模以上的政府投资项目率先开展示范应用。

《北京 BIM 指导意见》提出了一系列推进北京市 BIM 应用的重点任务，包括：完善 BIM 标准体系、开展 BIM 应用示范工程建设、推行 BIM 应用的总体策划、推行基于 BIM 应用的勘察设计工作模式、以 BIM 应用促进工程材料与设备生产管理水平、以 BIM 应用促进施工项目管理水平的提升、推行工程总承包模式下的 BIM 应用、以 BIM 应用促进运营维护管理水平的提高、以 BIM 应用促进行业监管水平提升等。

4.2.2 《北京市建筑信息模型（BIM）应用示范工程管理办法》和验收细则（试行稿）

为开展北京市 BIM 应用示范工程的征集、评审工作，不断总结成功经验，形成示范效应，北京 BIM 联盟组织专家及成员单位编写了《北京市建筑信息模型（BIM）应用示范工程管理办法》（试行稿）以及《北京市建筑信息模型（BIM）应用示范工程验收细则》（试行稿）等文件。目标是推动 BIM 在建筑领域的广泛应用，促进相关政策法规和标准的制定与完善，加快 BIM 技术人才队伍培养和本土应用软件开发，提高北京市建筑业信息化水平。

为鼓励北京市建筑施工企业研究和应用 BIM 技术，充分激发市场活力，北京市住建委于 2017 年 11 月印发了《北京市建筑施工总承包企业市场行为信用评价标准（2017版）》和《北京市建筑施工总承包企业中注册建造师市场行为信用评价标准（2017 版）》的通知（京建发〔2017〕495 号），该文件明确了对被评为北京市 BIM 应用示范工程的工程项目在施工总承包企业市场行为信用评价分中加 3 分，这对推进北京市 BIM 技术应用的发展起到了很大的激励作用。

4.2.3　北京市 BIM 标准体系建设

为完善 BIM 技术应用的标准和配套环境，探索基于 BIM 技术的监管和验收模式，北京 BIM 联盟组织成员单位开展了《智慧工地技术指南研究》、《基于 BIM 技术的居住建筑工程竣工验收指南研究》2 项课题研究，同时启动北京市地方标准《民用建筑信息模型施工建模细度技术标准》的编制工作，逐步构建北京 BIM 标准体系。

《基于 BIM 技术的居住建筑工程竣工验收指南研究》课题探索了基于 BIM 技术的居住建筑工程的竣工验收应用流程、内容，以及软件方案与数据交互标准，为基于 BIM 的竣工联合验收进行了必要的理论和方法研究。课题组深入分析了支撑 BIM 应用所需采用的技术路径，并通过资料管理软件与 BIM 模型数据交互的开发，以及多个工程试点应用，验证了所研究的理论方法和技术路径，实现了竣工验收 BIM 模型与验收资料成果文件的关联。课题组还完成了《建筑工程竣工验收 BIM 模型与验收资料的数据交互标准》草案、《建筑工程验收部位描述编码标准草案》草案的编写。

目前，北京市地方标准《民用建筑信息模型施工建模细度技术标准》已经形成征求意见稿。后期拟编制的标准包括：《地基与基础深化设计模型细度标准》、《砌体结构深化设计模型细度标准》、《暖通空调深化设计模型细度标准》、《消防深化设计模型细度标准》、《室内装饰深化设计模型细度标准》、《现浇混凝土结构深化设计模型细度标准》、《钢结构深化设计模型细度标准》、《给排水深化设计模型细度标准》、《电气深化设计模型细度标准》、《幕墙深化设计模型细度标准》等。

4.3　上海 BIM 标准和技术政策

2014 年 10 月 29 日，上海市人民政府办公厅发布《关于在上海市推进 BIM 技术应用的指导意见》（沪府办发〔2014〕58 号）（以下《上海 BIM 指导意见》），明确从 2015 年起，选择一定规模的医院、学校、保障性住房、轨道交通、桥梁（隧道）等政府投资工程和部分社会投资项目进行 BIM 技术应用试点，形成一批在提升设计施工质量、协同管理、减少浪费、降低成本、缩短工期等方面成效明显的示范工程。到 2017 年，规模以上（投资 1 亿元以上或建筑面积 2 万平方米以上）政府投资工程全部应用 BIM 技术，规模以上社会投资工程普遍应用 BIM 技术，应用和管理水平走在全国前列。《指导意见》自 2014 年 12 月 1 日起施行，有效期至 2017 年 11 月 30 日。

《上海 BIM 指导意见》是上海市推进 BIM 技术应用的纲领性文件，为本市 BIM 技术的应用提出了明确目标和要求，对试点示范和推广应用开展、标准规范体系建立、政府监管模式完善、应用能力建设、与绿色建筑和建筑产业化融合发展等重点任务提出了全方位的指导性意见，三年行动计划、试点示范工作开展等工作均是在此基础上

中美英 BIM 标准与技术政策

进行有效推进。

2017 年 11 月 17 日,在《指导意见》即将到期之前,上海市人民政府办公厅发布"延长《关于在本市推进建筑信息模型技术应用的指导意见》的通知",要求该《指导意见》继续实施,有效期延长至 2022 年 11 月 30 日。

4.3.1 上海市 BIM 技术政策

上海市住房城乡建设管理委、上海市建筑信息模型技术应用推广联席会议办公室(以下简称"联席会议办公室")、各区主管机构根据《上海 BIM 指导意见》的要求,相继制定、完善、发布了一系列相关配套政策文件(表 4-2),指导上海市 BIM 技术推广应用。

上海市 BIM 技术政策文件　　　　　　　　　　　　　表 4-2

序号	发布时间	发布主体	政策文件
1	2014 年 10 月	上海市人民政府办公厅	《关于在本市推进建筑信息模型技术应用指导意见的通知》(沪府办发〔2014〕58 号)
2	2015 年 5 月	市住房城乡建设管理委	关于发布《上海市建筑信息模型技术应用指南(2015 版)》的通知(沪建管〔2015〕336 号)
3	2015 年 7 月	联席会议办公室	关于印发《上海市推进建筑信息模型技术应用三年行动计划(2015-2017)的通知》(沪建应联办〔2015〕1 号)
4	2015 年 7 月	联席会议办公室	《关于本市开展建筑信息模型技术试点工作的通知》(沪建应联办〔2015〕2 号)
5	2015 年 8 月	联席会议办公室	《关于报送本市建筑信息模型技术应用工作信息的通知》(沪建应联办〔2015〕3 号)
6	2015 年 9 月	联席会议办公室	关于发布《上海市建筑信息模型技术应用咨询服务招标示范文本(2015 版)》、《上海市建筑信息模型技术应用咨询服务合同示范文本(2015 版)》的通知(沪建应联办〔2015〕4 号)
7	2015 年 10 月	联席会议办公室	《关于开展本市建筑信息模型技术应用项目情况普查工作的通知》(沪建应联办〔2015〕5 号)
8	2015 年 11 月	联席会议办公室	关于印发《本市建筑信息模型技术应用试点项目申请指南》和《本市建筑信息模型技术应用试点项目评审要点(2015 版)的通知》(沪建应联办〔2015〕6 号)
9	2016 年 4 月	市住房城乡建设管理委	《关于印发本市保障性住房项目实施建筑信息模型技术应用的通知》(沪建管〔2016〕250 号)
10	2016 年 5 月	联席会议办公室	《关于报送本市建筑信息模型技术应用项目情况表的通知》(沪建应联办〔2016〕5 号)
11	2016 年 7 月	联席会议办公室	《关于做好本市建筑信息模型技术应用试点项目和示范工作的通知》(沪建应联办〔2016〕7 号)
12	2016 年 9 月	市住房城乡建设管理委	《上海市建筑信息模型技术应用推广"十三五"发展规划纲要》(沪建管〔2016〕832 号)
13	2016 年 12 月	市住房城乡建设管理委	《本市保障性住房项目应用建筑信息模型技术实施要点》(沪建建管〔2016〕1124 号)

序号	发布时间	发布主体	政策文件
14	2016 年 12 月	联席会议办公室	《关于本市开展建筑信息模型技术应用企业转型示范的通知》（沪建应联办〔2016〕9 号）
15	2017 年 1 月	联席会议办公室	关于发布《上海市建设工程设计招标文本编制涉及建筑信息模型技术应用服务的补充示范条款（2017 版）》等 6 项涉及建筑信息模型技术应用服务的补充示范条款的通知（沪建应联办〔2017〕1 号）
16	2017 年 4 月	市住房城乡建设管理委、市规划和国土资源管理局	《关于进一步加强上海市建筑信息模型技术推广应用的通知》（沪建建管联〔2017〕326 号）
17	2017 年 5 月	联席会议办公室	关于发布《上海市建筑信息模型技术应用试点项目验收实施细则》的通知（沪建应联办〔2017〕3 号）
18	2017 年 6 月	市住房城乡建设管理委	关于发布《上海市建筑信息模型技术应用指南（2017 版）》的通知（沪建建管〔2017〕537 号）
19	2017 年 9 月	上海市人民政府办公厅	印发《关于促进本市建筑业持续健康发展的实施意见》的通知（沪府办〔2017〕57 号）
20	2017 年 9 月	联席会议办公室	关于印发《本市建筑信息模型技术应用示范项目的评选细则》的通知（沪建应联办〔2017〕9 号）
21	2017 年 9 月	联席会议办公室	《关于定期填报建筑信息模型技术应用情况的通知》（沪建应联办〔2017〕10 号）
22	2017 年 11 月	上海市人民政府办公厅	延长《关于在本市推进建筑信息模型技术应用的指导意见》的通知（沪府办发〔2017〕73 号）
23	2018 年 5 月	市住房城乡建设管理委	关于发布《上海市保障性住房项目 BIM 技术应用验收评审标准》的通知（沪建建管〔2018〕299 号）

2015 年 7 月 1 日，联席会议办公室发布《上海市推进建筑信息模型技术应用三年行动计划（2015—2017）》，设定的工作目标是：到 2017 年在一定规模的工程建设中全面应用 BIM 技术。为达到这一目标，制定了"试点培育、推广应用和全面应用"三个阶段的实施步骤。试点培育阶段（2015 年）主要任务包括：开展 BIM 应用试点示范、制定 BIM 技术应用需要的指南或技术标准，制定招标、合同示范文本或专用条款、开展 BIM 技术应用能力认证等。推广应用阶段（2016 年）主要任务包括：继续开展 BIM 技术应用试点示范、编制 BIM 技术应用技术报告、完善 BIM 技术应用标准指南、引导建立和完善社会化能力认定机制，完成一批企业和个人能力认定等。全面应用阶段（2017 年）主要任务包括：建立多层次教育培训体系、完善 BIM 技术应用推进政策、标准、编制 BIM 技术应用推进分析报告、力争 2017 年在上海市一定规模的政府投资工程中全面应用 BIM 技术。

三年行动计划是为贯彻落实《上海 BIM 指导意见》进行的目标细化和任务分解，提出通过 2015 到 2017 三年时间分阶段、分步骤地推进 BIM 技术应用的技术路径，逐步建立符合上海市实际的 BIM 技术应用配套政策、标准规范和应用环境，构建基于 BIM 技术的政府监管模式，最终实现《上海 BIM 指导意见》中明确的"到 2017 年在一定规模的工程建设中全面应用 BIM 技术的总体目标"。从总体推进的效果看，上海市基本完成了三年行动计划制定的各项任务，初步实现了规模以上工程全面应用 BIM 技术的总体目标。

2017 年 4 月 12 日，上海市住建委与市规土局联合发布《关于进一步加强上海市建筑信息模型技术推广应用的通知》（沪建建管联〔2017〕326 号）。《通知》明确规定：投资额为 1 亿元以上或单体建筑面积 2 万平方米以上、区政府和特定区域管委会规定的其他工程应当开展 BIM 技术应用。自 2017 年 6 月 1 日起，在建设监管过程中将对上海市规模以上的建设工程应用 BIM 技术的情况予以把关。具体应用要求包括：土地出让环节，将 BIM 技术应用相关管理要求纳入国有建设用地出让合同；规划审批环节，运用 BIM 模型进行辅助审批；报建环节，对建设单位填报的有关 BIM 技术应用信息进行审核；施工图审查等环节，对项目应用 BIM 技术的情况进行抽查，年度抽查项目数量不少于应当应用 BIM 技术项目的 20%；竣工验收备案环节，根据项目情况，要求建设单位采用 BIM 模型归档，并在竣工验收备案中审核建设单位填报的 BIM 技术应用成果信息。通知对 2017 年及之后一段时间内上海市开展 BIM 技术推广应用提供了政策依据，目前正在推行之中。

4.3.2　上海市 BIM 标准、指南和示范文本

2016 年 4 月 26 日，上海市住房建设管理委发布《上海市建筑信息模型应用标准》（DG/TJ 08-2201-2016），标准编制和应用的指导思想是：通过基于 BIM 的协同工作达到数据集成和共享。标准主要内容包括：总则、术语、基本规定、基础数据应用规定、协同工作规定、实施规划、设计应用、施工应用、项目管理应用、运维管理应用、模型评价、模型资源相关规定等。

上海市住房建设管理委又陆续发布了《城市轨道交通建筑信息模型技术标准》《城市轨道交通建筑信息模型交付标准》、《市政给排水建筑信息模型应用标准》、《市政道路桥梁建筑信息模型应用标准》和《人防工程设计信息模型交付标准》等 BIM 技术应用和交付标准。这些标准针对上海市建筑工程应用 BIM 技术应用问题，给出了可操作强的条文，对推进上海市 BIM 全面推广及深入应用，具有重要的指导意义，详细信息见表 4-3。

上海市 BIM 技术标准　　　　　　　　　　　　　　　　　　表 4-3

序号	发布时间	主编单位	标准名称、编号
1	2016 年 4 月	华东建筑设计研究院有限公司、上海建科工程咨询有限公司	《建筑信息模型应用标准》DG/TJ 08- 2201-2016
2	2016 年 5 月	上海市申通地铁集团有限公司、上海市隧道工程轨道交通设计研究院	《城市轨道交通建筑信息模型技术标准》DG/TJ 08- 2202-2016

续表

序号	发布时间	主编单位	标准名称、编号
3	2016 年 5 月	上海市申通地铁集团有限公司、上海市隧道工程轨道交通设计研究院	《城市轨道交通建筑信息模型交付标准》DG/TJ 08-2203-2016
4	2016 年 5 月	上海市城市建设设计研究总院（集团）有限公司	《市政道路桥梁建筑信息模型应用标准》DG/TJ 08-2204-2016
5	2016 年 5 月	上海市城市建设设计研究总院（集团）有限公司	《市政给排水建筑信息模型应用标准》DG/TJ 08-2205-2016
6	2016 年 5 月	上海市地下空间设计研究总院有限公司	《人防工程设计信息模型交付标准》DG/TJ 08-2206-2016

　　2015 年 5 月 14 日，市建设管理委发布《上海市建筑信息模型技术应用指南（2015 版）》（以下简称《上海 BIM 指南（2015 版）》），对全生命期的设计、施工、运维各阶段列出 23 项基本应用点要求。这部指南是指导和规范上海市 BIM 应用方案制定、项目招标、合同签订、项目管理等工作的重要依据，并于 2017 年修订，详细信息见表 4-4。

上海市 BIM 技术应用指南　　　　　　　　　表 4-4

序号	发布时间	负责单位	指南名称	文号
1	2015 年 5 月	市住房城乡建设管理委	《上海市建筑信息模型技术应用指南（2015 版）》	沪建管〔2015〕336 号
2	2017 年 6 月	市住房城乡建设管理委	《上海市建筑信息模型技术应用指南（2017 版）》	沪建建管〔2017〕537 号

　　《上海 BIM 指南（2015 版）》首次提出了应用 BIM 技术的 6 个阶段、23 个应用项、2 种模式。6 个阶段包括方案设计、初步设计、施工图设计、施工准备、施工实施和运营阶段。23 个基本应用项按阶段进行了划分，每个应用项均包含目的和意义、数据准备、操作流程以及成果等内容。2 种 BIM 应用模式是全生命期应用和阶段性应用。

　　《上海 BIM 指南（2015 版）》对 BIM 应用方案主要内容、BIM 应用宜设置的角色和职责、模型深度、交付成果等也进行了明确。交付成果的形式不仅包括建筑模型，还包括模拟分析报告、碰撞检查报告、工程量清单等各类 BIM 应用形成的成果文件，以及由模型输出的二维图纸和三维视图等。组织方式推荐采用建设单位主导、各参与方在项目全生命期协同应用 BIM 技术，以便充分发挥 BIM 技术的最大效益和价值。

　　经过两年多的实践，《上海 BIM 指南（2015 版）》在实施过程中，对指导上海市建设、设计、施工、运营和咨询等单位开展 BIM 技术应用起到了非常重要的指导作用，是建设项目、尤其是 BIM 技术应用试点项目的 BIM 应用方案制定的重要参考依据，为上海市推广 BIM 技术应用提供了较为规范的、具有实操性的技术指南。

2017 年，为满足现阶段 BIM 技术全面应用的实际需要，上海市住房建设管理委组织对《上海 BIM 指南（2015 版）》进行了修订，形成了《上海市建筑信息模型技术应用指南（2017 版）》。《上海 BIM 指南（2017）版》进一步充实了 2015 版的应用项，并细化了有关应用内容，主要包括：细化了基于 BIM 的二维制图表达，深化了利用 BIM 模型的工程量计算，增加了预制装配式混凝土 BIM 技术应用项和基于 BIM 技术的协同管理平台应用，深化了运维阶段的内容。

《上海 BIM 指南（2017 版）》将为项目应用各方明确权利和义务、模型深度、信息交换的范围和内容，从基础数据、模型信息交付和执行应用三个层面提供进一步的指导作用。

在完善设计、施工合同、咨询服务等招标文件和合同示范文本方面，联席会议办公室在 2015 年 8 月 25 日和 2017 年 1 月 24 日，分别发布了《上海市建筑信息模型技术应用咨询服务招标示范文本（2015 版）》、《上海市建筑信息模型技术应用咨询服务合同示范文本（2015 版）》（沪建应联办〔2015〕4 号）和《上海市建设工程设计招标文件编制中涉及建筑信息模型技术应用服务的补充示范条款（2017 版）》、《上海市建设工程设计合同编制中涉及建筑信息模型技术应用服务的补充示范条款（2017 版）》等多项涉及建筑信息模型技术应用服务的补充示范条款。示范文本涵盖了咨询、设计、施工、监理建筑信息模型应用。该套示范文本是建设工程 BIM 技术应用领域发布的首套体系化、指导性示范文本，为企业编制涉及 BIM 技术应用的建设工程设计、施工、监理的招标文件和合同提供了参考性模板。详细信息见表 4-5。

上海市 BIM 技术应用示范文本／条款　　　　　　　　　　　　　　　表 4-5

序号	发布时间	负责单位	名称	文号
1	2015 年 9 月	联席会议办公室	《上海市建筑信息模型技术应用咨询服务招标示范文本（2015 版）》	沪建应联办〔2015〕4 号
2	2015 年 9 月	联席会议办公室	《上海市建筑信息模型技术应用咨询服务合同示范文本（2015 版）》	沪建应联办〔2015〕4 号
3	2017 年 1 月	联席会议办公室	上海市建设工程设计招标文件编制中涉及建筑信息模型技术应用服务的补充示范条款（2017 版）	沪建应联办〔2017〕1 号
4	2017 年 1 月	联席会议办公室	上海市建设工程设计合同编制中涉及建筑信息模型技术应用服务的补充示范条款（2017 版）	沪建应联办〔2017〕1 号
5	2017 年 1 月	联席会议办公室	上海市建设工程施工招标文件编制中涉及建筑信息模型技术应用服务的补充示范条款（2017 版）	沪建应联办〔2017〕1 号
6	2017 年 1 月	联席会议办公室	上海市建设工程施工合同编制中涉及建筑信息模型技术应用服务的补充示范条款（2017 版）	沪建应联办〔2017〕1 号

序号	发布时间	负责单位	名称	文号
7	2017 年 1 月	联席会议办公室	上海市建设工程监理招标文件编制中涉及建筑信息模型技术应用服务的补充示范条款（2017 版）	沪建应联办〔2017〕1 号
8	2017 年 1 月	联席会议办公室	上海市建设工程监理合同编制中涉及建筑信息模型技术应用服务的补充示范条款（2017 版）	沪建应联办〔2017〕1 号

4.4　广东省和广州市 BIM 标准和技术政策

广东省是较早启动 BIM 标准编制和发布推动 BIM 应用指导意见的省份。2014 年 9 月，广东省住建厅发布《广东省住房和城乡建设厅关于开展建筑信息模型 BIM 技术推广应用工作的通知》（粤建科函〔2014〕1652 号），正式拉开广东省官方推动 BIM 技术应用的帷幕。随后广东省住建厅指导成立了广东省 BIM 技术联盟，主导编制了《广东省建筑信息模型应用统一标准》、《广东省建筑信息模型（BIM）技术应用费用计价参考依据》，并在多个相关行业指导意见中均提出将 BIM 作为促进建筑业转型升级、促进建筑质量提升的关键技术。

除《广东省建筑信息模型应用统一标准》外，广东省还立项了《城市轨道交通建筑信息模型（BIM）建模与交付标准》、《城市轨道交通基于建筑信息模型（BIM）的设备设施管理编码规范》两本轨道交通专项的 BIM 标准编制工作。

广东省内广州、深圳两市对 BIM 技术的推广应用也相当积极。2015 年，广州市住房和城乡建设委员会立项编制《广州市民用建筑信息模型（BIM）设计技术规范》和《广州市建筑施工 BIM 技术应用技术规程》，目前这两部标准已经完成主要技术内容，处于报批阶段。2017 年 1 月，广州市住房和城乡建设委员会等四个部门联合发布《关于加快推进我市建筑信息模型（BIM）应用的意见》（穗建技 [2017] 120 号），对广州市符合一定条件的项目和建筑业企业的 BIM 应用提出了具体要求。本节以广州市为代表介绍市一级的技术政策及标准编制情况。

4.4.1　广东省 BIM 标准和技术政策

1.《广东省住房和城乡建设厅关于开展建筑信息模型 BIM 技术推广应用工作的通知》（粤建科函〔2014〕1652 号）

《广东省住房和城乡建设厅关于开展建筑信息模型 BIM 技术推广应用工作的通知》（粤建科函〔2014〕1652 号，以下简称《通知》）提出广东省开展 BIM 技术推广应用的目标是：到 2014 年底，启动 10 项以上 BIM 技术推广项目建设；到 2015 年底，基本建立我省 BIM 技术推广应用的标准体系及技术共享平台；到 2016 年底，政府投资的 2

万平方米以上的大型公共建筑，以及申报绿色建筑项目的设计、施工应当采用 BIM 技术，省优良样板工程、省新技术示范工程、省优秀勘察设计项目在设计、施工、运营管理等环节普遍应用 BIM 技术；到 2020 年底，全省建筑面积 2 万平方米及以上的建筑工程项目普遍应用 BIM 技术。

《通知》提出推广应用工作的主要措施包括：省住建厅指导成立广东省 BIM 技术联盟，全面开展 BIM 技术的推广应用工作；鼓励各地区成立 BIM 技术推广组织；鼓励企业和科研机构投入 BIM 技术的开发研究；推动把 BIM 技术应用列入建设工程质量、安全、运营维护等方面的科技进步评选条件，激励企事业单位积极创建 BIM 技术示范工程。

在《通知》指导下，广东省 BIM 技术联盟于 2015 年 4 月正式成立，同时启动《广东省建筑信息模型应用统一标准》的编制。

2.《广东省建筑信息模型应用统一标准》

2018 年 7 月 17 日，省住房城乡建设厅批准公布了《广东省建筑信息模型应用统一标准》（以下简称《广东省 BIM 标准》）为广东省地方标准，编号为 DBJ/T 15-142-2018，自 2018 年 9 月 1 日起实施。

《广东省 BIM 标准》对 BIM 技术在建筑工程的设计、施工、运营维护各阶段中的模型细度、应用内容、交付成果作出规定，整体考虑了各阶段模型与信息的衔接，贯彻 BIM 信息与模型的延续性理念，注重实用性、导向性，同时综合考虑必要性、可行性、前瞻性的平衡，对推动本省 BIM 技术应用具有重要意义。

《广东省 BIM 标准》主要内容包括：BIM 应用策划；各阶段模型细度；设计、施工、运维阶段 BIM 应用；模型交付与审查。其特点在于：注重完整性与体系化，对各个阶段如何衔接考虑得比较充分；对 BIM 设计与制图的关系与要求作出明确规定，引导二三维结合的交付方式；对运维阶段的 BIM 应用提出了明确的方向与要求；对模型的审查方式与内容提出了指导性的纲要，其目录如图 4-1 所示。

3.《广东省建筑信息模型（BIM）技术应用费用计价参考依据》

2018 年 7 月，广东省住建厅发布《广东省建筑信息模型（BIM）技术应用费用计价参考依据》，为 BIM 技术应用的收费规范化提供了官方依据。该参考依据分工业与民用建筑工程、市政道路工程、轨道交通工程、地下综合管廊工程、园林景观工程五大类工程分别列表，再按土建、机电等专业划分，按设计、施工、运维的单阶段、两阶段及三阶段等阶段划分及组合，给出详细的收费参考依据。

对于工业与民用建筑工程，该参考依据采用"建筑面积 × 单价"的方式计算；对于上述的另外四种工程，采用"建安造价 × 费率"的方式计算。

该参考依据规定：建筑信息模型（BIM）技术应用费用在工程建设"其他费用"中单独计列，这使得 BIM 的技术应用有了明确的列支开项，对促进 BIM 的有序发展

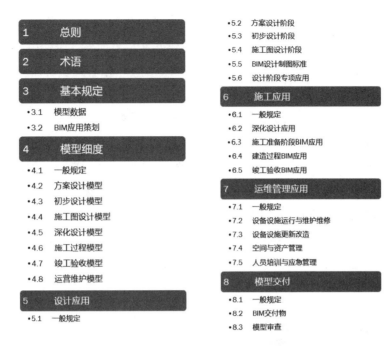

图 4-1　《广东省 BIM 标准》目录框架

有积极的作用。

4.4.2　广州市 BIM 标准和技术政策

1. 广州市《关于加快推进我市建筑信息模型（BIM）应用的意见》

广州市住房和城乡建设委员会联合市发展改革委员会、市科技创新委员会和市技术质量监督局发布《关于加快推进我市建筑信息模型（BIM）应用的意见》（穗建技[2017] 120 号）（以下简称《广州 BIM 指导意见》），给出了推动广州市 BIM 应用的指导思想、工作目标、工作重点和保障措施，并公布了首批 BIM 应用示范项目名单。

《广州 BIM 指导意见》确定了企业是 BIM 应用的主体，并要坚持科技进步和管理创新相结合。以 2020 年为主要时间节点，对于政府和行业主管部门以及企业的，要求"形成完善的建设工程 BIM 应用配套政策金额技术政策体系"，对于企业，要求"广州市建设行业甲级勘察设计单位以及特、一级房屋建筑和市政公用工程施工总承包企业掌握 BIM，建立相应技术团队并实现与企业管理系统和其他信息技术的一体化集成应用"，对于项目，要求"到 2020 年，广州市政府投资和国有资金投资为主的大型房屋建筑和市政基础设施项目在勘察设计、施工和运营维护中普遍应用 BIM"。

《广州 BIM 指导意见》提出的推动 BIM 应用重点任务包括：开展示范工程建设、完善配套制度、鼓励科技研发、加强能力建设、拓展应用范围等五个方面内容。"保障措施"则强调了"加强统筹协调、加强交流合作、加强宣传培训"三项做法。

2.《广州市民用建筑信息模型（BIM）设计技术规范》

《广州市民用建筑信息模型(BIM)设计技术规范》(以下简称《广州 BIM 设计规范》)由广州市住房和城乡建设委员会指导编写，主编单位为广东省建筑设计研究院、广州市设计院，参编单位为广州华森建筑设计院有限公司、广州大学、广州市建筑集团有限公司、广州工程总承包集团有限公司、广州优比建筑咨询有限公司、广州永道工程咨询有限公司等。

《广州 BIM 设计规范》拟解决以下关键问题：如何使 BIM 技术在设计阶段的不同专业之间协同设计、在不同环节之间交换信息的过程中实现模型与信息的有效流通；如何对设计阶段的各个环节应用 BIM 技术的内容、交付成果、技术要求等作出统一的要求与评价标准；如何使设计阶段的 BIM 模型在后续施工、运维阶段可以延续应用，并保证有效的信息资源共享和业务协作。据此，《广州 BIM 设计规范》主要内容分为 11 章，其目录框架如图 4-2 所示。

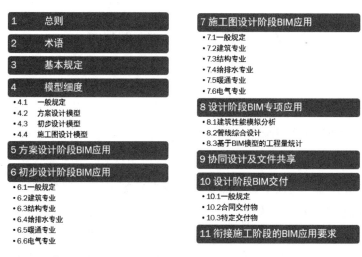

图 4-2 《广州市民用建筑信息模型（BIM）设计技术规范》目录框架

《广州 BIM 设计规范》没有采用代号的方式，直接将模型细度要求分阶段、分专业列表，同时表达不同阶段的细度"递进"关系。对不同阶段的 BIM 应用要求，同样采用增量表达的方式，使设计人员可以全局把握逐步深入的设计进程。

《广州 BIM 设计规范》结合工程项目的实际应用，将合理、规范的做法提取出来，并综合考虑不同的软件通用性，形成细致的技术条文，引导相关设计人员以科学、规范的方式来应用 BIM 技术，避免走弯路，从而使此技术规范具有较高的实用性。

《广州 BIM 设计规范》对设计的过程协作与成果交付给出基本规定，对二、三维互相结合的交付成果作出指引，同时对设计阶段"建筑性能模拟分析"、"BIM 算量"与"管线综合"三个设计阶段的 BIM 专项应用进行了阐述，使设计单位对 BIM 应用

的内容、深度与要求有清晰的认识，业主单位对设计单位交付的 BIM 模型与工程图纸
也有一个判断的准则。

《广州 BIM 设计规范》对如何提出后续 BIM 模型应用需求给出规定，并对延续应
用所需的模型处理给出指导，以期避免后期大量的模型调整工作，实现设计 BIM 向施
工 BIM 的顺利流转。

3. 《广州市建筑施工 BIM 技术应用技术规程》

《广州市建筑施工 BIM 技术应用技术规程》（以下简称《广州施工 BIM 技术规程》）
由广州市住房和城乡建设委员会指导编写，主编单位为中国建筑第四工程局有限公司，
参编单位为广东省建筑工程集团有限公司、广州市建筑集团有限公司、广州优比建筑
咨询有限公司、广东省建筑设计研究院、华南理工大学、广联达软件股份有限公司。

《广州施工 BIM 技术规程》旨在通过一种 BIM 信息的手段，实现对建筑项目的施
工进度管理、成本管理、合约管理、图纸管理、工作面管理、物资管理、劳务管理、
碰撞检查以及后期运维等的信息化、智能化、数字化、精细化管理，通过该规程的推
广应用，达到提高建筑施工企业项目的管理及生产效率，节约项目的管理及生产成本
和节省资源的目标。目录框架如图 4-3 所示。

第一章 总则	第八章 进度管理BIM应用
第二章 术语	第九章 工作面管理BIM应用
第三章 基本规定	第十章 图纸管理BIM应用
第四章 施工模型的创建和管理	第十一章 预算与成本管理BIM应用
第五章 施工方案BIM应用	第十二章 质量与安全管理BIM应用
第六章 深化设计BIM应用	第十三章 合同管理BIM应用
第七章 预制加工BIM应用	第十四章 验收与交付BIM应用

图 4-3 《广州市建筑施工 BIM 技术应用技术规程》目录框架

《广州施工 BIM 技术规程》系统地梳理了施工阶段的各种 BIM 应用，对各种 BIM
应用的流程做法、技术要求等作出详细的规定，同时创新性地提出了基于 BIM 的工作
面划分应用、图纸管理应用、合同管理应用等方面的拓展应用，着重在 BIM 的综合管
理方面发挥优势，提高建筑施工企业项目的管理及生产效率，节约项目的管理及生产
成本，节省资源。其中主要章节的内容如下：

• 第三章：对施工模型应用的阶段、参建方共享数据、软件基本功能、施工 BIM
应用策划、应用过程管理等作了详细的要求。

• 第四章：对施工模型的创建、模型细度以及模型元素创建和管理作规定。

• 第五章：对施工组织模拟和施工工艺模拟的内容、流程、模型元素和信息、应
用成果及软件功能等作了详细的规定。

- 第六章：对现浇混凝土结构、机电、钢结构以及其他专业深化设计 BIM 应用的相关要求作了规定。
- 第七章：对混凝土预制构件、机电、钢结构、幕墙、装饰装修构件预制 BIM 应用作了规定。
- 第八章：对进度管理 BIM 应用中进度计划的编制和进度控制作了规定。
- 第九章：对工作面管理 BIM 应用的适用范围、软件要求、应用方法及成果作规定。
- 第十章：对图纸管理 BIM 应用的适用范围、图纸检索与检查、设计变更管理 BIM 应用作了规定。
- 第十一章：对预算与成本管理 BIM 应用的适用范围、软件功能要求、应用流程等作规定。
- 第十二章：对质量与安全管理 BIM 应用的模型信息和应用方式作规定。
- 第十三章：对合同管理 BIM 应用的适用范围、合同分类和拆分、合同与模型的关联以及合同变更管理等作规定。
- 第十四章：对竣工模型以及交付的资料作规定。

《广州施工 BIM 技术规程》与《广州 BIM 设计规范》互相配合，形成了广州市 BIM 应用的技术标准系列。

4.5 浙江 BIM 标准和技术政策

浙江省从 BIM 技术应用导则入手，逐步出台了多项推动 BIM 技术应用的标准和政策，如表 4-6 所示。

浙江省主要 BIM 标准和技术政策　　　　　　表 4-6

序号	文件名称	发布单位	发布时间	文号
1	关于印发《浙江省建筑信息模型（BIM）技术应用导则》的通知	浙江省住房和城乡建设厅	2016.4	建设发〔2016〕163 号
2	浙江省建筑施工企业 BIM 应用服务供应商推荐咨询报告	浙江省建筑业技术创新协会	2016.7	
3	浙江省人民政府办公厅关于推进绿色建筑和建筑工业化发展的实施意见	浙江省住房和城乡建设厅	2016.9	浙政办发〔2016〕111 号
4	浙江省建筑信息模型（BIM）技术推广应用费用计价参考依据	浙江省住房和城乡建设厅	2017.9	浙建建〔2017〕91 号
5	关于推进建筑信息模型技术应用的若干意见	宁波市住房和城乡建设委员会	2017.6	甬建发〔2017〕74 号
6	浙江省卫生计生委关于在大型医疗卫生建筑项目中推广应用 BIM 技术的通知	浙江省卫生计生委	2017.7	浙卫发[2017]46 号
7	关于发布浙江省工程建设标准《建筑信息模型（BIM）应用统一标准》的通知	浙江省住房和城乡建设厅	2018.6	建设发（2018）184 号

4.5.1　《浙江省建筑信息模型（BIM）技术应用导则》

浙江省为贯彻落实《住房城乡建设部关于印发推进建筑信息模型应用指导意见的通知》（建质函 [2015]159 号）和《浙江省绿色建筑条例》的要求，推动 BIM 技术在建设工程中的应用，全面提高浙江省建设、设计、施工、业主、物业和咨询服务等单位的 BIM 技术应用能力，规范 BIM 技术应用环境，编制了《浙江省建筑信息模型（BIM）技术应用导则》（以下简称《浙江 BIM 技术导则》）。

《浙江 BIM 技术导则》主要包括总则、基本规定、BIM 实施的组织管理和 BIM 技术应用点四个部分。提出了"全生命期应用"和"阶段性应用"两种 BIM 技术应用模式，以及"参与方职责范围一致性原则"、"软件版本及接口一致性原则"和"BIM 模型维护与实际同步原则"等三项 BIM 实施应遵循的原则。

在 BIM 实施模式和组织架构中，《浙江 BIM 技术导则》提出了"建设单位（业主）BIM 实施模式"和"承包商 BIM 实施模式"两种 BIM 实施模式，并分别对这两种实施模式的组织结构和各参与方（建设单位、BIM 总协调方、监理单位、设计单位、施工总承包、专业分包单位、造价咨询单位、运营单位）应履行的职责给出了指导。

在 BIM 技术应用点中，《浙江 BIM 技术导则》给出了"项目场址比选"、"概念模型构建"、"建设条件分析"、"场地分析"、"建筑性能模拟分析"、"设计方案比选"、"各专业模型构建"等 28 项 BIM 应用点的主要工作内容、工作成果等条文指导。

4.5.2　浙江省建筑信息模型（BIM）技术推广应用费用计价参考依据

为进一步推进浙江省 BIM 技术应用发展，根据住房城乡建设部《关于推进建筑信息模型应用指导意见的通知》（建质函 [2015]159 号）、浙江省人民政府办公厅《关于推进绿色建筑和建筑工业化发展的实施意见》等有关规定，制定了浙江省 BIM 技术推广应用费用计价参考依据（以下简称"浙江 BIM 计价依据"）。

"浙江 BIM 计价依据"给出了民用建筑工程（包括新建项目和既有建筑）、轨道交通工程、地下综合管廊工程、市政道路工程等类型工程的计价方法。并明确：对于以建设单位为主导应用 BIM 技术，应根据工程项目复杂程度、应用深度不同，在项目立项时明确计取 BIM 应用要求和配套用费，计入工程建设成本，并做到专款专用；对于以承包商为主导应用 BIM 技术，应按招标文件要求，在编制招标控制价和投标报价时，将 BIM 应用要求和配套用费在其他项目清单中按照暂列金额单独列项。

"浙江 BIM 计价依据"给出民用建筑工程（新建项目）BIM 技术应用费用计价参考表。参考表根据"应用等级"、"应用阶段"、"所含专业"、"模型深度"和"服务内容（应用选项）"详细给出费用标准，具有较强的实操性和指导意义。

4.5.3 浙江省《建筑信息模型（BIM）统一标准》

为贯彻落实《住房城乡建设部关于印发推进建筑信息模型应用指导意见的通知》
（建质函 [2015]159 号）和《浙江省绿色建筑条例》的要求，推动建筑信息模型技术
在建设工程中的应用，全面提高浙江省建设、设计、施工、物业和咨询服务等单位的
BIM 技术应用能力，规范 BIM 技术应用环境，根据浙江省住房和城乡建设厅《关于印
发〈2015 年浙江省建筑节能及相关工程建设标准制修订计划〉的通知》（建设发 [2015]423
号）的要求，制定了浙江省《建筑信息模型（BIM）统一标准》（以下简称）。

《浙江 BIM 统一标准》（图 4-4）是在国家相关 BIM 标准基础上，针对浙江地区工
程建设项目管理特点，建立统一的、开放的、可操作的应用技术标准，从基础数据、
模型细度、工作方法和工作环境等四个层面，指导项目参与方遵从统一的标准进行信
息应用和交换，切实提高浙江省建筑信息模型应用能力，整体提升建筑业生产效率，
实现建筑业与环境协调可持续发展。

1 总 则

2 术 语

3 基本规定

4 BIM 模型要求

    4.1 一般规定

    4.2 BIM 模型数据

    4.3 BIM 模型创建

    4.4 BIM 模型细度要求

    4.5 BIM 模型扩展

    4.6 BIM 模型信息共享

    4.7 模型交付

5 模型应用

    5.1 一般规定

    5.2 应用选项任务工作方式

    5.3 应用程度等级要求

6 实施环境与协同平台

    6.1 实施环境要求

    6.2 协同平台要求

    附录 A 典型信息模型的组成元素

    附录 B 各阶段各专业 BIM 模型细度要求

    附录 C 各阶段 BIM 技术应用选项

图 4-4 《浙江 BIM 统一标准》目录结构

为了避免"BIM 应用成果与现场实际脱节"的"两层皮"现象，推动 BIM 应用真正落地，《浙江 BIM 统一标准》提出"建设工程中各工作任务建筑信息模型的创建、应用和管理应以相应任务的承担方为实施主体"，并列出 29 个常用的 BIM 应用选项，如表 4-7 所示。

		《浙江 BIM 统一标准》各阶段 BIM 技术应用选项	表 4-7
序号	阶段划分	阶段描述	基本应用
1	策划与规划设计	策划与规划是项目的起始阶段。对于单体项目称为策划，对于群体项目称为规划。主要目的是根据建设单位的投资与需求意向，研究分析项目建设的必要性，提出合理的建设规模，确定项目规划设计的条件	项目场址比选
2			概念模型构建
3			建设条件分析
4	方案设计	主要目的是为后续设计阶段提供依据及指导性的文件。主要工作内容包括：根据设计条件，创建设计目标与设计环境的基本关系，提出空间建构设想、创意表达形式及结构方式等初步解决方法和方案	场地分析
5			建筑性能模拟分析
6			设计方案比选
7			面积明细表统计
8	初步设计	主要目的是通过深化方案设计，论证工程项目的技术可行性和经济合理性。主要工作内容包括：拟定设计原则、设计标准、设计方案和重大技术问题以及基础形式，详细考虑和研究各专业的设计方案，协调各专业设计的技术矛盾，并合理地确定技术经济指标	各专业模型构建
9			建筑结构平面、立面、剖面检查
10			面积明细表统计
11			工程量统计
12	施工图设计	本阶段的主要目的是为施工安装、工程预算、设备及构件的安放、制作等提供完整的模型和图纸依据。主要工作内容包括：根据已批准的设计方案编制可供施工和安装的设计文件，解决施工中的技术措施、工艺做法、用料等问题	各专业模型构建
13			冲突检测及三维管线综合
14			竖向净空优化
15			虚拟仿真漫游
16			辅助施工图设计
17			面积明细表统计
18			工程量统计
19	施工阶段	施工阶段是指建设单位与施工单位签订工程承包合同开始到项目竣工为止，在实际项目过程中，各个分部分项交叉进行，BIM 应用贯穿其中，主要应用包括现场数据采集、图纸会审、施工深化设计、施工方案模拟及构件预制加工、施工放样、施工质量与安全管理设备和材料管理等方面	施工数据采集
20			冲突检测及三维管线综合
21			竖向净空优化
22			虚拟仿真漫游
23			图纸会审
24			施工深化设计
25			施工方案模拟
26			施工计划模拟
27			构件预制加工
28			施工放样
29			工程量统计
30			设备与材料管理
31			质量与安全管理
32			竣工模型构建

续表

序号	阶段划分	阶段描述	基本应用
33	运营阶段	本阶段的主要目的是管理建筑设施设备，保证建筑项目的功能、性能满足正常使用的要求。改造工程也在本阶段	现场 3D 数据采集和集成
34			设备设施运维管理
35			子项改造管理
36	拆除阶段	本阶段的主要目的是创建合理的拆除方案，妥善处理建筑材料设施设备，力求拆除的可再生利用	拆除施工模拟
37			工程量统计

《浙江 BIM 统一标准》将工程项目 BIM 应用程度应由低到高划分为一级、二级、三级，要求"BIM 应用方应按相应等级要求完成其应用。"

对"一级"的要求是"应创建建筑专业设计模型，并进行三维可视化、性能分析、主要建材和构件统计工作；适当应用设计模型进行施工模拟和漫游；适当应用设计模型进行楼层巡查。"

对"二级"的要求是"应创建工程勘察模型和建筑、结构、机电专业设计模型，深化建筑、结构、机电专业施工模型，并进行三维可视化、性能分析、主要建材和构件统计工作、设计冲突检测、生成二维施工图，以及施工模拟、施工冲突检测、工程量统计、楼层巡查等工作。"

对"三级"的要求是"应创建工程勘察模型和项目全专业设计模型，深化全专业施工模型，并进行三维可视化、性能分析、主要建材和构件统计工作、设计冲突检测、生成二维施工图，以及施工模拟、施工冲突检测、工程量统计等工作。深化设计模型或施工模型，构建运维模型，并进行设备设施运维管理工作。"

第5章　中国部分企业 BIM 标准和技术政策

5.1　概述

　　避免在同一层次竞争，培育技术、管理密集型的差别化建筑产品和服务核心能力，是我国建筑企业进一步优化产业结构面临的现实问题。当前，我国建筑企业面临技术水平差距小、特色不显著的困境，而通过降低材料和劳动力成本来提供建筑产品竞争力的发展空间已经在逐渐缩小。因此，很多建筑企业尝试通过与高新技术接轨提升建筑产品和服务的附加值，进而形成竞争优势，BIM 技术成为建筑企业关注的重点。

　　BIM 技术是当前建筑企业提升设计、采购能力，以及设计、采购和施工集成管理能力的重要手段和技术支撑。基于 BIM 技术，提升建筑供应链的信息管理能力，进而提升建筑供应链资金流、物流管理能力，成为建筑企业选择 BIM 的主要原因。但建筑项目的高度个性化，相较于其他行业管理粗放化，项目建造过程参与组织的多元化，决定了 BIM 技术应用的难度，需要配套的政策和标准来辅助。

　　国家、行业和地方 BIM 的技术政策和标准为企业 BIM 应用提供了指引和基础，但 BIM 真正深入应用并为企业带来效益，还需要更有针对性的、落地的企业 BIM 技术政策和标准支持。本书选取具有代表性的几家企业，介绍其如何结合自身发展需求制定 BIM 技术政策和标准。

5.2　中建 BIM 标准和技术政策

　　自 2002 年，中国建筑股份有限公司（以下简称"中建"）所属的个别项目和个别企业开始尝试应用 BIM 技术解决实际工程问题。随着全球与国家经济社会环境的变化，企业面临建筑造型日益大型化复杂化、业主需求快速变化、市场竞争越来越激烈、建造成本快速提升等诸多难题，中建以 BIM 技术为核心，集成大数据、智能技术、移动通信技术、云计算技术、物联网技术等新一代信息技术，逐步形成驱动企业创新、变革的智慧建造技术体系。

　　2012 年起，中建分三步：引导应用（2012 年至 2013 年）、规范应用（2014 年至 2015 年）、提高应用（2016 年至今），全面推动企业 BIM 应用，发布了一系列技术政策和标准，如表 5-1 所示。

47

中建 BIM 标准和技术政策　　　　　　表 5-1

序号	名称	发布时间
1	《关于推进中建 BIM 技术加速发展的若干意见》（中建股科字〔2012〕677 号）	2012 年 12 月
2	《关于推进中国建筑"十三五"BIM 技术应用的指导意见》（中建股科字〔2016〕946 号）	2016 年 12 月
3	《建筑工程设计 BIM 应用指南》（第一版）	2014 年 10 月
3	《建筑工程设计 BIM 应用指南》（第二版）	2017 年 2 月
4	《建筑工程施工 BIM 应用指南》（第一版）	2014 年 10 月
4	《建筑工程施工 BIM 应用指南》（第二版）	2016 年 12 月
5	《中建西北院 BIM 标准》	2013 年 6 月
6	《中建西南院 BIM 设计技术标准》	2012 年 10 月
7	《中建上海院 BIM 模型深度及数据格式标准》	2013 年 6 月
8	《中建上海院 BIM 分析报告格式标准》	2014 年 2 月
9	《中建一局施工 BIM 模型统一管理标准》	2015 年 10 月
10	《中建四局 BIM 应用手册》（第一版）	2013 年 9 月
10	《中建四局 BIM 应用手册》（第二版）	2014 年 5 月
11	《中建六局地铁公司 BIM 实施指导书》	2015 年 2 月
12	《中建六局 BIM 技术通用节点图集创建标准》	2014 年 11 月
13	《中建六局族文件创建标准》	2014 年 11 月
14	《中建八局 BIM 作业指导手册》	2012 年 1 月
15	《中建钢构施工详图设计制图标准》	2012 年 2 月
16	《中建钢构深化设计三维建模标准》	2013 年 12 月
17	《中建钢构深化设计图纸绘制标准》	2013 年 12 月
18	《中建钢构桥梁深化设计标准》	2014 年 6 月
19	《中建钢构深化设计审核标准》	2015 年 7 月
20	《中建中东公司 BIM 标准》	2014 年 5 月
21	《中建中东公司 BIM 管理规划》	2014 年 5 月
22	《中建华艺 BIM 执行标准定制》	2013 年 3 月

为全面推动企业 BIM 应用，带动行业 BIM 应用，中建采取一系列举措：

1. 组建中建专家委 BIM 技术委员会

在中建总公司专家委下组建了 BIM 技术委员会，作为中建 BIM 技术推广应用的指导、咨询和服务机构，负责统筹推进中建 BIM 技术研发与应用，优化资源配置，促进 BIM 技术在中建的加速发展。BIM 技术委员会下设立勘察设计、建筑施工、投资地产与基础设施三个分会，在三个分会下设勘察与岩土、设计与规划等 14 个学组。

2. 参与和组建各类促进 BIM 应用的行业组织

为满足《建筑工程信息模型应用统一标准》、《建筑工程施工信息模型应用标准》等多项国家 BIM 标准编制工作的需要，2012 年 3 月 28 日由中国建筑科学研究院、中国建筑股份有限公司等多家单位在北京发起成立了"中国 BIM 发展联盟"和"建筑信息模型（BIM）产业技术创新战略联盟"，致力于我国 BIM 技术、标准和软件研发，为中国 BIM 技术应用提供支撑平台。由中国 BIM 发展联盟发起，在中国工程建设标准化协会下，组建了 BIM 标准专业委员会（简称"中国 BIM 标委会"），全面负责组织协会级 BIM 标准的研究和编制工作。

3. 全方面构建 BIM 应用标准体系

中建主持编写了国家标准《建筑信息模型施工应用标准》，参编国家《建筑信息模型应用统一标准》《建筑信息模型存储标准》《建筑信息模型编码标准》和《建筑工程设计信息模型交付标准》4 部国家标准，以及《竣工验收管理 BIM 技术应用标准》《钢结构施工 BIM 技术应用标准》和《机电施工 BIM 技术应用标准》等 3 部协会标准。

在国家和行业 BIM 标准框架下，结合中建"四位一体"产业链特点，研究建立符合中建需求的企业级 BIM 技术应用指南《建筑工程设计 BIM 技术应用指南》和《建筑工程施工 BIM 技术应用指南》。

4. 率先开展 BIM 示范工程建设，树立榜样

为进一步推进 BIM 技术应用，中建率先在行业内开展了 BIM 示范工程建设工作，并编写了《中建 BIM 示范工程实施指引》。在 2013 年中建总公司科技推广示范工程计划中，增加了"BIM 类示范工程"，并首期批准了 25 项应用示范工程，2014 年批准 7 项，2015 年批准 15 项，2016 年批准 13 项，2017 年批准 13 项。这些示范项目涉及众多工程类型，既有超高层建筑，又有公建项目、EPC 项目、地下交通项目和安装项目等。同时，结合示范工程中间检查及验收，陆续开展多期系统交流、检查、验收会，为企业交流提供良好平台，促进了中建 BIM 技术应用开展。

在示范工程带动下，中建 BIM 应用快速发展。到 2016 年底统计，已有 2932 个项目应用了 BIM 技术。同时，中建组织大型工程 BIM 应用观摩工程，将 BIM 应用经验分享给全行业，带动全行业 BIM 发展。

5. 设立研究课题，夯实技术集成能力

中建在积极开展 BIM 技术应用的同时，十分重视 BIM 技术应用的基础研究，按年度安排了系列 BIM 科研课题。包括："城市综合建设项目建筑信息模型（BIM）应用研究"、"建筑工程设计 BIM 集成应用研究"、"建筑工程施工 BIM 集成应用研究"、"基于 BIM 工程仿真计算系统研发"等。

6. 培育 BIM 应用人才

BIM 技术人才是制约 BIM 技术应用的关键因素，只有让工程技术人员掌握 BIM 技术并将其应用到工程建设中，才能转化为生产力和企业的核心竞争力。为此，中建在不同层面开展了众多 BIM 人才队伍建设工作。通过培训班、专题讲座、培养实战经验等多种手段培养人才。截至"十二五"末，中建系统已有约 1.5 万名技术人员接受

过 BIM 相关培训，超过近 5000 人已成为具有实战能力和丰富经验的高水平 BIM 人才。

在积极参加社会举办的各种 BIM 大赛同时，中建各企业结合自身经营发展需要，举办各具特色的 BIM 大赛，营造 BIM 人才成长氛围，鼓励和培养了 BIM 技术人才的同时，有效促进了 BIM 技术在工程中的实际应用。

5.2.1　中建 BIM 技术政策

1.《关于推进中建 BIM 技术加速发展的若干意见》

2012 年 12 月发布的《关于推进中建 BIM 技术加速发展的若干意见》（中建股科字〔2012〕677 号）（以下简称"若干意见"）是中建第一份全面推动 BIM 应用的企业技术政策，包含着中建全面推动和普及 BIM 应用的顶层设计和路线图。"若干意见"以为绿色建筑和工业化建造发展提供技术支撑为重点，以服务工程建设全产业链为主线，全面贯彻了中建"十二五"科技发展规划，落实了"数字中建"发展策略。

"若干意见"建立了统筹规划、整合资源、积极推进、普及提高的推动企业 BIM 应用基本原则：

（1）统筹规划：中建 BIM 技术发展推进工作要在顶层设计、统筹规划基础上有序开展。

（2）整合资源：充分利用中建全产业链"四位一体"优势，整合全集团 BIM 资源，优化资源配置，协调 BIM 技术发展，提高效率。

（3）积极推进：领导挂帅，统一认识，上下互动，积极推进 BIM 快速发展与应用。

（4）普及提高：将研发与推广应用相结合，技术应用与管理创新相结合，将工作重点放在不断普及提高 BIM 应用水平上，切实做到支撑企业发展。

"若干意见"为企业设立了近期和远期目标。

（1）近期目标：从 2013 年到 2015 年，推动 BIM 技术在投资、设计、施工、运维等方面的研究和应用，建设一批具有代表性的 BIM 应用示范工程，培养一定数量能够熟练应用 BIM 技术服务生产的应用人才。

（2）中长期目标：从 2016 年到 2020 年，将 BIM 技术全面融入企业的日常生产和管理工作中，促进各项业务水平和综合管理水平的全面提升，基本实现投资、设计、施工、运维全产业链的 BIM 应用和基于 BIM 的集成化项目管理。

"若干意见"安排了组织机构建设、标准体系建设、人才队伍建设、基础平台建设、集成能力建设、示范工程建设、支持团队建设等 7 项重点任务。

为落实全面推动 BIM 应用的整体计划，"若干意见"也从组织机构、人才队伍、财务资金、考核制度等方面给出保障措施：

（1）实施"一把手工程"，由各级企业主管领导牵头，设置相应机构，与 BIM 委员会配合，形成分工明确、上下互动的机制，协调和督促本企业的 BIM 发展与应用。

（2）建立高端人才培养和引进机制，营造适于 BIM 人才成长环境，制定相应的优惠政策，加大 BIM 技术高端人才引进，特别是知名院校和研究机构毕业生、行业知名专家的引进。

（3）公司内部要加大 BIM 技术标准及应用研究科研投入，外部要争取国家科研经费支持，完善扶持激励政策，鼓励和引导各企业 BIM 技术应用发展。

（4）设定相关考核指标，将 BIM 技术、标准软件及应用成果作为绩效考核指标，促进相关工作开展。

2.《关于推进中国建筑"十三五"BIM 技术应用的指导意见》

为全面贯彻中建"十三五"科技发展规划和"智慧中建"发展策略，进一步推进 BIM 技术在中国建筑的应用，结合企业 BIM 应用状况，制定了《关于推进中国建筑"十三五"BIM 技术应用的指导意见》（中建股科字〔2016〕946 号，以下简称"指导意见"），全面提升 BIM 技术应用水平，从建筑全生命期和全产业链着眼，着力增强 BIM 技术集成应用能力，让 BIM 技术在中建转型升级、提质增效中发挥更大作用。

"指导意见"继续坚持"十二五"统筹规划，在整合资源、积极推进、普及提高原则基础上，坚持"全面普及，应用升级，融合发展，品质效益，争创一流"原则：

1. 全面普及：统筹实施"四个全面"普及，一是各类企业全面普及，包含设计企业、施工企业、专业公司、运维企业等相关企业；二是项目全员普及，在企业技术人员和管理人员中力争做到高层能懂、中层能用、基层能做；三是各类业务全面普及，包含勘察设计、房屋建筑、基础设施、海外业务、房地产五大业务板块；四是全过程普及，包含工程项目规划、策划、设计、施工、运维、更新、拆除全生命期。

2. 应用升级：力争做到五个升级：从技术应用到管理应用提升；从单项应用到集成应用升级；从软件模块级应用到系统平台级应用升级；从试点示范探索应用到普及与提高应用升级；从掌握技能应用到提质增效应用升级。

3. 融合发展：适应时代需求，坚持 BIM 与互联网、物联网、大数据、云计算、移动互通、3D 打印等技术融合发展，促进建筑业绿色化、工业化、智能化协调发展。

4. 品质效益：应用 BIM 技术促进实现中建品质保障，价值创造，努力达到提升品质，保证质量，确保安全的目标；努力实现提高效率，节约成本，增加效益的目的。

5. 争创一流：坚持与国际接轨，掌控应用进程，把握发展方向，扎实推进，务求实效，再创佳绩，争创央企先进，行业一流的 BIM 技术应用企业。

"指导意见"设定："到 2020 年末，全面实现 BIM 技术在规划、策划、设计、施工、运维、更新与拆除全产业链的普及应用；在设计和施工企业实现 BIM 与企业管理系统的一体化集成应用；促进各项业务水平和综合管理水平的全面提升"的发展目标。

"指导意见"安排了全面普及应用 BIM 技术、全面融合发展 BIM 技术、构建企业 BIM 技术标准体系、强化 BIM 技术人才团队培养、发挥 BIM 示范工程引领作用、建立基于 BIM 的协同工作机制、搭建 BIM 技术集成应用平台、开展 BIM 数据资源积累与利用研究、突出 BIM 技术提质增效作用等 9 项重点任务。

为落实全面推动 BIM 应用的整体计划,"指导意见"也从战略保障、资源保障、人才保障、技术保障、机制保障等方面给出保障措施:

1. 战略保障:正确认识 BIM 对企业发展的作用与价值,将 BIM、大数据、智能化、移动通信、云计算等信息技术集成应用作为实施企业转型升级战略目标的重要举措,将其作为实现创新发展的重要驱动力。

2. 资源保障:加强统一领导和资源保障力度,根据企业 BIM 发展的实际需求,切实保证人力、物力和财力的有效投入,保证 BIM 应用与发展稳步推进。

3. 人才保障:将 BIM 人才发展规划纳入企业人才发展规划,从企业发展的战略高度,注重培养既熟悉业务又精通 BIM 等信息技术的复合型人才,营造适合 BIM 人才成长的环境,培养和造就一支满足企业 BIM 发展需要的人才队伍。

4. 技术保障:根据业务类型、业务规模等的不同需要,开展分类指导和技术支持,有组织、有计划地开展专题培训、研讨交流、国际合作等活动,全面提高 BIM 人才队伍的素质。

5. 机制保障:强化 BIM 技术对企业提质增效的重要作用。建立企业领导负责企业 BIM 应用推广工作,项目经理负责项目 BIM 应用工作,项目总工负责组织实施工作的机制。保障 BIM 实施效果和效率。合理评价、评估 BIM 增效方法与认定机制。加大对 BIM 技术人员创效激励力度,激发 BIM 技术人员积极性。

5.2.2 中建 BIM 标准

1.《建筑工程设计 BIM 应用指南》(第一版、第二版)

为全面推进企业 BIM 普及应用,完善 BIM 应用标准体系,中建组织力量编写了企业标准《建筑工程设计 BIM 应用指南》(以下简称《设计 BIM 指南》),用于全面指导、推动中建设计 BIM 应用。通过中国建筑工业出版社于 2014 年 10 月推出第一版,于 2017 年 2 月推出第二版,如图 5-1 所示。

鉴于 BIM 技术应用过程的复杂性,缺少具有自主知识产权的 BIM 软件支撑,以及在行业宏观层面尚未形成完善的 BIM 标准体系的现状,中建没有简单启动《设计 BIM 指南》的编写,而是于 2013 年先期启动了"建筑工程设计 BIM 集成应用研究"研究课题。课题的研究目标是:通过研究、应用和推广 BIM 技术,提升中建工程设计的质量和效率。而课题研究成果之一就是《设计 BIM 指南》。

在《设计 BIM 指南》的编写过程中,编写组针对行业 BIM 应用的发展趋势和存在问题,结合中建企业自身需求,收集、整理大量国内外资料,并通过 BIM 示范工程系统总结了 BIM 实践经验。编写组注重时效性、实用性和中建企业特点。时效性是针

图 5-1　中建《设计 BIM 指南》第一版、第二版

对目前各单位的 BIM 应用尚处于初期阶段，正在摸索如何将 BIM 技术用得好、用得快，通过指南明确：应用 BIM 技术能解决什么技术问题；可用 BIM 软件有哪些、如何用；当前 BIM 应用还存在什么问题、如何解决，以及应用经验和教训等。实用性是指南从三个层面（企业、项目、专业，如图 5-2 所示）详细描述了设计全过程（方案设计、初步设计、施工图设计）BIM 应用的业务流程、建模内容、建模方法、模型应用、专业协调、成果交付等具体指导和实践经验，并给出了软件应用方案。

《设计 BIM 指南》更突出中建的企业特点，一方面，充分考虑企业 BIM 应用基础，特别是中建设计企业 BIM 软件基础、企业 CAD 标准，指南涉及的 BIM 软件及建议的 BIM 软件应用方案，均为中建各子企业正在应用的 BIM 软件，或是在行业应用中的主流 BIM 软件；另一方面，也充分考虑中建在行业的技术领先和新技术的引领作用，在指南中创造性地作出一些符合国情的规定，例如，对模型细度和模型内容的规定，没有照搬美国的 LOD 系列规定，而是考虑到我国行业技术政策的具体规定，参照中华人民共和国住房和城乡建设部发布的《建筑工程设计文件编制深度规定》文件的规定，将设计阶段的模型细度分为三级，分别为：方案设计模型、初

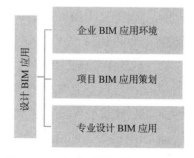

图 5-2　中建《设计指南》的三个层次

步设计模型和施工图设计模型,模型细度和内容按照《建筑工程设计文件编制深度规定》的规定给出。同时,将施工阶段 BIM 模型细度也划分为三个等级,分别为:深化设计模型、施工过程模型和竣工交付模型。

第一版《设计 BIM 指南》按照设计专业分工组织,以建筑设计、绿色建筑设计、结构设计作为重点,考虑到给排水、暖通和电气三个专业所应用的 BIM 软件及工作流程相近,将这三个专业合并表达。考虑到协同在设计 BIM 应用中的重要性,在第一版指南中将协同作为独立的一章内容,但考虑到在 CAD 技术应用中的协同基础有限,重点阐述了软件应用技术层面的协同,尚未深入到管理层面的协同。第一版《设计 BIM 指南》的目录结构如图 5-3 所示。

第 1 章 企业 BIM 应用环境
第 2 章 项目 BIM 应用计划
第 3 章 建筑专业设计 BIM 应用
第 4 章 绿色建筑设计 BIM 应用
第 5 章 结构专业设计 BIM 应用
第 6 章 机电设计 BIM 应用
第 7 章 多专业 BIM 协同应用
附录 A. BIM 计划模板
附录 B. 典型 BIM 应用
附录 C. BIM 应用流程图符号
参考文献

图 5-3　中建《设计 BIM 指南》第一版目录结构

第二版《设计 BIM 指南》从总体结构上与第一版保持一致。第二版指南从企业、项目、专业三个层面详细描述了项目全过程、全专业和各方参与 BIM 应用的业务流程、建模内容、建模方法、模型应用、专业协调、成果交付等具体指导和实践经验,并给出了经过工程项目实践的应用方案。

考虑到各专业和不同类型企业应用水平不同,第二版《设计 BIM 指南》在第一版基础上有所扩展、有所深化。首先,第二版指南增加了"总图设计 BIM 应用"、"装饰设计 BIM 应用"、"幕墙设计 BIM 应用"、"建筑经济 BIM 应用"等内容。其次,原"机电设计 BIM 应用"细分为"给排水设计 BIM 应用"、"暖通空调设计 BIM 应用"、"电气设计 BIM 应用"三章。为了响应住房城乡建设部《关于进一步推进工程总承包发展的若干意见》(建市 [2016]93 号)的精神,增加"设计牵头工程总承包 BIM 应用"一章。此外,其他章节内容也都有所丰富和更新。第二版《设计 BIM 指南》的目录结构如图 5-4 所示。

第 1 章　基本概念与发展概况
第 2 章　企业 BIM 应用环境
第 3 章　BIM 应用策划
第 4 章　基于 BIM 的协同设计
第 5 章　总图设计 BIM 应用
第 6 章　建筑与装饰设计 BIM 应用
第 7 章　结构设计 BIM 应用
第 8 章　给排水设计 BIM 应用
第 9 章　暖通空调设计 BIM 应用
第 10 章　电气设计 BIM 应用
第 11 章　绿色建筑设计 BIM 应用
第 12 章　幕墙设计 BIM 应用
第 13 章　建筑经济 BIM 应用
第 14 章　设计牵头工程总承包 BIM 应用
附录 A. BIM 计划模板
附录 B. 典型 BIM 应用
附录 C. BIM 应用流程图符号
参考文献

图 5-4　中建《设计 BIM 指南》第二版目录结构

第二版《设计 BIM 指南》以协同设计为核心,将其他各个专业 BIM 应用串联起来,如图 5-5 所示。

2.《建筑工程施工 BIM 应用指南》(第一版、第二版)

为全面推进企业 BIM 普及应用,完善 BIM 应用标准体系,中建组织力量编写了企业标准《建筑工程施工 BIM 应用指南》(以下简称《施工 BIM 指南》),用于全面指导、推动中建施工 BIM 应用。通过中国建筑工业出版社于 2014 年 10 月推出第一版,于 2016 年 12 月推出第二版,如图 5-6 所示。

基于 BIM 的协同设计

总图设计BIM应用	建筑与装饰设计BIM应用	结构设计BIM应用	给排水设计BIM应用	暖通空调设计BIM应用	电气设计BIM应用	绿色建筑设计BIM应用	幕墙设计BIM应用	幕墙经济BIM应用

图 5-5　中建《设计 BIM 指南》第二版以基于 BIM 的协同设计为核心的编写框架

图 5-6　中建《施工 BIM 指南》第一版、第二版

　　鉴于 BIM 技术应用过程的复杂性，缺少具有自主知识产权的 BIM 软件支撑，以及在行业宏观层面尚未形成完善的 BIM 标准体系的现状，中建没有简单启动《施工 BIM 指南》的编写，而是于 2013 年先期启动了"建筑工程施工 BIM 集成应用研究"研究课题。课题的研究目标是：通过研究、应用和推广 BIM 技术，提升中建工程施工的质量和效率。而课题研究成果之一就是《施工 BIM 指南》。

　　在《施工 BIM 指南》的编写过程中，编写组针对行业 BIM 应用的发展趋势和存在问题，结合中建企业自身需求，收集、整理大量国内外资料，并通过 BIM 示范工程系统总结了 BIM 实践经验。编写组注重时效性、实用性和中建企业特点。时效性是针对目前各单位的 BIM 应用尚处于初期阶段，正在摸索如何将 BIM 技术用得好、用得快，通过指南明确：应用 BIM 技术能解决什么技术问题；可用 BIM 软件有哪些、如何用；当前 BIM 应用还存在什么问题、如何解决，以及应用经验和教训等。实用性是指南从三个层面（企业、项目、专业）详细描述了设计全过程（方案设计、初步设计、施工图设计）BIM 应用的业务流程、建模内容、建模方法、模型应用、专业协调、成果交付等具体指导和实践经验，并给出了软件应用方案。

《施工 BIM 指南》结合中建的企业特点，集成了已有企业标准，并充分考虑我国行业政策规定，创造性地做出一些符合国情的规定，例如：对模型细度和模型内容的规定，没有照搬美国的 LOD 系列规定，而是参照中华人民共和国住房和城乡建设部发布的《建筑工程设计文件编制深度规定》，以及我国工程设计和施工行业政策和实践，将模型细度分为七级，分别为：方案设计模型、初步设计模型、施工图设计模型、深化设计模型、施工过程模型、竣工验收模型和运维管理模型，并依据《建筑工程设计文件编制深度规定》等规定，以及行业惯例，给出了具体的模型内容。

第一版《施工 BIM 指南》在内容组织上，从工程实用角度出发，按照施工专业分工和施工过程管理两个维度展开。除企业和项目层面的共性 BIM 应用内容外，主要内容包括：施工总承包、机电专业施工、钢结构专业施工和土建专业施工 BIM 应用，以及进度计划管理、造价管理、质量安全管理和竣工交付 BIM 应用等内容，便于不同职责技术和管理人员参阅。第一版《施工 BIM 指南》的目录结构如图 5-7 所示。

第 1 章 企业 BIM 应用环境
第 2 章 项目 BIM 应用计划
第 3 章 施工总承包 BIM 应用
第 4 章 机电施工 BIM 应用
第 5 章 钢结构施工 BIM 应用
第 6 章 土建施工 BIM 应用
第 7 章 造价管理 BIM 应用
第 8 章 进度管理 BIM 应用
第 9 章 质量安全管理 BIM 应用
第 10 章 竣工验收阶段 BIM 应用
附录 A. BIM 计划模板
附录 B. 典型 BIM 应用
附录 C. BIM 应用流程图符号
参考文献

图 5-7 中建《施工 BIM
指南》第一版目录结构

第 1 章 企业 BIM 应用环境
第 2 章 项目 BIM 应用策划
第 3 章 土建施工 BIM 应用
第 4 章 机电施工 BIM 应用
第 5 章 钢结构施工 BIM 应用
第 6 章 混凝土预制装配施工 BIM 应用
第 7 章 幕墙施工 BIM 应用
第 8 章 装饰施工 BIM 应用
第 9 章 施工总承包 BIM 应用
第 10 章 造价管理 BIM 应用
第 11 章 进度管理 BIM 应用
第 12 章 质量和安全管理 BIM 应用
第 13 章 竣工验收 BIM 应用
第 14 章 其他工程 BIM 应用
第 15 章 BIM 协同平台应用实践
附录 A. BIM 计划模板
附录 B. 典型 BIM 应用
附录 C. BIM 应用流程图符号
参考文献

图 5-8 中建《施工 BIM 指南》
第二版目录结构

第二版《施工 BIM 指南》从总体结构上与第一版保持一致，从企业、项目、专业三个层面详细描述了项目全过程、全专业和各方参与 BIM 应用的业务流程、建模内容、建模方法、模型应用、专业协调、成果交付等具体指导和实践经验，并给出了经过工程项目实践的应用方案。

考虑到当前各专业和不同类型工程应用水平不同，第二版指南在第一版基础上有所扩展、有所深化。首先，第二版增加了"幕墙施工 BIM 应用"、"装饰施工 BIM 应用"、"桥梁工程 BIM 应用"、"地铁工程 BIM 应用"、"隧道工程 BIM 应用"、"管廊施工 BIM 应用"和"BIM 平台应用实践"等内容。其次，土建施工 BIM 应用细分为"场地平整 BIM 应用"、"基坑工程 BIM 应用"、"模板与脚手架工程 BIM 应用"、"钢筋工程 BIM 应用"、"混凝土工程 BIM 应用"、"砌体工程 BIM 应用"、"土建工序工艺模拟 BIM 应用"，结合行业工业化发展需求，增加"混凝土预制装配施工 BIM 应用"一章。此外，其他章节内容也都有所丰富和更新。第二版《施工 BIM 指南》的目录结构如所示。

中建是国家标准《建筑信息模型施工应用标准》的主编单位，第二版《施工 BIM 指南》的很多作者都参与了国标的编写，在编写第二版指南的过程中，国标也完成了审查，进入报批阶段。因此，第二版指南与国标的编制思路和原则基本一致，在某些方面可以理解为是国标的具体深化和解读。

5.3　万达 BIM 标准和技术政策

万达是集商管、文化、地产、金融四大产业的集团公司，近年来将 BIM 技术逐步移植到项目管理的过程中，创建了"万达 BIM 总发包管理模式"。万达原有的管理系统体系相对完善，在移植 BIM 技术之前制定了与原有管理系统相吻合的 BIM 总发包管理思路，所有业务流程均根据 BIM 总发包这套管理思路的逻辑来设计，做到规划具体、执行清晰，保证了把 BIM 技术从专业工具上升到管理平台过程的顺利完成。

万达在规划 BIM 平台之初，就将其定位成"建筑行业的 ERP 系统"，实现与万达后台管理系统的集成，进而成为真正意义上的管理平台，如图 5-9 所示。万达 BIM 管理平台在规划中就将其定为多方协同的开放型工作平台，在开展工作的过程中实现与合作伙伴之间的多方协同。这也在一定程度上，提高了对外部合作伙伴管理能力的要求，让产业链上的合作伙伴都参与使用，在更大程度上发挥 BIM 管理平台的价值。

BIM 技术对于万达项目的标准化和精细化管理的作用十分明显。万达的广场、购物中心、住宅等产品标准化程度较高，借助 BIM 技术手段，将标准化产品生成数据完整的 BIM 模型，通过快速复制的方式进行规模化生产，从而实现企业在生产效率上的大幅提升。而对于用户个性化需求，BIM 在设计和施工的衔接方面发挥的明显作用，

中美英 BIM 标准与技术政策

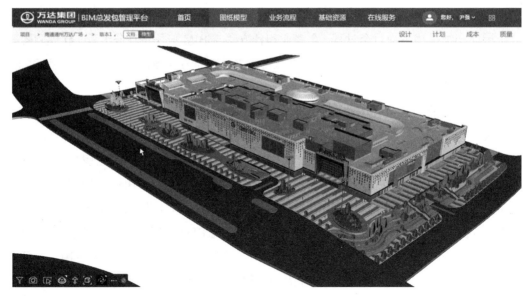

图 5-9　万达 BIM 总发包管理平台

尤其是传统的二维图纸无法清楚表达复杂结构的情况，基于 BIM 的精细化手段为企业带来更大的价值。

5.3.1　万达 BIM 技术政策

万达的 BIM 技术政策集中体现在"万达 BIM 总发包管理模式"中。"万达 BIM 总发包管理模式"是通过信息一体化的万达 BIM 平台实现开发方、设计总包、工程总包、监理四方协同工作，对项目从摘牌到竣工交付的全过程进行信息化集成的全新管理模式。"万达 BIM 总发包管理模式"是对万达多年商业地产开发管理模式制度化、标准化、信息化以及工程总包管理的总结性提升，是全新的项目规模化开发、智能化管理模式，如图 5-10 所示。

"万达 BIM 总发包管理模式"具有管理前置、协调同步、模式统一的特点。首先开发方负责定价发包，提供标准版图纸及 BIM 模型并整体协调；设计总包方负责完成设计，提供施工图及 BIM 模型并参与项目信息化管理；工程总包方负责组织施工，借助 BIM 技术及信息化管理实现三包工程；监理方负责质量监督，借助 BIM 技术及信息化管理实现业主设计目标。

"万达 BIM 总发包管理模式"的"管理前置"是在项目 BIM 模型上输入并集成了设计、开发、建造、运维的多重信息，在设计上可前置减少错漏碰缺；在成本上可前置完成精确算量；在计划上可前置模拟开发计划并可视化管理；在质监上可前置植入质量管理要点，提示检查。

"万达 BIM 总发包管理模式"的"协调同步"是在万达信息化集成管理平台上，

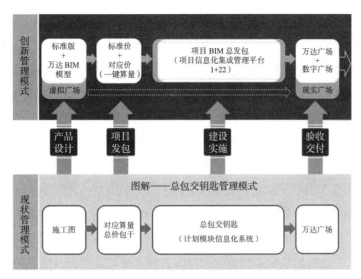

图 5-10　万达 BIM 总发包管理模式

万达业主、设计总包、工程总包和工程监理四方可实时获取设计、成本、计划、质量等精确的信息和管控要点，达到全过程量化管理，四方协调同步。

"万达 BIM 总发包管理模式"的"模式统一"是对企业已有的 20 余个项目分项管理信息化子系统进行升级，使四方对管理标准、执行计划、操作平台、验收成果进行统一，这也是实现"BIM 模式"的基本条件。

"万达 BIM 总发包管理模式"的引入改变了以往基于二维图纸的总包交钥匙管理模式。以往由于出图的流程是分阶段分批次进行的，图纸整合过程就难免会有"错漏碰缺"的现象发生，即便通过了模块化的手段将每个业务板块串联起来，但实际管控起来仍有难度。

"万达 BIM 总发包管理模式"是以 BIM 模型为核心，将整个业务流程进行重新梳理、统筹考虑，让业务与业务之间、流程和流程之间衔接得更加紧密。通过 BIM 平台将所有业务紧紧耦合在一起，形成集成化应用。在整个管理过程中，大部分的管理工作是直接基于模型来开展的。无论做任何的项目信息变更，都要先及时变更模型信息。如果模型信息不做变更，后续的工作原则上就不能开展。同时，将模型上所有实时变化的信息与各相关方充分共享，从而确保项目更高效的完成。

从外部合作的方面上看，"万达 BIM 总发包管理模式"对每个合作伙伴的管理水平都提出了更高的要求。在此管理模式下，万达将很多管理权限下放给了合作企业，因此外部合作企业就要承担更大的管理责任。例如，对于施工总包单位，一定要对系统测算出来的总成本有更准确的判断，实际上这就给总包单位提出了更高的要求，如果想要获取更加合理的利润，就要求其更早、更深入的介入到项目各个阶段，而不是到项目中后期再去做过多的变动。

5.3.2 万达 BIM 标准

为配合"万达 BIM 总发包管理模式"的推行，万达规划了 BIM 标准体系，如表 5-2 所示。万达标准体系对标国标，从三个层级九部标准打通产业全流程。顶层标准《万达建筑信息模型标准总则》对应国家标准《建筑信息模型应用统一标准》，基础层标准《万达建筑信息模型构件分类与编码标准》、《万达建筑信息模型平台标准》、《万达建筑信息模型基础标准》对应国家标准《建筑工程设计信息模型分类和编码标准》和《建筑工程信息模型存储标准》，执行层标准《万达建筑信息模型设计应用标准》、《万达建筑信息模型施工应用标准》、《万达建筑信息模型设计交付标准》、《万达建筑信息模型竣工交付标准》、《万达建筑信息模型管线综合建模指南》对应国家标准《制造工业工程设计信息模型应用标准》、《建筑信息模型施工应用标准》和《建筑工程设计信息模型交付标准》。

万达 BIM 标准体系与国家 BIM 标准的对应 表 5-2

序号	标准层级	国家 BIM 标准	万达 BIM 标准
1	顶层	《建筑信息模型应用统一标准》	《万达建筑信息模型标准总则》
2	基础	《建筑工程设计信息模型分类和编码标准》	《万达建筑信息模型构件分类与编码标准》
3		《建筑工程信息模型存储标准》	《万达建筑信息模型平台标准》
4			《万达建筑信息模型基础标准》
5	执行	《制造工业工程设计信息模型应用标准》	《万达建筑信息模型设计应用标准》
6		《建筑信息模型施工应用标准》	《万达建筑信息模型施工应用标准》
7		《建筑工程设计信息模型交付标准》	《万达建筑信息模型设计交付标准》
8			《万达建筑信息模型竣工交付标准》
9	实施指南		《万达建筑信息模型管线综合建模指南》

1.《万达建筑信息模型标准总则》

《万达建筑信息模型标准总则》(以下简称"标准总则")是定义了万达 BIM 标准体系的结构(图 5-11)，万达其他 BIM 标准的立项、编制、发布、应用及修编工作按照此标准体系执行。

在标准总则中，也明确了万达 BIM 标准与万达 BIM 系统的关系(图 5-12)，这为 BIM 标准编制和 BIM 系统开发的两条工作线协调奠定了基础。

2.《万达建筑信息模型构件分类与编码标准》

《万达建筑信息模型分类与编码标准》(以下简称"分类与编码标准")明确了 BIM 模型构件的分类及与成本、计划、质监、商管等业务信息的关联关系。分类与编码标准从纵向和横向两个角度串联起 BIM 应用。从纵向上，标准支持万达项目从规划设计开始直至运维的全生命期应用。从横向上定义了构件与成本清单对应关系、进度

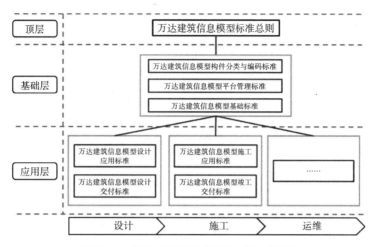

图 5-11　万达建筑信息模型标准体系结构

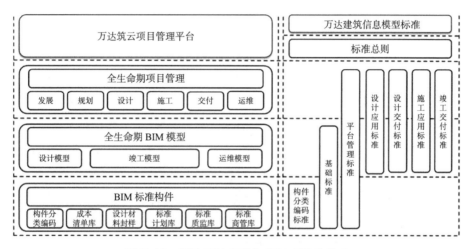

图 5-12　万达 BIM 标准与 BIM 系统的关系

关键节点对应关系、质监信息对应关系，支持了 BIM 在成本编制、进度计划编制、质量验收、商管库管理中的应用。

3.《万达建筑信息模型平台管理标准》

《万达建筑信息模型平台管理标准》（以下简称"平台标准"）规范了万达 BIM 系统的规划、设计、选型、建设及运行管理。万达 BIM 系统以设计标准化为源头，以标准构件为核心，支持标准模型、项目模型、项目竣工模型、项目运维模型的建立、使用和维护过程（图 5-13），支持立项拿地、规划审批、施工图设计、工程施工管理和竣工及运维的标准化业务管理过程。

平台标准的主要内容包括四个部分：① BIM 模型管理体系、标准模型管理、构件（族）库管理、标准资源库管理、项目模型管理、运维模型管理；② BIM 模型相关文件的分类及命名、标准文件管理、项目文件管理、运维文件管理、文件版本管理、文

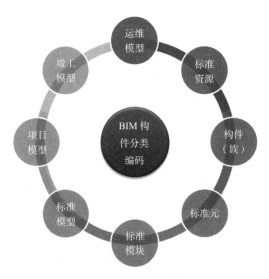

图 5-13　万达 BIM 模型管理体系

件存档管理；③ BIM 模型在规划设计、成本管理、计划管理、质监管理、运维管理等业务工作的交互与协同；④ BIM 系统的角色和权限管理。

4.《万达建筑信息模型基础标准》

《万达建筑信息模型基础标准》（以下简称"基础标准"）主要针对万达项目设计阶段的需求，统一 BIM 构件命名和制作方式，统一模型创建最小单元，固化所有设计参数，实现万达全专业构件分类统一管理，提高模型设计效率，降低模型搭建成本。

基础标准以成本应用、质监应用、计划应用等应用管理需求为导向，以模型信息传递为核心，规定了 BIM 模型的创建方法、交付规定和验收规定。

5.《万达建筑信息模型设计应用标准》

《万达建筑信息模型设计应用标准》（以下简称"设计应用标准"）以 Revit 软件为基础，规定了各专业或特殊设施（建筑、结构、给排水、暖通、电气、智能化、幕墙、景观、内装、导向标识、夜景照明、采光顶等）的建模方法、操作流程、技术措施。

6.《万达建筑信息模型设计交付标准》

《万达建筑信息模型设计交付标准》明确了万达项目设计总包提交 BIM 成果内容，包括 12 个专业或特殊设施的模型文件、深化模型文件、业态模型文件、模型接口文件、模型报告文件等，以及成果验收的依据、原则、步骤和职责。

5.4　浙江建工 BIM 标准和技术政策

浙江省建工集团有限责任公司（以下简称"浙江建工"）是一家以设计研发为引领，集房屋建筑、钢结构、幕墙装饰、轨道交通、机电安装、地基基础、市政工程、水利水电、地下空间、特种结构施工及投融资为一体的大型国有企业。从 2007 年开始，浙江建工开始应用 BIM 技术，主要经历了三个发展阶段，如图 5-14 所示。

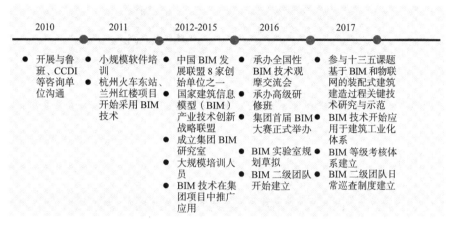

图 5-14　浙江建工 BIM 技术发展历程

1. 起步阶段

2007 年起，浙江建工开始在杭州湾跨海大桥项目投标阶段，华润万象城、浙报采编大楼项目施工阶段尝试基于 BIM 的三维施工仿真、虚拟施工等方面的技术应用。

杭州湾跨海大桥　　　　　　　华润万象城　　　　　　　浙报采编大楼

图 5-15　浙江建工 BIM 应用起步阶段的典型项目

2. 试点阶段

2010 年，浙江建工开始着重培养 BIM 技术人员，并正式在杭州火车东站和兰州红楼两个项目采用 BIM 技术进行试点和全面探索应用，如图 5-16 所示。

3. 发展阶段

2012 年开始，浙江建工进入了企业 BIM 技术应用高速发展时期。首先，浙江建工成立了集团 BIM 研究室，在二级单位也成立了 BIM 团队。其次，开始大规模培养 BIM 应用技术人才，举办企业 BIM 大赛鼓励和规范企业 BIM 应用，建立了企业 BIM 等级考核体系。

同期,浙江建工也将 BIM 应用经验和积累与社会分享,加入"中国 BIM 发展联盟",

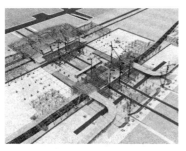

杭州火车东站 　　　　　　　　兰州红楼

图 5-16　浙江建工 BIM 试点阶段典型项目

承办联盟 BIM 高级研修班，举办全国性的 BIM 技术观摩交流会。

浙江建工 BIM 技术未来发展方向从三个维度来进行推进：

（1）人员维度：从 BIM 团队协同工作至跨部门 BIM 团队协同工作。

（2）软件维度：从多软件结合使用至软件集成平台使用。

（3）BIM 技术应用维度：从多专业应用结合至集成管理平台应用。

5.4.1　浙江建工 BIM 技术政策

浙江建工从 BIM 技术发展之初就确立了"人人 BIM"的发展理念，鼓励集团全体员工学习、使用和推广 BIM 技术。

1.BIM 技术发展实施思路

以"人人 BIM"理念为基础，确立了 BIM 技术在集团的具体实施思路，分为六个阶段：

（1）在集团内部进行小范围 BIM 软件应用培训；

（2）在集团重点项目中采用 BIM 技术进行试点；

（3）总部成立 BIM 研究室对下属二级单位人员进行 BIM 技术的培训和指导；

（4）组织集团 BIM 大赛，鼓励下属二级单位人员使用 BIM 技术；

（5）成立二级单位 BIM 技术团队，推进 BIM 技术在项目中的应用；

（6）建立 BIM 技术等级考核体系，推进 BIM 技术在全集团的应用。

2.制度建设

为了保障 BIM 技术在集团内部的顺利推广与实施，集团制定和印发了以下几项制度：

（1）《BIM 实验室建设规划方案》，确定了集团 BIM 技术建设的方向；

（2）《浙江省建工集团 BIM 应用实施指南》，明确了 BIM 技术的实施方式；

（3）印发了《BIM 专业能力考核管理办法》和《施工总承包工程现场设计管理标准》

完善了 BIM 技能考核体系，保障了 BIM 技术在项目的顺利实施。

3. 组织架构

经过多年的摸索与实践，浙江建工逐渐形成了总部、二级单位、项目部的三级 BIM 团队体系，如图 5-17 所示。

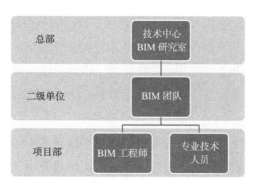

图 5-17　浙江建工 BIM 团队三级体系

（1）BIM 研究室是 BIM 实验室的核心，其主要工作是：复杂 BIM 技术问题的解决、集团员工 BIM 技术的培训和前沿 BIM 技术的研发。

（2）二级 BIM 团队是 BIM 实验室的块体，其主要工作是：所在单位 BIM 技术实施的组织协调，解决项目 BIM 技术实施过程中产生的问题和专题 BIM 技术的应用与研发。

（3）项目 BIM 人员是 BIM 实验室的基点，其主要工作是：所在项目 BIM 技术的应用。

4. 人才培养

BIM 人才培养主要分为三个阶段，通过低、中、高三个层次的培养，不仅选拔出了优秀的 BIM 技术人才，也在全公司普及了 BIM 技术。

（1）BIM 研究室在集团内广泛开展 BIM 技术应用培训；

（2）选拔二级单位 BIM 团队成员，并进行 BIM 技术高级应用培训，使之具备在项目中使用 BIM 技术的能力；

（3）培养二级单位 BIM 团队成员具备自行培育项目 BIM 团队能力。

浙江建工 BIM 团队建设不仅依靠制度、管理等方式，同样也有相应的激励机制来提高 BIM 技术人员的积极性。

激励机制主要有以下四点：

（1）BIM 大赛获奖奖励，参加 BIM 大赛获奖的成员，集团都会有相应的奖励。

（2）继续深造，每年会提供给优秀的 BIM 技术人员继续学习深造的机会。

（3）工程技术管理奖罚办法，根据工程技术管理奖罚办法中的规定，每年给予优秀的 BIM 技术人员相应的奖励。

（4）双通道晋升机制。

5.BIM 专业能力考核管理办法

浙江建工根据加大 BIM 技术在工程设计、施工和运行维护全过程应用的要求，编制了企业 BIM 专业能力考核管理办法。通过考核管理办法促进 BIM 技术在工程建设中的应用，提高企业员工对 BIM 理论知识和基本技能的掌握程度，增强员工学习和掌握 BIM 技能的积极性，提高岗位胜任能力，以达到以考促培的目的。

考核管理办法明确了考核内容、考核时间、考核方法、考核标准和考核结果。同时考核管理办法中直接明确考核结果作为专业技术人员职称评审、能力评估和岗位晋升的重要参考依据。

考核管理办法自实行以来，在专业技术人员职称评审中已经开始实行，考核不合格的员工不予推荐当年职称评审。在能力评估和岗位晋升中，BIM 技术应用能力也是重要的参考标准之一。

5.4.2　浙江建工 BIM 标准

1.《浙江省建工集团 BIM 应用实施指南》

为统一浙江建工 BIM 技术应用实行标准，规范 BIM 技术应用方式，编制了《浙江省建工集团 BIM 应用实施指南》。《指南》指导 BIM 应用人员如何在项目中开展 BIM 技术应用，在项目中发挥 BIM 技术应用的价值，提升 BIM 应用人员 BIM 技术水平和协同能力，从而整体提升集团整体应用 BIM 技术的水平。

《指南》主要内容分为 BIM 应用环境设置和项目 BIM 应用策划两部分。"BIM 应用环境设置"主要是通过 BIM 应用模式、BIM 应用软件、硬件配置、应用资源和规则、协同工作模式和样板文件设置等章节叙述，明确了应用 BIM 技术实施项目的要求。"项目 BIM 应用策划"第二部分主要是叙述在项目中如何采用 BIM 技术进行实施的要求与流程，并且通过实际案例展示，使 BIM 应用人员更深入的了解在项目实施中应用 BIM 技术的思路和应用方法。

《指南》规范了浙江建工 BIM 应用人员的操作方式，建立了项目 BIM 技术应用体系，提高了 BIM 技术的应用价值，对于企业 BIM 技术的应用与推广起到了促进作用。

2.《施工总承包工程现场设计管理标准》

为规范总承包工程现场设计管理，加强各专业之间设计内容的系统衔接，保障技术质量、安全生产、成本控制顺利进行，浙江建工制定了《施工总承包工程现场设计管理标准》。

标准主要分为总则、各级职能部门岗位与职责、管理流程、管理要求和附则五部分内容，明确了各岗位 BIM 工作的职责，在实施的细则中规定了各专业深化设计需引入 BIM 技术辅助深化工作开展，并明确了 BIM 深化设计工作流程。

　　标准发布后，浙江建工技术质量部门对全公司进行了标准宣贯并开始按照标准的要求对集团项目进行检查，并制定了《施工总承包工程现场设计管理检查表》根据标准要求对项目 BIM 应用的开展情况进行逐条检查，发现问题及时告知项目部进行整改。经过一年的实行，BIM 技术在项目的应用水平有了明显的提升。

美国篇

第6章 美国 BIM 主要特点

6.1 概述

如果把美国的 BIM 应用与英国进行对比，美国的 BIM 技术发展更多是市场自发的行为，或者更偏向于 BIM 软件厂商驱动（注：美国 BIM 软件在全球 BIM 软件中占绝对多数份额）。到目前为止，除了少数联邦机构发布了 BIM 应用政策外，美国联邦政府还没有出台过任何与 BIM 推广应用有关的技术政策，截至目前也没有看到通过联邦政府顶层设计推行 BIM 应用的计划。

在 采 访 Bentley Systems 的 计 算 机 设 计 研 发 总 监（Research Director for computational design）Volker Mueller 时，Volker 提到，美国的 BIM 发展跟其他国家不太一样，是以产业为主导，先行将 BIM 技术和理念应用在实际的工程案例中。通过具体工程案例的经验积累，再逐步要求政府制定相关的政策与制度，来加速 BIM 的推广，提升整体产业链的生产力和价值。BIM 在美国发展的阶段是从民间对 BIM 需求的兴起到联邦政府机构对 BIM 发展的重视及推行相应的指导意见和标准，最后到整个行业对BIM 发展的整体需求提升。

美国自下而上推动 BIM 技术的特点造成了美国有众多 BIM 标准：从企业到行业，从地方到国家，可以查阅到的 BIM 标准甚百余种：首先是各大公司、行业协会制定了自己的 BIM 标准，然后国家的一些部门开始编写国家级别的 BIM 标准，并参考吸纳各行各业的公司和机构 BIM 标准。根据美国南加州大学（University of Southern California，USC）建筑学院教授 Karen Kensek 描述，美国 BIM 标准最大的特征是这些标准之间都有相互参考相互联系的。在已经发布的这些 BIM 标准中，有很大一部分标准和规范是基于另一些标准规范而编订的。所以在美国，从不同的 BIM 标准中摘取项目所适用的部分，再组成一个项目专用的 BIM 应用方式，是最典型的做法。

在美国众多的 BIM 标准编制过程中，作为其他标准引用和借鉴的基础，Chunk Easan 编写的《BIM 手册》（BIM handbook）和美国宾夕法尼亚州立大学的计算机集成化施工研究组（Computer Integrated Construction Research Program，The Pennsylvania State University）在 完 成 buildingSMART 联 盟（buildingSMART alliance，以下简称bSa）研究项目时编写的《BIM 项目实施计划指南》（BIM Project Execution Planning

Guide，以下简称 PXP），这两本资料在行业和学术界有着相当大的影响力。同时，美国总务管理局（General Services Administration，以下简称 GSA）编制的 BIM 标准——《3D-4D-BIM 指导手册》（3D-4D-BIM Guide Overview）对行业也起到了较大的影响。

而作为美国国家 BIM 标准（the National Building Information Modeling Standard，以下简称 NBIMS），因为其全面性，以及对美国各类主流标准的引用和融合，使得 NBIMS 成为美国行业目前参照最多的标准。

美国因为自下而上推广 BIM 技术的特点，也使得美国率先对 BIM 技术的发展进行着反思。在美国整体行业制定标准的同时，越来越多的编写者开始反思标准在推广一个新技术时所起到的作用，因为他们发现，阻碍新技术推广的本质其实是我们自己。在采访美国总包企业 McCarthy 前 BIM 总监、美国国家 BIM 标准编委成员 Dave McCool 时，他提到标准在推动 BIM 发展上只起到了一小部分作用，限制 BIM 技术发展的不是技术本身，而是人、以及与人不相匹配的工作流程。Dave McCool 说，美国国家 BIM 标准已经发布了 3 版，内容越来越多，但是行业对 BIM 的认可或是水准还普遍停留在可视化阶段（VDC 阶段，VDC 详细内容参照第 6.5.1 章）。Dave McCool 认为现在的标准太过于关注技术本身，却忽略了与人性不相匹配的工作流程。

就像威斯康辛州在 2011 年 7 月发布的调研报告《现阶段设施分部的行业实践发展及未来发展发现》（Current DSF Practices Industry-wide Movement Future Directons）里所说的（详细内容参照第 8.2.3 章），BIM 技术的发展涉及到了整个行业所有层次的人与专业，BIM 技术推广遇到阻力也来自方方面面，包括人、社会和文化、管理流程、商业支持、法律因素等等。威斯康辛州建议让市场自发的驱动来推动 BIM 技术的进步，政府不再从政策和标准上做过多干预。威斯康辛州的做法或许也反映了美国整体对 BIM 技术发展的态度。BIM 在美国的发展趋势值得行业关注。

6.2 BIM 发展

美国在 BIM 标准和技术政策制定上的发展路线与 BIM 技术在美国的发展过程极其相似，都是自下而上推动。所以在研究美国 BIM 标准和技术政策之前，可以先看下 BIM 技术在美国的发展历程。

BIM 概念的雏形，最早由美国的 Chuck Eastman 在 1975 年提出。他提出一种假设的计算机系统，该系统可以对建筑物进行智能模拟，并能从中提取包括获得工程图纸、工程量、施工进度在内的工程相关信息。Chunk Easan 将该系统命名为 "建筑描述系统"（Building Description System，如图 6-1 所示）。

20 世纪 80 年代到 90 年代期间，随着计算机辅助设计的进步（Compuer Aid Design，以下简称 CAD）不断开始有学者或者软件商提出类似于现代意义 "BIM" 的概念，

```
                        DOCUMENT RESUME

ED 113 833                                    EA 007 637

AUTHOR         Eastman, Charles; And Others
TITLE          An Outline of the Building Description System.
               Research Report No. 50.
INSTITUTION    Carnegie-Mellon Univ., Pittsburgh, Pa. Inst. of
               Physical Planning.
REPORT NO      RR-50
PUB DATE       Sep 74
NOTE           23p.

EDRS PRICE     MF-$0.76 HC-$1.58 Plus Postage
DESCRIPTORS    *Architectural Drafting; *Architectural Programing;
               *Building Plans; *Computer Graphics; *Computer
               Programs; Facility Planning; Facility Requirements;
               Spatial Relationship; Systems Approach

ABSTRACT
               Many of the costs of design, construction, and
building operation derive from the reliance on drawings as the
description of record of the building. As a replacement, this paper
outlines the design of a computer system useful for storing and
manipulating design information at a detail allowing design,
construction, and operational analysis. A building is considered as
the spatial composition of a set of parts. The system, called
Building Description System (BDS) has the following associated with
it: (1) a means for easy graphic entering of arbitrarily complex
element shapes; (2) an interactive graphic language for editing and
composing element arrangements; (3) hardcopy graphic capabilities
that can produce perspective or orthographic drawings of high
quality; and (4) a sort and format capability allowing sorting of the
data base by attributes, for example, material type, supplier, or
composing a data set for analysis. (Author)
```

图 6-1　Building Description Systems 论文摘要

例如 Simon Ruffle 在 1986 年的一篇论文提出"Building Model"概念，以及 1992 年 Van Nederveen 和 F. Tolman 在一篇论文中提到的"Building Information Model"概念等。尽管 BIM 的理论不断被完善，但受制于当时计算机的软硬件水平，BIM 基本上停留在学术研究范畴。

2000 年后，得益于计算机技术的飞速发展，参数化三维设计软件在行业内开始逐步流行，以及包括 Autodesk、Bentley、Graphisoft 在内的著名软件商都推出了对应的产品。现代意义上的"BIM"是由 Autodesk 在 2002 年的一份行业报告白皮书中提出的。Autodesk 为了销售其 Revit、Buzzsaw 等产品，将这些产品打包成"Building Information Modeling"的解决方案，如图 6-2 所示，Autodesk 对这个解决方案的描述是：在数字化的数据库中协同工作。随后，在 2003 年，Bentley 与 Graphisoft 都发布了类似的 BIM 白皮书，作为对 Autodesk 的回应。

2003 年，美国行业分析师 Jerry Laiserin 结合 Autodesk、Bentley、Graphisoft 发布的白皮书，对 BIM 重新进行包装，将 BIM 与早期的 Building Description System 以及其他建筑信息化理论结合在了一起，这时的 BIM 开始变成了现在意义上的 BIM。

2003 年，在 GSA 的公共建筑服务所（Public Buildings Service，以下简称 PBS）

Autodesk Building Industry Solutions

autodesk｜White Paper

Building Information Modeling

Introduction

Building information modeling is Autodesk's strategy for the application of information technology to the building industry. Building information modeling solutions have three characteristics:

(1) They create and operate on *digital databases* for collaboration.

(2) They *manage change* throughout those databases so that a change to any part of the database is coordinated in all other parts.

(3) They capture and preserve *information for reuse* by additional industry-specific applications.

The application of building information modeling solutions results in *higher quality* work, *greater speed* and productivity, and *lower costs* for building industry professionals in the design, construction, and operation of buildings.

This paper discusses how the use of information technology in the industry has led to the idea of building information modeling and the characteristics and benefits of building information modeling solutions.

图 6-2　Autodesk 在 2002 年发布的白皮书

施工先锋会上，Autodesk、Bentley、Optira 等美国软件商均向 GSA 推荐了 BIM 技术，并引起了 GSA PBS 的极大兴趣。于是在软件商以及美国建筑师协会（American Institute of Architects，以下简称 AIA）的推动下，GSA 于当年发布了具有历史意义的《3D-4D-BIM 手册》，BIM 技术开始真正进入公众的视野。

2006 年，美国联邦机构美国陆军工程兵团（the U.S. Army Corps of Engineers，以下简称 USACE）制定并发布了一份 15 年（2006-2020）的 BIM 路线图，以推动 BIM 技术的发展。

2006 年和 2007 年，美国的两个非政府机构：美国总承包商协会（Associated General Contractors of America，以下简称 AGC）和宾夕法尼亚州立大学（Penn State University，以下简称 PSU）根据美国建设行业的 BIM 发展现状，分别制定并发布了《承包商 BIM 使用指南》（The Contractor's Guide to BIM）和《BIM 项目实施计划指南》（BIM Project Execution Planning Guide，PXP），此标准用于给行业上的企业提供 BIM 实施的参考。

2007，美国国家 BIM 标准第一版 NBIMS 由美国国家建筑科学研究院（NationalInstitute of Building Science，以下简称 NIBS）颁布。NBIMS 涵盖了数据储存标准、信息语义标准以及信息传递标准三大部分内容。美国国家 BIM 标准在 2012 年和 2015 年发布了第二版、第三版，当时还是 buildingSMART International 美国分支的 bSa 参与到了第二、三版的编制中。

2009 年 7 月，美国威斯康辛州成为第一个要求州内新建大型公共建筑项目使用 BIM 的州政府。威斯康辛州国家设施部门发布实施规则，要求从 2009 年 7 月 1 日开始，州内预算在 500 万美元以上的所有项目和预算在 250 万美元以上的施工项目，都必须从设计开始就应用 BIM 技术。2011 年,威斯康辛州对第一版本开展了使用调研(调研内容见第 8.2.3 章)，并于 2012 年发布标准的第二版本。随后，德克萨斯（2009 年）、俄亥俄（2011 年）、马萨诸塞（2015 年）等州政府也制定了类似的 BIM 应用政策或标准。

随着 BIM 技术的广泛应用与推广，越来越多的美国业主方开始意识到 BIM 技术对项目所带来的帮助。自 2009 年开始，诸如洛杉矶公共大学（Los Angeles Community College，LACCD）、迪士尼（Disney）、尔湾公司（Irvine Company）等业主开始发布自己的 BIM 标准体系来推广并规范 BIM 应用。

6.3 美国主要 BIM 标准和技术政策

2003 年美国第一本有影响的机构标准 GSA 标准启动了行业 BIM 应用，2007 年国家标准发布，掀起全行业 BIM 工程应用高潮文字，如前文所述，美国的 BIM 技术推动有着自下而上，学术界、行业、政府相互推动的特点：首先由学术界提出 BIM 的概念并发掘 BIM 的优势；然后再由行业协会和商业巨头将 BIM 技术产品化、标准化；随着政府机构认识到 BIM 技术对行业发展的促进作用后，部分政府机构开始制定相应的政策来推动 BIM 的发展。

目前，美国政府及企业制定的主要 BIM 政策时间轴线如表 6-1 所示。

美国主要 BIM 标准及政策

表 6-1

机构 / 地方 / 企业	类型	内容	时间	内容概述和说明
美国总务管理局 -GSA	政府企业	国家 3D-4D-BIM 项目（National 3D-4D-BIM Program）	2003	BIM 推广计划和部分 BIM 实施要求
美国陆军工程兵团 -USACE	军队机构	15 年（2006-2020）BIM 路线图 美国陆军工程兵团项目 BIM 要求（ECB 2013-18：Building Information Modeling Requirements on USACE Projects）	2006	BIM 发展路线及项目 BIM 实施要求
美国总承包商协会 -AGC	行业协会	承包商 BIM 使用指南	2006	2009 年发布第二版
美国总务管理局 -GSA	政府企业	GSA Building Information Modeling Guide Series 01－08	2007	2007-2012 年持续更新
美国国家建筑科学研究院 -NIBS	政府机构	美国国家 BIM 标准（NBIMS）（第一版）	2007	2012 年发布第二版 2015 年发布第三版

续表

机构/地方/企业	类型	内容	时间	内容概述和说明
宾州大学 &bSa-Penn State Univ. &bSa	学校	BIM Project Execution Planning Guide（第一版）	2007	2010 年发布第二版
美国建筑师协会 -AIA	行业协会	合同条款 Document E202 AIA E202-2008-Building Information Protocol Exhibit 建筑信息模型协议增编	2008	对合同条款中 BIM 内容的定义
Chuck Eastman 等	个人	BIM 应用指南 BIM Handbook（第一版）	2008	2011 年更新第二版
威斯康辛州 Wisconsin DOA	州政府	BIM 指南和标准（BIM Guidelines and Standards）	2009	州政府项目 BIM 实施的导则和原则，2012 年更新第二版
德克萨斯州 Texas Facilities Comission	州政府	指南标准（Guidelines - Standards）	2009	BIM 制图和模型标准
洛杉矶公共大学 LA Community College	高校	BIM 标准（BIM Standards）	2009	2010 年发布 DB 版 2011 年发布 DBB 版 2016 年发布 DBB 4.1 版
俄亥俄州 Ohio DAS	州政府	俄亥俄州 BIM 草案（Ohio BIM Protocol）	2011	州政府推广 BIM 技术的目标和计划
DYC DCC 纽约市设计施工管理局	政府企业	BIM 指南（BIM Guidelines）	2012	BIM 实施指南
美国海军设施工程司令部 The Naval Facilities Engineering Command（NAVFAC）	军队机构	美国海军设施工程司令部 BIM 阶段性实施计划（ECB 2014-01：NAVFAC's Building Information Management and Modeling Phased Implementation Plan）	2014	项目 BIM 实施要求
马萨诸塞州 Massachusetts DCAMM	州政府	设计和施工 BIM 指南（BIM GUIDELINES for DESIGN and CONSTRUCTION）	2015	州政府项目 BIM 实施的要求，数据和出图要求

6.4　美国编码体系及应用情况

6.4.1　美国编码体系概述

目前美国主要应用的编码体系有三大类：MasterFormat，UniFormat，OmniClass。

美国建筑信息分类编码标准的编制可以追溯到 20 世纪 60 年代。从 1964 年起定名为 "The CSI Format for Construction Specifications"，正式确定为 16 个 Divisions。此后该体系随着新产品和新工艺在建筑业的应用而不断更新，1978 年正式命名为 "MasterFormat"（Master List of Numbers and Titles for the Construction Industry），由美国建造规范协会（Construction Specifications Institute，以下简称 CSI）和加拿大建造规范协会（Construction Specifications Canada，以下简称 CSC）共同制定。

1989 年，AIA 和 GSA 联合开发了 UniFormat 标准，采用了与 MasterFormat 标准

不同的分类角度（不同点可参照表 6-3）。从 1995 年开始美国施工规范协会（CSI）与加拿大施工规范协会（Construction Specifications Canada，CSC）开始重新修改 UniFormat。目前行业上广泛应用的 UniFormat 是 CSI 与 CSC 在 2010 发布的版本。

1990 年，国际标准组织（ISO）开始制定建筑信息分类编码的统一标准，如：lSO/TR 14277、ISO/DlS 12006—2、ISO 12006—3 等。其中，ISO 12006—2 是现代建筑信息分类编码体系普遍遵从的国际标准。国际标准 ISO 12006—2 颁布后，美国和加拿大在此标准框架下共同开发了 OmniClass 标准，力求涵盖建设项目全方位信息。最初由 CSI 发起了 OCCS（OmniClass Classification System）分类编码体系，2006 年正式发布 Omniclass 1.0 版，现行版本是 Omniclass 2012 版，包含建筑设计、施工、运营、拆除等全生命期过程的信息数据，可以用于文献信息组织检索、软件开发、项目信息数据库建立等方面。OmniClass 标准的建立借鉴了 MasterFormat 标准和 UniFormat 标准，已被列入美国国家 BIM 标准作为参考标准。

6.4.2 OmniClass 主要内容

OmniClass 作为美国建设行业的新分类系统，可用于许多应用领域，从组织材料库，产品文献和项目信息到提供电子数据库的分类结构。它集成了目前使用的其他现有系统作为其一系列表格的基础，包括用于工程结果的 MasterFormat、构件驱动的 UniFormat，以及用于结构化产品的 EPIC。

值得一提的是，OmniClass 是美国在英国公布 Uniclass 的九年后进行发布，其分类方法与参照框架组织与 Uniclass 较为相似。OmniClass 旨在从概念到拆除或修复的整个设施生命周期内为北美建筑、工程和建造行业创建和使用的信息提供一个标准化的基础。OnmiClass 竭力成为组织、排序和检索信息并导出关系型计算机应用程序的手段。

Omniclass 按照不同的分类法则共有 15 个表格，每个表格根据不同的工程信息结构来进行分类，每个表可以被独立地使用为一个特定类型的信息进行分类，它的表项也可以结合其他的条目进行分类更复杂的科目。15 个表格如表 6-2 所示。

OmniClass 表格 表 6-2

表 11	根据施工单位功能	表 32	按服务划分
表 12	根据施工单位形式	表 33	按学科划分
表 13	按功能划分	表 34	按组织角色划分
表 14	按形式划分	表 35	按工具划分
表 21	细分（包括设计元素）	表 36	按信息划分
表 22	按工作结果划分	表 41	按物质划分
表 23	按产品划分	表 49	按属性划分
表 31	按阶段划分		

6.4.3 OmniClass 应用情况

乔治亚理工学院（Georgia Institue of Technology，GIT）的 KereshmehAfsari 与 Charles M.Eastman 对美国主流的三个编码体系进行过比较 ❶，整体区别如表 6-3 所示。

编码体系对比

表 6-3

编码分类体系	OmniClass	MasterFormat	UniFormat
使用区域	北美	北美	北美
发布机构	CSI/CSC	CSI/CSC	CSI/CSC
编制目的	组织、分类、检索项目在全生命周期的产品信息	建造作业成果、要求、产品及活动的总清单	建筑信息的归类，按照功能构件的实体进行组织，主要造价居多
编制框架	ISO 12006-2 ISO 12006-3 MasterFormat UniFormat EPIC	根据行业的经验逐渐编制完善	ISO 12006-2 专业经验
归类原则	分面分类	分层	分层

从上表可以看出，MasterFormat 与 UniFormat 的形成主要来自于行业的经验，并直接为工程实际服务。而 OmniClass 学术性与体系更强，其编制主要是在顶层设计的角度对建筑全生命期所涉及的所有内容进行系统性归类。

所以与 OmniClass 相比，MasterFormat 与 UniFormat 更接"地气"，同时由于 MasterFormat 与 UniFormat 在行业应用的时间更久，所以也更容易服务于工程实际。

而在美国的调研与采访也验证了这一点。根据对美国众多企业和学校的采访及调研得知，由于 OmniClass 覆盖范围及内容较为全面，OmniClass 在学术界一直比较受推崇，尤其是软件间的交互偏向于应用 OmniClass。但由于使用习惯的问题，OmniClass 并未在工程界广泛使用，MasterFormat 与 UniFormat 还是占据主流。同时，由于 OmniClass 编码由构件级向材料级分解时没有可直接使用的现有体系，使得 OmniClass 在工程界推广受到制约。

但从 OmniClass 发布的时间，以及在美国国家 BIM 标准中所占内容比重的变化，可以看出美国对 OmniClass 的重视。因为在 NBIMS 第一版中 OmniClass 还仅在附录中，NBIMS 第二版中 OmniClass 进入正文，但仅引用 6 个表格，到了第三版 NBIMS 中，美国国家 BIM 标准委员会在第二版的基础上增加了 11、12、31、33、34、41、49 七个表格。OmniClass 和 UniClass 在技术和标准上已经基本就绪，但是实际应用情况还

---

❶ A Comparison of Construction Classification Systems Used for Classifying Building Product Models，Kereshmeh Afsari，Charles M. Eastman，52nd ASC Annual Intenational Conference Proceedings，2016.

需要时间证明。

6.4.4　编码应用情况

目前在美国，应用时间最长的 MasterFormat 还是占据主导地位，部分企业会用 UniFormat 来做设计阶段的造价管控。而 OmniClass 目前还尚未普及，仅有小部分企业会采取 OmniClass 的部分表格来定义 MasterFormat 和 UniFormat 的缺失项，如项目类型、区域划分等。

在采访美国总包企业 Plaza Construction 的 VDC 总监 Jimmy Song 时，他表示目前施工企业主要的还是使用 MasterFormat 为主，用 UniFormat 和 OmniClass 的很少。同时编码体系很少录入到 BIM 模型，只有在针对算量需求时才会在模型构件上录入编码。美国设计顾问公司 WSP 的 BIM 经理 Yunze Wang 在接受采访时则表示 WSP 在设计阶段会用 UniFormat 做 Revit 族的管理、以及设计阶段的造价管控。但到了 Specs（设计规格书）生成和施工阶段后，MasterFormat 还是使用最普及的编码体系，用 UniFormat 和 OmniClass 的很少。同时 Yunze Wang 还表示 UniFormat 与 MasterFormat 看似可以转换，但是实际操作非常麻烦。对于编码体系会不会录入到模型，Yunze Wang 说主要还是看项目需求，看项目是不是需要利用模型的导出来做什么工作，比如部分项目需要在设计阶段利用模型来进行工程量统计和估算，他们就会将编码录入至模型。

6.5　VDC、BIM 与 IPD

6.5.1　VDC 与 BIM

在美国企业应用层面，VDC 与 BIM 两个词经常会结合在一起。VDC 的全称是 Virtual Design and Construction，即虚拟设计和施工。关于 VDC 与 BIM 的相同点与区别，美国很多主流软件商或媒体都曾讨论过。Trimble 的 Constructible 主页曾经提到过 BIM 与 VDC 的不同，因为不像 BIM 有标准或官方机构的准确定义，VDC 一直缺乏行业里统一的解释[1]。如同字面上的意思，VDC 是对建设过程设计与施工的虚拟与分析，但是不像 BIM 那样对项目信息的结构性组织有要求。BIM 和 VDC 互相都有交集，不完全是谁包含谁的关系。Trimble 的 Constructible 主页认为，VDC 更侧重于虚拟可视化，也包含了一部分协同工作的思路在其中，但不会像 BIM 那样对协同工作流程标准化和项目信息的结构化管理有那么高的要求。

值得一提的是，美国在 BIM 技术刚出现时，很多企业都出现了以 BIM 抬头的岗位名称。随着 BIM 技术的发展，美国越来越多的企业不再把这些岗位的名称以 BIM

---

[1]　https://constructible.trimble.com/construction-industry/whats-the-difference-between-3d-cad-bim-and-vdc.

为抬头，而是改成以 VDC 为抬头。以美国的总承包商 Balfour Beatty Construction 为例，Balfour Beatty 早期的 BIM 岗位均以 BIM 为抬头，如 BIM Specialist、BIM Manager 等，但后期（2014 年左右）这些岗位名称都改为了 VDC Specialist、VDC Manager 等。

在采访 Balfour Beatty VDC 经理 Rudy Armendariz 时，他提到，美国很多企业在一定阶段尝试了 BIM 后，发现自身其实还远没达到 BIM 所要求的水平，现在做的事情更多的还是在可视化与设计协调中，所以美国很多企业逐渐把工作岗位的名称从 BIM 换成了 VDC，这样更符合现在的现状，不过 BIM 还是长期的一个目标。

6.5.2　IPD 概述和应用情况

IPD（Integrated Project Delivery，集成项目交付），是一种工程交付模式，思想起源于制造业的 TPS 管理体系（Toyota Production Systems，丰田生产系统）。20 世纪 90 年代末，IPD 的雏形最先在 BP（British Petroleum，英国石油）公司的英国北海石油钻井平台项目中取得成功，紧接着又分别在澳大利亚国家博物馆项目和美国加州萨特郡综合医疗项目中取得成功，自此之后业界开始逐渐认识并接受 IPD。

2007 年美国建筑师学会加州委员会（American Institute of Architects，California Council）发布了 IPD 指南，该指南把 IPD 的定义为："整合体系、人力、实践和企业结构为一个统一过程，通过协作平台，充分利用所有参与方的见解和才能，通过设计、建造以及运营各阶段的共同努力，使建设项目结果最佳化、效益最大化，增加业主的价值，减少浪费"。

在建设行业，IPD 模式是伴随着 BIM 发展而产生的一种较为新颖的建设工程项目采购和交付模式。在 IPD 模式下，建筑工程设计管理不仅从设计活动层次上升到了项目层次，更因为多方的协作存在于项目的各个阶段，设计管理者可以吸收来自于项目参与各方的知识与经验，结合 BIM 平台强大的信息整合能力，在设计阶段对项目的功能、美学、可施工性、性能等各个方面进行全面的考虑。

6.5.3　IPD 应用情况

目前 IPD 在美国的应用还不算普及，特定类型的项目比较多。根据 McGraw Hill Construction 在 2014 年曾做的市场调研，如图 6-3 所示，在 2014 年 Design-Bid-Build、Design-Build、CM at Risk 还是目前主要的项目交付方式，并且大部分人认为未来的交付模式（对 2017 年的期望）也是以这三个为主。McGraw Hill Construction 在调研报告里称，虽然 IPD 模式被广泛提及，但市场的接受度并不高。

2010 年美国南加州大学 David Kent 与 BurcinGerber 教授通过调查发现美国 IPD 项目的使用普及率与项目类型有关，在使用 IPD 的项目中，32.1% 的医用建筑、31.2% 的

"Clusters Group"团队合作方式，确保各参与方拥有共同利益。DaveMcCool 说，虽然我们项目不是 IPD 项目，但是我们在实施过程中处处体现着 IPD 的思想，其实在美国很多同行们和我们一样，虽然不算 IPD 项目，但都在参照着 IPD 的思想实施着自己的项目。

　　根据明尼苏达大学的调研报告 ❶，截至 2015 年 9 月，北美地区仅 57 个 IPD 项目。

---

❶　IPD：Performance，Expectations，and Future Use，University of Minnesota, September 2015.

第7章　美国国家和行业 BIM 标准与技术政策

7.1　概述

7.1.1　美国国家 BIM 标准

美国国家 BIM 标准（the National Building Information Modeling Standard，NBIMS）由美国国家 BIM 标准项目委员会（the National Building Information Model Standard Project Committee-United States，以下简称 NIBS）专门负责研究与制定，NBIMS 目前已发布三个版本。

NBIMS 第一版问世于 2007 年，由 NIBS 组织编写并发布，主要包括了关于信息交换和开发过程等方面的内容，明确了 BIM 过程和工具的各方定义、相互之间数据交换要求的明细和编码，使不同部门可以开发充分协商一致的 BIM 标准，更好地实现协同。

NBIMS 第二版于 2012 年发布，而自第二版开始，该标准由 NIBS 和 building SMART Alliance（以下简称 bSa）共同署名并发布，第二版本开始，NBIMS 采用了开放投稿、民主投票的新方式决定标准内容，因此也被称为是第一份基于共识的 BIM 标准。

NBIMS 第三版于 2015 年发布，如图 7-1 所示，第三版于主体内容一共三大章共 43 小节。第三版 NBIMS 除了继承前两版的内容和编制方式，还在此基础上根据实践发展情况增加并细化了一部分模块内容，以便更有效地促进 BIM 应用的落地。第三版由综述、参考标准、信息交流、操作文件以及定义表几部分组成，并引入了二维 CAD 美国国家标准。美国国家 BIM 标准详细内容见第 7.2.3-7.2.6 章。

根据行业分析师 Jerry Laiserin 在一篇学术论文提到 ❶，NIBS 虽然是一个由美国国会批准成立的类似政府性质的机构，但 NBIMS 编制的资金并非直接来自政府。NBIMS 的产生是因为美国的政治体制与经济模式要求对于公共项目的产品、服务等进行"公开采购"。在公开采购的原则之下，政府机构不可以指定使用某个单一的软件，政府招标需要向 Revit、Digital Project、Vectorworks 及其他软件开放。由于政府业主要求项目保证最低限度的 BIM 应用，且为了与 NBIMS 这类"公平、公正、中立"的标准保

---

❶ Applying BIM in USA Insights and Implications, Jerry Laiserin, Xin Wang, Time Architecture, 2013

图 7-1　美国国家 BIM 标准第三版

持一致，公共项目业主要求在公开采购与 BIM 能力之间找到平衡点。因此，美国国家 BIM 标准是一个针对特定业主和项目的参考标准，而并非像"标准"这个词通常所表达的那样具有强制性。

7.1.2　行业 BIM 标准与技术政策

美国制定标准合同范本的机构主要是建筑师、工程师和承包商的专业组织。这些组织在制定标准合同的过程中并非各自为政，而是保持着非常密切的合作关系。这些机构主要有美国建筑师学会（The American Institute of Architects，以下简称 AIA），工程师联席合同文件委员会（Engineers Joint Contract Documents Committee，EJCDC），以及美国总承包商协会（Associated General Contractors of America，以下简称 AGC）。此外美国各级政府机构也为政府投资项目发布一些合同范本。

随着 BIM 技术在美国的发展和应用所产生的影响力越来越大，越来越多的行业专家意识到 BIM 的应用并不仅仅是一个简单的工具应用和技术问题。由于 BIM 技术改变了传统的建筑行业内各专业的工作和协同方式，在一定程度上重组了传统建筑业的业务流程，使得各方的利益关系发生了改变，这也导致 BIM 的应用中存在着较大的风险。

为了解决妨碍 BIM 应用的各方面问题，能更加有效的促进 BIM 的发展和应用，美国的相关行业协会开始着手制定相关的 BIM 合同样板和 BIM 实施标准。比如 AGC 在 2006 发布了《承包商 BIM 使用指南》（TheConstractor's Guide To BIM），并在 2007 年发布 Consensus DOCS 301BIM 应用合同。bSa 在 2007 年委托美国宾夕法尼亚州立大学编写并发布了《BIM 项目实施计划指南》（BIM Project Execution Planning Guide，PXP），AIA 在 2008 年提出了《AIA E202-2008-Building Information Protocol Exhibit》（建筑信息模型协议增编，以下简称 E202）合同文件。

行业协会 BIM 标准的发布时间节点大多处于 GSA 发布《National 3D-4D-BIM Program》之后到美国国家 BIM 标准发布期间。因为那段时间美国 BIM 技术急速发展，但是行业又缺乏 BIM 实施标准和文件的参考依据，所以美国的行业协会便主动承担起了标准制定的责任。

7.2 美国国家 BIM 标准

7.2.1 NIBS 及 bSa 概况

根据美国国家 BIM 标准官网，美国国家 BIM 标准项目委员会是由 NIBS 和 bSa 共同组成的一个机构，委员会同时也是 bSa 下属的一个项目委员会。

NIBS 全称 National Institute of Building Sciences，译为美国国家建筑科学研究院，是根据 1974 年的住房和社区发展法案（the Housing and Community Development Act of 1974）由美国国会批准成立的非营利、非政府组织，作为建筑科学技术领域沟通政府和私营机构之间的桥梁，旨在通过支持建筑科学技术的进步改善建成环境（Built Environment）与自然环境（Natural Environment）来为国家和公众利益服务。

buildingSMART alliance（bSa）是 NIBS 下属的一个专门负责推广应用建筑数字技术的机构，成立于 2007 年。同时也是 BuildingSMART 国际（buildingSMART International，bSI）的北美分会。

buildingSMART 前身为国际协作联盟（International Alliance for Interoperability，IAI）。在 2006 年，IAI 更名为 buildingSMART International。到了 2007 年初，NIBS 决定，为了更好地推动建筑数字技术的应用，以现有的资源组建一个新的机构 buildingSMART alliance。新成立的 bSa 包括 NIBS 原来下属的 IAI-NA、设施信息委

员会（Facilities Information Council）、美国国家 BIM 标准项目委员会（U.S. National Building Information Model Standard Project Committee）、美国国家 CAD 标准项目委员会（U.S. National CAD Standard Project Committee）。另外，诸如 NIBS 下属的设施维护与运营委员会（Facility Maintenance and Operations Committee）的施工运营信息交换（Construction Operations Building Information Exchange，以下简称 COBIE）项目的启动、与美国总承包商协会（Associated General Contractors of America）合作的项目 AGCxml 等一些项目也明确由 bSa 管理。

根据 2017 年 11 月在美国的调研，作为美国国家建筑科学研究院信息技术管理部门的 bSa 从 2015 年 1 月开始脱离 bSI，而 AGC 下属的 BIMForum 成为 bSI 在美国的分支。

这样，bSa 就成为了 NIBS 一个专门负责在建筑业中推广应用先进建筑数字技术的机构，其中最重要的工作之一就是对 BIM 应用的研究、宣传和推广，包括对 BIM 标准的修订。同时，bSa 还负责其他工程建设行业信息技术标准的开发与维护，包括：美国国家 CAD 标准（United States National CAD Standard）的制定与维护，施工运营建筑信息交换数据标准（Construction Operations Building Information Exchange，COBie），以及设施管理交付模型视图定义格式（Facility Management Handover Model View Definition formats）等。

7.2.2 美国国家 BIM 标准编制背景

美国的土木建筑工程信息化建设起步较早发展较快，BIM 的研究和应用相比其他国家和地区也较成熟。根据美国国家 BIM 标准官网的介绍：建筑行业从二维向 BIM 的演变很接近当时飞机、汽车行业已经发生过的转变。早期建筑行业对 BIM 的定义只是一个 3D 模型，这样的定义偏离了事实，并且没有传达出 BIM 作为数字化、基于对象化、协同化及先进的沟通方式的信息潜力。由于行业上缺乏一个开放的标准和基础来获取、组织、挖掘 BIM 中的信息与价值，所以 NIBS 和 bSa 决定美国国家 BIM 标准项目委员会编写美国国家标准，为行业建筑全生命期管理和信息交互提供流程依据和基础。

NBIMS 第一章的陈述也提到，标准是专为两种特定人士制定：

（1）软件开发商和供应商。

（2）参与建筑实务的设计、工程、建造、业主和建筑完工使用阶段的营运者。

所以对软件开发商和供应商而言，NBIMS 明确规划出参考标准（Reference Standard）和交换信息标准（Exchange Information Standards）两大主轴。对建筑实操人员来说，NBIMS 提供了成熟可行的实务文件参考标准，并从设计、采购、组装和营运（Design、Procure、Assmeble、Operate）四个领域来以组织建筑知识、技能和系统，如图 7-2 所示。

Design	Procure	Assemble	Operate
Requirements	Suppliers	Quality	Commission
Program	Qualifications	Testing	Startup
Schedule	Availability	Validation	Testing
Quality	Stability	Inspection	Balance
Cost	Capacity	Acceptance	Training
Site	Material	Safety	Occupy
Zoning	Submittal	Requirements	Leasing
Physical	Selection	Logistics	Building Management
Utilities	Purchase	Training	Security
Environmental	Certification	Inspection	Tenant Services
Form	Contracting	Schedule	Modify
Architecture	RFQ	Fabrication	Assessment
Structure	RFP	Deliveries	Refurbish
Enclosure	Selection	Resources	Renovate
Systems	Agreement	Installation	Demolish
Estimate	Price	Cost	Maintain
Quantity	Quantity	Productivity	Prevention
System Price	Unit Price	Solicit	Scheduled
Comparison	Labor	Pricing	Warranty
Escalation	Equipment	Selection	Contracted

图 7-2　美国国家 BIM 标准的 64 个内容

7.2.3　内容概述

　　NBIMS 第一版在 2007 年发布，主要内容包括 BIM 理论、调研范围、组织结构、方法论、以及标准最后的成果。NBIMS 第一版给出了 BIM 的定义和范围、BIM 标准的范围、信息交换的概念、信息交换的内容，强调了 BIM 标准的开发过程，强调了信息传递规程（Information Delivery Manual，IDM）和模型视图定义（Model View Definition，MVD）是 BIM 标准研究的核心和指导性文件。

　　NBIMS 第二版在 2012 年发布。第二版本在结构上和第一版有了很大的变化。根据 NBIMS 的前言，NBIMS 从第二版开始的内容格式制定时已打算朝 ISO 文件格式标准的目标编写。其中引用的标准可分为模型和数据词典标准、交换标准和数据结构标准等三类，具体的标准包括 IFC2x3、W3CXML、OmniClass ™、IFD Library 等。第二版通过流程建模、信息传递规程、模型视图定义了信息交换标准的大纲，大纲定义和测试的应用流程包括建筑建造信息交换、空间设计验证、建筑能耗分析和建筑成本估算。第二版最后给出了 BIM 标准实施的具体路线和实施方案。

2015 年 BIM 标准制订委员会发布了 NBIMS 第三版，第三版结构与第二版本相似，但在第二版的基础上进一步做了扩展和深化，形成一整套可行的 BIM 标准。比如在标准引用部分除了对第二版已有标准进行更新以外，又增加了 BIM 协同格式（BIM Collaboration Format，BCF）、模型细度（Level of Development，LOD）、国家 CAD 标准（National CAD Standard，NCS）等标准。在信息交换标准部分，在原有流程的基础上除了对施工 - 运营建筑信息交互标准（Construction-Operations Building information exchange，COBie）进行了深入的扩展，还增加了新的业务流程，包括建筑方案信息交换、电气设备信息交换、HAVC 信息交换给排水系统信息交换等。第三版最后给出了 BIM 实施的具体路线和实施方案。

7.2.4　主要内容之一 - 引用标准

NBIMS 不是美国的第一部 BIM 标准，在 NBIMS 出现之前，USACE、GSA、AGC 等机构便已推出了相应的标准。这些标准和学术界在 NBIMS 出现之前已对 BIM 底层的基础元素进行过阐述，并被广泛接受。所以 NBIMS 在第二章 "Reference Standard"（引用标准）中以引用现有标准的方式对 BIM 的基本构成元素进行阐述与解释，包括：IFC，LOD，Omniclass 等。而 NBIMS 引用到的标准包括 AGC、AIA、PXP 等多个行业协会和学校标准。

以 LOD 为例，NBIMS 在第 2.7.1 章对 LOD 的具体阐述形式如图 7-3 所示。

第二章 "引用标准"（Reference Standard）是 NBIMS 标准体系的基础，其整合了开发具有互操作性的 BIM 软件所必需的所有相关标准，使建筑领域的专业人员能够开发建筑模型来解释、分析和描述建筑项目的全生命周期，并且能够在不同应用软件以及不同系统间无缝交换数据和信息。

值得一提的是，分类编码标准 OmniClass，及 IFC 2X3、IFD 标准，第一版放在附录，第二版和第三版则正式放在第 2 章参考标准，且内容详细。第 2 章 2.3 还引进 W3C 的 XML，它和 2..2 的 IFC2X3 一样，都仅做简单引言，提供连接到各自官方网站。

具体阐述的元素如下：

（1）IFC（Industry Foundation Classes，行业基准分类）标准。IFC 是一个开放的，标准化的、支持扩展的通用数据模型标准，目的是使 BIM 软件在建筑业中的应用具有更好的数据交换性和互操作性，已被建设行业接受为国际标准。

（2）W3C XML 数据标准。其主要确保符合 NBIMS 标准的数据模型能够符合 W3C 联盟的规范，并且确保 NBIMS 标准遵循 W3C 的要求和相关的互联网协议。

（3）OmniClass 分类标准。通过表的形式为建筑行业项目信息的分类提供了简洁

National BIM Standard - United States® Version 3

2 Reference Standards

2.7 Level of Development Specification 2013

2.7.1 Scope – Business Case Description

The Level of Development (LOD) Specification is a reference that enables practitioners in the AEC Industry to specify and articulate with a high level of clarity the content and reliability of Building Information Models (BIMs) at various stages in the design and construction process. The LOD Specification utilizes the basic LOD definitions developed by the AIA for the *AIA G202-2013 Building Information Modeling Protocol Form[1]* and is organized by CSI *UniFormat*™ 2010. It defines and illustrates characteristics of model elements of different building systems at different Levels of Development. This clear articulation allows model authors to define what their models can be relied on for, and allows downstream users to clearly understand the usability and the limitations of models they are receiving.

The intent of the Specification is to help explain the LOD framework and standardize its use so that it becomes more useful as a communication tool. It does not prescribe what Levels of Development are to be reached at what point in a project but leaves the specification of the model progression to the user of this document. To accomplish the document's intent, its primary objectives are:

- To help teams, including owners, to specify BIM deliverables and to get a clear picture of what will be included in a BIM deliverable

- To help design managers explain to their teams the information and detail that needs to be provided at various points in the design process

- To provide a standard that can be referenced by contracts and BIM execution plans.

2.7.1.1 Publishing organization

- Associated General Contractors of America (AGC) - BIMForum

- American Institute of Architects (AIA).

2.7.1.2 Version

The version of this reference standard document is the LOD Specification, 2013

2.7.1.3 Date of publication

图 7-3　NBIMS 第 2.7.1 章内容节选

直观编码体系，并且可以在 IFC 标准中通过扩展来实现。

（4）IFD/BSDD 数据字典。是对建筑概念在不同语境下语义的描述，包括建筑定义的语义规范、语境的规范、全球统一标识符（GUID）以及在 IFC 中的实现。

（5）BCF 建筑信息模型协同格式。BCF 是一个体现 BIM 模型之间交流的标准，其使用 XML 标准在 BIM 软件之间传递信息以改善工作流程之间的协同，是 IFC 标准的补充。

（6）LOD。LOD 使 BIM 模型开发人员能够详细和清晰地说明在设计和施工的不同阶段 BIM 模型的内容和可靠度，以使下游 BIM 用户能够清楚地理解所接收的 BIM 模型的可用性和局限性。

（7）NCS 国家 CAD 标准。是目前广泛使用的 CAD 工业标准，是 BIM 标准不可或缺的重要组成部分。

7.2.5　主要内容之二 – 信息交换

NBIMS 在第四章"信息交换标准"（Information Exchange Standards）里开始用了 9 个小节阐述了信息间交换的标准。第四章针对信息交换标准最重要的是从第二版开始纳入施工 - 运营建筑信息交互标准（Construction-Operations Building information exchange，COBie 标准），以及空间规划验证（Design to Spatial Program Validation）、建筑物能源分析（Design toBuilding Energy Analysis）、成本估价数量估算（ Design to QuantityTakeoff for Cost Estimating）等相关的信息交换标准。

信息交换标准章节通过业务流程建模、信息传递规范 IDM、模型视图定义 MVD 描述了建筑项目全生命周期不同业务流程的信息交换标准，整合中心化的建筑信息交换，整合不同的建筑模型和建筑信息的格式，提高 BIM 应用软件的互操作性和信息交换的效率。美国国家 BIM 标准介绍的信息交换标准包括：

（1）设计施工建筑信息交换（COBie）。COBie 全生命周期包括项目需求定义、设计标准开发、技术可行性研究等 25 个业务流程。每个业务流程首先使用信息传递建模标注 BPMN 建立流程图，在流程图的基础上确定信息交换需求，信息交换需求将进一步以 IFC 标准确定基本信息单元，最后编制模型视图定义模式（MVDschema）文档，包括 COBie.exp、COBie.xsd、COBie.mvdxml 和 COBie.ifc。

（2）空间规划验证信息交换（SPV）。此信息交换流程基于 IFC 开放式的 BIM 信息交换，使业主和设计师评估建筑设计性能是否能够满足业主制定的空间规划要求。SPV 应用软件可以装载 BIM 模型以评估建筑设计性能。

（3）建筑能耗分析信息交换（BEA）。此信息交换流程可以使建筑师使用建筑能耗分析软件，利用建筑信息模型及建筑能耗模型来模拟建筑能耗性能，从而在建筑设计中改善建筑节能。

（4）建筑成本估算信息交换（QTO）。此信息交换流程使用概预算软件，利用建筑信息模型和定额数据库对建筑成本进行估算。

（5）建筑规划信息交换（BPie）。此信息交换主要目的是使业主需求规范化，并且具有一定的灵活性，相关应用软件可以自动对比建筑性能要求和设计方案。

（6）电气设备信息交换（SPARKie）。记录电气设备系统设计的业务流程和信息需求，以及开发的信息传递规程和模型视图定义。

（7）HAVC 信息交换（HVACie）。此信息交换记录 HAVC 系统设计的业务流程和信息需求，以及信息传递规程和模型视图定义。

（8）给排水系统信息交换（WSie）。对给排水相关设备、连接、管道的设计和安装业务流程和信息需求等给出定义，以及信息传递规程和模型视图定义。

中美英 BIM 标准与技术政策

7.2.6 主要内容之三 – 实践文件

NBIMS 的第五章"实践文件"（Practice Documents）里开始用了 7 个小节对 BIM 实施过程进行指导，并罗列在项目在实施 BIM 时需要用到的文件参考。以帮助业主和项目专业人员具体实施基于 BIM 的全生命周期业务流程。包含的内容主要有：

（1）基础 BIM：此部分内容实际上是一个被称为能力成熟度模型（CMM）的评价工具，包含了大量的结构化的指标用来评估工程项目业务流程应用 BIM 的成熟程度。

（2）BIM 实施规划指南及内容：此指南即宾夕法尼亚州立大学编写的 BIM PXP（详见第 7.5.2 章），规划了制定和实施基于 BIM 的建筑工程项目的执行计划。同时包含具体的 BIM 工程项目实施内容，定义了在工程项目中如何使用 BIM，以及项目全生命周期 BIM 实施业务流程。

（3）业主 BIM 规划指南：此指南即宾夕法尼亚州立大学编写的设施业主 BIM 规划指南（BIM Planning Guide for Facility Owners，详见第 7.5.3 章），业主 BIM 规划指南的目的是帮助业主在工程项目业务流程中接受和使用 BIM。

（4）机电空间协调：提供了建筑设备相关专业使用 BIM 三维 MEP 协同工作系统的建造和安装指南，是帮助决策人员制定企业信息管理战略的非技术性文档。

（5）信息交付的规划与执行：以 GSA BIM 标准中对信息传递的要求、COBIE 等现有的信息交付标准为基础，从信息方案、交付要求、项目信息交付计划、实施等阐述对信息交付的要求。

（6）BIM 合约要求：以 USACE 对于设计施工专案的 BIM 合约要求（Practical BIM Contract Requirements US Army Corps of Engineers BIM Contract Requirements for Design Build Projects）为基础提供了项目合同中与 BIM 相关的条款。

7.3 行业协会 BIM 标准 –AIA BIM 指南

7.3.1 AIA 概况

始创于 1857 年的美国建筑师学会（American Institute of Architects，AIA）是美国主要的建筑师专业社团。该机构致力于提高建筑师的专业水平，促进其事业的成功并通过改善居住环境提高大众的生活标准。该机构通过组织与参与教育、立法、职业教育、科研等活动来服务于其成员以及全社会。AIA 的成员主要是来自美国及全世界的注册建筑师，目前总数已超过 83000 名。AIA 的一个重要成就是制定并发布了一系列的标准合同范本，在美国建筑业界及国际工程承包界特别在美洲地区具有较高的权威性。

美国合同范本的历史就是起源于 AIA 于 1888 年制定的早期合同范本。当时发布的仅仅是一份业主和承包商之间的协议书，称为"规范性合同"（Uniform Contract）。

1911 年 AIA 首次出版了"建筑施工通用条件"（General Conditionsfor Construction）。经过多年的发展 AIA 形成了一个包括 90 多个独立文件在内的复杂体系。和英国合同范本相比，AIA 合同范本的主要特点是为各种工程管理模式制定不同的协议书，而同时把通用条件作为单独文件出版。

　　AIA 随时关注建筑业界的最新趋势，每年都对部分文件进行修订或者重新编写。例如。2004 年共更新了 12 份文件，2005 年共更新了 6 份文件。而每隔 10 年左右会对文件体系及内容进行较大的调整。在 2007 年 AIA 对整个文件的编号系统以及内容都作了较大规模的调整。

7.3.2　AIA 编制背景

　　在 BIM 技术应用上，AIA 协会一直关注着国际和美国的 BIM 标准的制定，为整个行业的最大利益服务。AIA 协会鼓励业主促进整个项目生命周期的数据交换，并在所有者的投资组合中保持一致的数据标准。AIA 协会同时提倡建筑行业使用开放标准作为项目可交付成果的基础。

　　自 2003 年，GSA 发布了《National 3D-4D-BIM Program》后，BIM 技术在美国呈现了爆发式地发展态势。由于行业可应用和参照的 BIM 标准及文本范本的缺乏，所以 AIA 开始把经历放到了 BIM 技术上。AIA 协会于 2008 年发布了 BIM 应用合同范本——AIA Document E202 – 2008 Building Information Modeling Protocol Exhibit（以下简称 E202-2008），如图 7-4 所示。

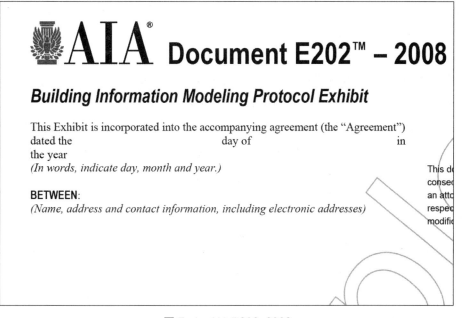

图 7-4　AIA E202-2008

AIA 出版的系列合同文件在美国建筑业界及国际工程承包界，特别在美洲地区具有较高的权威性，应用广泛。AIA 系列合同文件分为 A、B、C、D、E、G 等系列，其中 E 系列文件主要用于数字化的实践活动。E202 不是一个独立的合同文本，而是作为合同的附录用以补充现有的设计、施工合同文件中所存在的与 BIM 相关的方面规定缺乏的不足，并且特别规定，如果该附录的内容和所附属的合同有不一致的地方，该附录具有优先解释权。

另外，E202 的主要作用是建立一个框架，即合同应该包括哪些内容，至于具体内容则应视不同的项目而定。E202 合同内容一共有四部分——基本规定、协议、模型的发展程度和模型元素表。其中，第一部分主要规定了该附录订立的原则以及相关词汇的定义，后面三个部分则是该附录的主体框架。

目前 AIA 发布的 E202-2008 已成为美国 BIM 应用中重要的实施文件之一，并被美国国家 BIM 标准引用。

7.3.3 标准内容

E202-2008 不是一个独立的合同文本，而是作为合同的附录用以补充现有的设计、施工合同文件中所存在的与 BIM 相关的方面规定缺乏的不足，并且特别规定，如果该附录的内容和所附属的合同有不一致的地方，该附录具有优先解释权。另外，E202 的主要作用是建立一个框架，即合同应该包括哪些内容，至于具体内容则应视不同的项目而定。

E202-2008 合同内容一共有四部分——基本规定、协议、模型的发展程度和模型元素表。其中，第一部分主要规定了该附录订立的原则以及相关词汇的定义，后面三个部分则是该附录的主体框架。

（1）协议

在 E202 的协议中提出了各个参与方应承担的义务，特别规定由于采用 BIM 之后，项目各个参与方的协同程度相较以往有较大程度提高，因此，任何模型参与者发现模型中存在问题时，应当及时通知他人所发现的错误，以便能及时改正，减少损失。另外，在 E202 的 2.2 节中规定了模型元素的作者对其提供的内容以及用于形成模型元素的软件中并未转让自己的所有者权利。任何参与方只能把他人的成果用于特定的项目中，且这个项目应是合同和模型的主体。这样的规定能与知识产权的传统规则更好地衔接，使得各参与者更容易接受。

E202 在 2.4 节中规定，除非有另外的约定，从项目的开始阶段，建筑师就是模型的管理者。如果在项目的其他阶段，模型管理者有所变动的话，则应在附录中约定承担责任的参与方及其承担责任时项目所处的阶段以及各个阶段管理者的责任。

在项目的各个阶段的末尾，负责该阶段的模型管理者负责将文件保存。该文件应作为一个记录,在任何情况下都是不能更改的。在 2.4 节中,附录还规定了模型文件应该包含两类文档:从各个模型作者处得到的个别模型的集合;以适合存档和审查的格式将那些个别的模型进行整合而形成的模型。至于第二种类型的档案的档格式,合同的双方应该在合同中加以约定。

（2）模型的细致程度

在 E202 合同条款中,模型发展程度（Level of Development,LOD）是一个重要的概念。在 E202 的第 3 章中,将每个模型元素的发展程度分为五个等级,即从 LOD100 到 LOD500。每个的发展程度要求的内容和所授权的使用范围都是不同的,从低级到高级的要求越来越高,如 LOD100 要求的只是概念化设计的深度要求,即只需对于模型元素只有一个大体的描述,到了 LOD500 时,元素就可以进行竣工图的设计深度了。一般而言,可以认为后一个 LOD 应以前一个 LOD 为基础且应包含前者。

包含进度信息是 BIM 模型区别于传统的 2D 图纸的重要特征之一,E202 中考虑到了进度维的问题,规定模型的建立应该以一种与项目建设进展相关联的方式进行,如选址工作是基础和地下室工作之前就要完成的。这样的话,模型发展程度就不应仅涉及内容的要求,还要包括进度的要求。此外,由于各个模型元素的差异性,各个元素的发展程度的内容、进度和要求是不同的,应视具体情况而定。

模型发展程度的另外一个重要的作用就是规定了在项目的各个阶段各模型元素授权使用的范围,这些内容需要合同双方在附录中约定。在双方约定时,还要注意到被授权使用的模型发展程度不能超过项目的进度。例如,在一个模型在设计时只进展到 LOD200 时,不允许对整个建筑进行施工设计,需达到 LOD500 时才能进行施工设计,否则就会给各方带来不必要的损失。

（3）模型元素表

E202 中包含了一个模型元素表,描述了在项目各阶段的结束时各个模型元素所要达到的发展程度,以及负责将元素发展至所要求发展程度的模型元素作者。在模型元素表中,在纵轴上根据 UniFormat 分类系统分为七个大类,前面六个是根据对建筑物的实体进行分类而来的,分别是地下结构、楼地面工程、内部建造、设施、设备和装饰和特殊建造。在每个大类之后,还要进行两次的细分,分级后的结果便是模型的元素。在横轴上一共分为六个阶段,分别代表项目从无到有的六个时间段。

7.3.4 标准实施与影响

AIA 出版的系列合同文件在美国建筑业界及国际工程承包界,特别在美洲地区具有较高的权威性,应用广泛。HOK 纽约公司的科技总监 James Vandezande 在 AIA 发布 E202-2008 后,曾做过一次调研并发布文章《All Things BIM-AIA BIM Protocol（E202）》。他在文章中提到:对于不断发展的 BIM 行业,AIA E202-2008 是一个非常引人注目的工具。

他与许多 BIM 专家聊过 AIA E202-2008,很多人都借鉴 E202-2008 范本用于 BIM 实施计划的制定中。James Vandezande 还预测 E202-2008 很快就会成为项目合同的正式增编。

事实也如 James Vandezande 预测的一样,美国国家 BIM 标准在第二版时就正式把 AIA E202-2008 的相关内容引用。越来越多的企业开始使用 AIA 提供的范本作为合同的一部分。

Johnson Fain 的总裁 James E. Donaldson 在接受笔者采访时说,AIA 一直以来就很支持 BIM 的普及,并推出了自己的 BIM 指南和 BIM 合同指导。对于我们建筑公司来讲,AIA 的合同指导更加专业和实用。比如 AIA 对 LOD 的分级描述十分的详细和实用,LOD 是 BIM 使用过程中一个非常重要的部分,无论是收费方面,还是设计方面,对 LOD 的深刻理解,都对整个项目 BIM 的进展情况有着十分关键的作用。AIA 对 BIM 的支持和推广,可以说是引领了建筑行业走向 BIM 的趋势。

不过 James E. Donaldson 也提到,具体合同的内容还是需要跟业主进行良好的沟通,因为很多业主对 BIM 的概念并不太清楚,所以建筑企业更多是依据业主的需求来选择性的应用 AIA E202-2008。同时,因为 AIA 更多的关注建筑设计公司的利益,所以跟上游的业主和下游的施工单位谈判合作合同的时候,仍有很大的分歧,因为他们并不会完全的同意 AIA 的指导意见。

值得一提的是,除了推出的 BIM 标准外,AIA 在其他方面也影响和推动着 BIM 技术在美国建设行业的发展与应用。每年 AIA 也会有很多奖项颁发给对 BIM 做出特别贡献的机构和个人。比如 GSA 在 AIA-TAP 大会中就曾获得过 AIA BIM 大奖,而 GSA 对 BIM 的强大宣贯直接影响并提升了美国整个工程建设行业对 BIM 的应用。

7.4 AGC BIM 指南

7.4.1 AGC 概况

美国总承包商协会 -AGC 全称 Associated General Contractors,AGC 创立于 1918 年,是美国最大和历史最久的建筑行业协会,由建筑承包商及与建筑业密切相关的公司共同发起组建。AGC 代表超过 33000 家企业,其中包括美国大的总承包商和超过 12000 家专业承包公司,并有超过 14000 家各类服务提供商、供应商,包括分包商、专业承包商、设备制造商和专业公司与协会有合作关系。

作为行业性的协会组织,AGC 多年来编制了一系列的建筑工程业界使用的标准格式合同和出版物;包括主包、分包、计划管理、施工管理以及设计——建造合同文本。这些合同标准格式和文本在建筑工程业享有良好声誉。AGC 还制定了一系列针对总承包的培训课程与认证,包括项目管理、安全、建立、精细化施工、BIM 等。其中在 AGC 在 BIM 的培训与认证的全称叫 AGC Certificate of Management-Building

Information Modeling（CM-BIM）。

同时 AGC 多年以来也一直参与 AIA 及 EJCDC 制定出版合同范本的工作。AIA 系列合同范本中的一些文件是与 AGC 联合发布的，例如 A121 CMc—2003 和 A131 CMc—2003。这些文件上同时标有 AIA 系列的文件编号以及 AGC 的文件编号。此外 AGC 作为 EJCDC 的成员组织之一参与 EJCDC 系列合同范本的制定与修改工作。

作为美国主要的承包商组织，AGC 协会出版的合同文件同 AIA 系列合同范本相比，更能代表承包商的立场。

7.4.2　AGC 编制背景

美国总承包商协会发布《承包商 BIM 使用指南》以及《Consensus DOCS》的原因与 AIA 发布 E202-2008 的原因类似，都是因为当时行业缺乏实施 BIM 的可参照依据。

GSA 在 2003 年发布《National 3D-4D-BIM Program》标准后，BIM 技术在行业里得到了空前的关注。但是由于资料与知识的缺乏，大部分企业在初次尝试 BIM 后都没有得到很好的反馈。根据《承包商 BIM 使用指南》的前言所描述，许多企业在初次应用 BIM 技术后认为 BIM 技术只适合大型的复杂的项目，同时还认为应用 BIM 技术非常的昂贵。面对着行业对 BIM 越来越多的质疑与误解，2006 美国总承包商协会发布了《承包商 BIM 使用指南》，如图 7-5 所示，指南的主要目的之一就是为了让行业对 BIM 有更正确的认识。

图 7-5　《承包商 BIM 使用指南》第一版

2008 年初以 AGC 为首的 21 个行业组织全面修订了 AGC 现有的合同范本体系。新版本的 ConCensus DOCS 标准合同范本增加了 301 BIM 附录、310 绿色建筑附录、725 分包合同及 752 联邦分包合同等。

7.4.3　主要内容 – 承包商 BIM 使用指南

如前文所述,《承包商 BIM 使用指南》的发布更多是为了纠正当时行业对 BIM 的误解,所以与现在的大部分标准不一样,《承包商 BIM 使用指南》更多的是对 BIM 技术应用常见的概念、工具以及涉及的管理内容进行陈述与定义。其主要内容如下:

（1）BIM 的含义

在此章节, AGC 对 BIM 的含义进行了详细的阐述,对比了 BIM 与 VDC（Virtual Design & Construction）的不同,同时从 "Building Information Modeling" 和 "Building Information Model" 两个层面阐述 BIM 的意义。

除此之外, AGC 从工具的角度、对承包商的益处、3D 与 2D 的关系、BIM 初期投入等方面进行了详细的讲解。

（2）BIM 工具

AGC 在此章节对如何寻找、如何选择合适的 BIM 工具进行了阐述。同时对软硬件带来的造价及服务费用进行了澄清。

（3）BIM 流程

AGC 从二维与三维的不同阐述了在 BIM 实施过程中如何找到最适合自身的 BIM 流程。ACG 把二维时期的工作流程都详细罗列出来,并与 BIM 流程进行对比。同时对最容易阐述误解的几个方面以问答的形式呈现出来,以让指南的使用者更加深刻的理解里面的内容。

（4）责任主体

此章节, AGC 对参与到 BIM 实施的各个主体的责任进行了阐述。

（5）风险管理

阐述了在实施 BIM 过程中可能出现的风险,比如管理人员对 BIM 软件的接受能力、BIM 应用成果的法律效应等等。AGC 也谈了对于防范这些风险的建议。

7.4.4　主要内容 –Consensus DOCS

参与 Consensus DOCS 编制一工作的主要组织基本上是承包商行业协会与代表大型业主的组织,基本上没有建筑师或者工程师方面的参与, AGC 是这个组织的领导者。所以这套范本的制定主要是考虑了一部分业主与承包商两方的意见,并希望这套范本能够得到工业界的广泛接受。

ConsensuDocs 301 如图 7-6 所示, 合议范本系列一共有 70 多个合同范本, 适用于

图 7-6　ConsensusDocs 301 封页

各种不同的工程项目管理模式，包括以下六个系列：

- 200 系列：用于传统 DBB（Design-Bid-Build，设计 - 投标 - 施工）模式
- 300 系列：用于项目多方合作 IPD 模式
- 400 系列：用于设计——建造 DB（Design-Build，设计施工一体化）模式
- 500 系列：用于风险型 CM（Construction Management，施工管理）模式，包括代理型和非代理型
- 700 系列：用于分包合同
- 800 系列：用于业主的项目管理以及代理型 CM

BIM 技术的使用列于 300 系列里，即 IPD 模式文件中。在 Consensus DOCS 300 系列里专门针对 BIM 发布的文本是 Consensus DOC 301 Building Information Modeling（BIM）Addendum（Consensus DOCS 301 建筑信息模型附录，以下简称 CD 301）。CD 301 BIM 应用合同同 AIA E202-2008 BIM 应用一样，都只能作为补充协议，必须依附

某建设工程相关合同而存在。

CD 301 共有六个部分：基本原则、定义、信息管理、BIM 实施计划、风险管理和知识产权问题。

（1）基本原则

该部分主要就该合同文件的一些基本问题做出规定。首先，明确了 CD 301 的使用并不会使传统的项目参与者之间的合同关系和风险分配进行重组，采用 BIM 之后各参与者在项目中的角色和传统模式相比没有明显的区别。如此的目的在于能消除一些对 BIM 的误解，为项目增加潜在价值。

其次，CD301 也只是作为一个附录，使用时追加在主合同之后。除非在 BIM 实施计划中另行规定，若附录和主合同有不一致的地方，附录具有优先解释权。

（2）定义

在 CD 301 中对于一些与 BIM 相关的文本、概念、进程和参与者进行了标准的定义。BIM 的附录中关于模型的定义很多，这些定义在应用 BIM 的项目中都是基本元素。

（3）信息管理

在建设项目中应用 BIM 必须要有强大的计算机、网络体系作为支撑，因此，在实践中要求必须有专人承担与信息管理有关的责任。CD 301 中把关于信息管理的职责分配给一个"信息管理员"。在通常情况下，这个管理员一般是由业主任命，而且业主可以按照自己的意愿去更换信息管理员。默认情况下，业主要承担由信息管理员执行工作所引起的费用。

CD301 中规定了信息管理员必须履行的基本职责：①账户维护和管理；②数据备份和安全性；③与接任信息管理员的合作和职责转换；信息管理员要承担 BIM 实施计划里面所要求的职责。

（4）BIM 实施计划

BIM 实施计划是一个指导性文件，项目的参与者在确定各自的 BIM 责任和要求时必须要综合考虑多方面的因素，BIM 实施计划就是这些因素计划的详细清单。在 CD 301 文件中列出了一个 BIM 实施计划的框架。除了在附录和 BIM 实施计划中列举的事项外，项目参与者可以将他们认为合适的 BIM 实施计划之外的事项包含进来。当各方达成一致时，BIM 实施计划和参与者另外补充的内容可作为是对 CD 301 的修改。

（5）风险分配

BIM 的特点使其在应用中会产生额外的风险，必须由所有的参与者之间共同分摊这些风险。CD 301 尝试以尽可能公平和有效的方式来分配这些风险。

在项目参与者依赖他人的成果时，往往假定他人的成果是准确，实际上他人的成果不一定是准确的，这是 BIM 项目特有的风险之一。为了分配这个风险，文件中清楚地规定了各个创作者应为自己在模型中提交的成果负责。

在管理与他人的成果有关的损害的豁免权的问题上，规定每个参与者都要同意放弃对由他人成果引起的或者与他人的成果有关的损害的索赔。虽然各参与者有了彼此间的相互豁免权，但是 CD301 明确规定项目参与者应尽其最大的努力去减小索赔的风险。这些努力包括及时地通知相关的项目参与者自己所发现的错误和模型中被忽略的地方。

CD301 中尽最大努力鼓励各参与者去管理与 BIM 有关的风险，要求项目参与者记录与模型有关的事项以及通过保险的方式建立补偿机制。

对于 BIM 应用中的特别风险——软件事故的威胁，CD301 中规定业主需要承担大部分关于软件事故的风险。虽然软件的事故可能发生，但是事实上软件本身的事故是非常罕见的，大部分的错误都可以归因于人为的原因，而对人为的原因产生的责任是可分配的。

（6）知识产权

现存的标准合同文本并没有明确地解决 BIM 项目中有关知识产权的问题。相较于 2D 的施工图纸和规范，由于 BIM 模型包含了大量的数字化的信息，在这些信息能够进行快速有效地传递的同时，其也更加容易提取出模型的全部或者局部进行重复使用。同时，许多业主希望利用模型来加强物业的管理，这就有可能存在侵犯他人知识产权的风险，这些情况说明了在 BIM 模型中解决知识产权问题具有很大的重要性。

在 CD301 条款之中，就知识产权问题主要做了如下的一些规定。

首先，为了管理由第三方提起的关于版权侵害的潜在诉讼请求的风险，各个创作者应当授权模型的其他参与者以下权利：①其他参与者是所有创作者的成果的版权的所有者；②其他参与者可以将创作者的成果应用于其他的成果上，但是使用范围仅限于双方约定的项目。且该参与者应该赔偿或者承担由第三方提出的其他参与者的无害化责任。

其次，附录中规定，参与者可以在主合同中授权他人一个限制的、非独占的许可，可以对该参与者的成果进行复制、传播、应用，但是范围仅限于该项目。在任一阶段该许可所受限于唯一的目的是完成项目参与者在项目中的职责和义务。

BIM 实施计划还提出了两个与业主有关的知识产权的问题。首先，业主和设计方应该在合同中约定，业主在项目结束后是否还拥有应用全设计模型的权力；其次，如果业主拒绝支付使用设计成果的费用，可能会因此丧失设计方对业主的许可。

7.4.5　标准实施与影响

《承包商 BIM 使用指南》是特定时期的指南，主要目的是澄清那个时期行业对 BIM 产生的误解，同时对 BIM 的各个关键概念进行了解读。所以《承包商 BIM 使用指南》不是严格意义上的标准。随着行业对 BIM 认识的逐渐加深以及 BIM 技术的逐渐推广，

《承包商 BIM 使用指南》里面的好多内容成了现在的基本常识，指南现在被提及和引用的也越来越少。但是指南里面对 BIM 某些概念的定义已得到了行业的广泛认可，包括国家标准在内的很多美国 BIM 标准都引用了 AGC 对一些概念的解释。

7.5 bSa BIM 标准

7.5.1 PXP 与 bSa 概况

buildingSMART alliance（bSa）是 NIBS 下属的一个专门负责推广应用建筑数字技术的机构，成立于 2007 年。同时也是 BuildingSMART 国际（buildingSMART International，bSI）的北美分会。根据 2017 年 11 月在美国的调研，bSa 目前已脱离于 bSI，成为美国国家建筑科学研究院自有的部门，而 AGC 下属的 BIMForum 成为 bSI 在美国的分支。详细对 bSa 的介绍参照第 7.2.1 章。

宾夕法尼亚州立大学（The Pennsylvania State University，以下简称 PSU），是位于美国宾夕法尼亚州的一所世界著名的公立大学，也是美国大型的高等学府之一。PSU 下设的计算机集成建造研究计划（Computer Integrated Construction Research Program，CIC）是 PSU 研究 BIM 技术及制定标准的主要机构。

PSU CIC 于 2007 年和 2011 年发布的《BIM 项目实施计划指南》（BIM Project Execution Planning Guide，PXP）和《业主 BIM 规划指南》（BIM Planning Guide for Facility Owners）均是受 bSa 委托而参与其中的研究项目。PSU CIC 在这两本指南的基础上，于 2013 年发布了《BIM 的使用》（The Uses of BIM）。

7.5.2 BIM 项目实施计划指南

在 2007 年，PSU CIC 研究组参与了一个 bSa 的项目，其研究结果写成了 BIMPXP 第一版，到了 2010 年又发表了 BIMPXP 的第二版，如图 7-7 所示。在这个指南中，PSU CIC 针对项目如何实施 BIM 技术进行了详细的阐述。

整个指南分为三个部分：项目 BIM 实施规划指南、项目 BIM 执行所涉及的文件模板、分包执行 BIM 所涉及的文件模板。

（1）项目 BIM 实施规划指南

此部分内容对如何针对一个项目规划 BIM 技术的应用进行了解读。此部分一共包括 7 个章节：总览、确定项目 BIM 目标和应用、制定项目 BIM 实施的流程、信息交互的制定、BIM 实施的支持基础、项目 BIM 执行手册的实施、组织架构。

这部分内容最大的特色就是针对一个项目，尽可能地阐述了可能遇到的情况并进行罗列，使读者在阅读时可以清晰地找到自己所需的定位。以确定项目 BIM 应用点为例，PSU CIC 对美国建筑市场上 BIM 技术的常见应用进行调查、研究、分析、归纳和

图 7-7 BIM 项目实施计划指南

分类，得出了 BIM 技术的 25 种常见的应用。这 25 种应用跨越了设施全生命周期的四个阶段，即规划阶段（项目前期策划阶段）、设计阶段、施工阶段、运营阶段。详细应用点如图 7-8 所示。

这样，一个项目实施制定 BIM 执行规划时，就清晰地知道一共有哪些 BIM 应用点，并选择自己所需的 BIM 应用。

项目 BIM 实施规划指南，为 BIM 项目执行规划的创建和实施，提供了一个结构化的程序，包括：分析并确定 BIM 在规划、设计、施工和运营阶段的高价值应用点、设计 BIM 的执行流程、定义 BIM 的信息传递形式和交付成果、通过合同、沟通流程、技术和质量控制，确保 BIM 执行规划的顺利开展，该指南能较好地服务于业主对 BIM 项目的开展进行规划与控制。

开发这种结构化过程的目标是在项目的早期阶段加强项目团队的计划和信息交互。领导计划过程的团队应该包括来自组织的各个重要成员。由于在每个项目上都没有最佳的 BIM 实现方法，每个团队必须通过理解项目目标、项目特征和团队成员的能力来

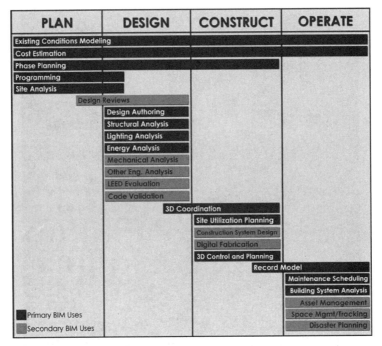

图 7-8　25 个 BIM 应用

有效地设计一个定制的执行策略。遵循这个程序，使用者对如何开展自己的 BIM 实施就很清楚了。

（2）主文件模板

此部分内容提供了在编制项目 BIM 实施规划指南时可能会用到文件的模板。PSU CIC 在这里一共提供了 15 个模板，包括：组织架构、BIM 流程设计、BIM 信息交互、协同步骤、质量控制等。和附属文件模板相比，主文件模板更偏向于整体宏观性。

以图 7-9 所示的协同步骤为例，PSU CIC 分别从会议步骤、模型交付进度、电子文档沟通等分别给了填写模板。利用这个模板，使用者可很清晰的掌握在进行 BIM 协同工作时所涉及的工作，通过修改并填写这个模板从而制定出适合自己项目的实计划。

（3）附属文件模板

附属文件模板的使用和主文件模板类似，但附属文件模板更偏向于项目 BIM 实施的细节。同样以协同工作为例，主文件模板只是给出了如何制定整体性的框架协同步骤模板,而附属文件模板则是给出了具体在每项 BIM 应用中所涉及得协同步骤。图 7-10 便是 PSU CIC 针对模型协调给出的流程模板。

除此之外，PSU CIC 还给出了在实施各项应用点时，为了达到前面所提到的协同目的，各个专业的模型在各个阶段所需要提交的构件清单，如图 7-11 所示。

所以附属文件模板是主文件模板上更细化的补充，并且各个附属文件模板之间都存在相应的联系，应用时需综合考虑。

SECTION I: COLLABORATION PROCEDURES

1. **COLLABORATION STRATEGY:**
   Describe how the project team will collaborate. Include items such as communication methods, document management and transfer, and record storage, etc.

2. **MEETING PROCEDURES:**
   The following are examples of meetings that should be considered.

MEETING TYPE	PROJECT STAGE	FREQUENCY	PARTICIPANTS	LOCATION
BIM REQUIREMENTS KICK-OFF				
BIM EXECUTION PLAN DEMONSTRATION				
DESIGN COORDINATION				
CONSTRUCTION OVER-THE-SHOULDER PROGRESS REVIEWS				
ANY OTHER BIM MEETINGS THAT OCCURS WITH MULTIPLE PARTIES				

3. **MODEL DELIVERY SCHEDULE OF INFORMATION EXCHANGE FOR SUBMISSION AND APPROVAL:**
   Document the information exchanges and file transfers that will occur on the project.

INFORMATION EXCHANGE	FILE SENDER	FILE RECEIVER	ONE-TIME or FREQUENCY	DUE DATE or START DATE	MODEL FILE	MODEL SOFTWARE	NATIVE FILE TYPE	FILE EXCHANGE TYPE
DESIGN AUTHORING - 3D COORDINATION	STRUCTURAL ENGINEER	(FTP POST) (COORDINATION LEAD)	WEEKLY	[DATE]	STRUCT	DESIGN APP	.XYZ	.XYZ .ABC
	MECHANICAL ENGINEER	(FTP POST) (COORDINATION LEAD)	WEEKLY	[DATE]	MECH	DESIGN APP	.XYZ	.XYZ .ABC

4. **INTERACTIVE WORKSPACE**
   The project team should consider the physical environment it will need throughout the lifecycle of the project to accommodate the necessary collaboration, communication, and reviews that will improve the BIM Plan decision making process. Describe how the project team will be located. Consider questions like "will the team be collocated?" If so, where is the location and what will be in that space? Will there be a BIM Trailer? If yes, where will it be located and what will be in the space such as computers, projectors, tables, table configuration? Include any additional information necessary information about workspaces on the project.

图 7-9　协同步骤模板

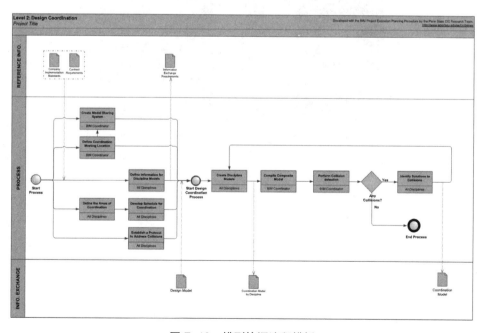

图 7-10　模型协调流程模板

MODEL DEFINITION (MOD)				Planning			Design			Construction			Operations		
Information		**Responsible Party**													
A	Accurate Size & Location, include materials and object parameters	ARCH	Architect												
		CON	Contractor												
B	General Size & Location, include parameter data	CE	Civil Engineer												
		FM	Facility Manager												
C	Schematic Size & Location	MEP	MEP Engineer												
		SE	Structural Engineer												
		TC	Trade Contractors												
Project Phase Deliverable															
Author File Format (if varies, specify in notes)															
Application & Version															
Model Element Breakdown				Info	Resp Party	Notes	Info	Resp Party	Notes	Info	Resp Party	Notes	Info	Resp Party	Notes
A	SUBSTRUCTURE														
	Foundations														
		Standard Foundations														
		Special Foundations														
		Slab on Grade														
	Basement Construction														
		Basement Excavation														
		Basement Walls														
B	SHELL														
	Superstructure														
		Floor Construction														
		Roof Construction														
		Green Roof														
		Interior Columns														
		Beams														
		Trusses														
	Exterior Enclosure														
		Exterior Walls														
		Curtain wall System														
		Exterior Windows - Glass Panels														
		Railing														
		Exterior Doors														
	Roofing														

图 7-11　模型定义模板

7.5.3　业主 BIM 规划指南

《业主 BIM 规划指南》也是 PSU CIC 在承担的 buildingSMART 联盟研究项目的成果，于 2012 年 7 月美发布，并在 2013 年 6 月发布了第二版本，如图 7-12 所示。《业

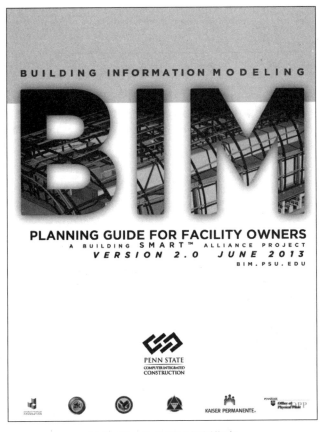

图 7-12　业主 BIM 规划指南

主 BIM 规划指南》是《BIM 项目实施计划指南》的补充，指南没有设计和施工阶段的 BIM 应用，指南主要从业主角度阐述如何明确自己的 BIM 需求、对项目参加各方在应用 BIM 时如何进行架构与管理等、如何打造一个综合的协作流程等。里面还从运维的角度提到了对信息和设施数据的要求。

《业主 BIM 规划指南》主要包含两个部分：指南与模板。

（1）业主 BIM 规划指南

指南包含 3 大部分：BIM 实施的战略规划、实施规划、流程规划。这部分内容主要是针对美国的业主方不是 BIM 的实操人员、并且也不是 BIM 应用的专业人员这个情况，阐述如何从业主角度管理整个项目的 BIM 实施。

比如在 BIM 实施的战略规划中，PSU CIC 提供了一个成熟度打分表，让业主规划应用 BIM 初期先对自己各方面进行打分，以了解自己目前是否具备应用 BIM 的条件，如图 7-13 和图 7-14 所示。同样在 BIM 实施时，PSU CIC 也把 BIM 实施关键因素分解，并提供成熟度打分表让业主了解自己的 BIM 实施目前处于什么样的水准上，如图 7-13 所示。

Planning Element	Description	Level of Maturity						Current Level	Target Level	Total Possible
Strategy	the Mission, Vision, Goals, and Objectives, along with management support, BIM Champions, and BIM Planning Committee.	0 Non-Existent	1 Initial	2 Managed	3 Defined	4 Quantitatively Managed	5 Optimizing	11	0	25
Organizational Mission and Goals	A mission is the fundamental purpose for existence of an organization. Goals are specific aims which the organization wishes to accomplish.	No Organizational Mission or Goals	Basic Organizational Mission Established	Established Basic Organizational Goals	Organization Mission which addressed purpose, services, values (at a minimum)	Goals are specific, measurable, relevant, and timely	Mission and Goals are regularly revisited, maintained and updated (as necessary)	3	0	5
BIM Vision and Objectives	A vision is a picture of what an organization is striving to become. Objectives are specific tasks or steps that when accomplished move the organization toward their goals	No BIM Vision or Objectives Defined	Basic BIM Vision is Establish	Established Basic BIM Objectives	BIM Vision address mission, strategy, and culture	BIM Objectives are specific, measurable, attainable, relevant, and timely	Vision and Objectives are regularly revisited, maintained and updated (as necessary)	3	0	5
Management Support	To what level does management support the BIM Planning Process	No Management Support	Limited Support for feasibility study	Full Support for BIM Implementation with Some Resource Commitment	Full support for BIM Implementation with Appropriate Resource Commitment	Limited support for continuing efforts with a limited budget	Full Support of continuing efforts	2	0	5
BIM Champion	A BIM Champion is a person who is technically skilled and motivated to guide an organization to improve their processes by pushing adoption, managing resistance to change and ensuring implementation of BIM	No BIM Champion	BIM Champion identified but limited time committed to BIM initiative	BIM Champion with Adequate Time Commitment	Multiple BIM Champions with Each Working Group	Executive Level BIM Support Champion with limit time commitment	Executive-level BIM Champion working closely with Working Group Champion	1	0	5
BIM Planning Committee	The BIM Planning Committee is responsible for developing the BIM strategy of the organization	No BIM Planning Committee established	Small Ad-hoc Committee with only those interested in BIM	BIM Committee is formalized but not inclusive of all operating units	Multi-disciplinary BIM Planning Committee established with members from all operative units	Planning Committee includes members for all level of the organization including executives	BIM Planning Decisions are integrated with organizational Strategic Planning	2	0	5
BIM Uses	The specific methods of implementing BIM	0 Non-Existent	1 Initial	2 Managed	3 Defined	4 Quantitatively Managed	5 Optimizing	4	0	10
Project Uses	The specific methods of implementing BIM on projects	No BIM Uses for Projects identified	No BIM Uses for Projects identified	Minimal Owner Requirements for BIM	Extensive use of BIM with limited sharing between parties	Extensive use of BIM with sharing between parties within project phase	Open sharing of BIM Data across all parties and project phases	3	0	5
Operational Uses	The specific methods of implementing BIM within the organization	No BIM Uses for Operations identified	Record (As-Built) BIM model received by operations	Record BIM data imported or referenced for operational uses	BIM data manually maintained for operational uses	BIM data is directly integrated with operational systems	BIM data maintained with operational updates in Real-time	1	0	5

图 7-13 组织 BIM 初期的成熟度打分表

除此之外，业主 BIM 规划指南还从运维的角度阐述了对信息及设备数据的要求，并提出了相应的 BIM 应用点，具体如下：

• 数据调试 Data Commissioning：把部件编号、保用信息等数据从 BIM 模型植入到设施管理系统中的过程，以保证数据精确和减少数据输入时间。

• 性能监测 Performance Monitoring：BIM 用于辅助监测能源、空气质量、安保等设施性能的过程。

• 系统控制 Systems Control：BIM 用于辅助控制诸如照明、电力、暖通空调、输

Planning Element	Description	Level of Maturity						Score
Category	Category Description	0	1	2	3	4	5	0
BIM Project Execution Planning Experience	The prior experience the team has with planning for BIM on projects	Team has no experience with BIM planning on a project	Team has completed discrete BIM Uses but has not composed a BIM plan	Team has assisted in BIM Planning with other teams	Team has led BIM planning on projects	Team has integrated BIM planning into standard operating procedures	Team has developed a standard BIM Execution Plan to use on projects	0
Collaboration Experience	How willing is the team to collaborate with others and what is their experience in doing so	Team has not collaborated with other teams and does not encourage collaboration	Team has collaborated on previous projects, but is not willing to share model/information fluidly	Team has experience and is willing to share information with other team members	Team leads collaboration efforts and encourages information sharing among parties	Team is willing to co-locate for a project	Team encourages co-location on all projects	0
BIM Tools	Is the project team competent in implementing various BIM tools	Team has not implemented BIM and is not willing to do so	Team has not implemented BIM, but is willing to	Team has implemented BIM to a limited extent	Team has implemented BIM on many projects if required by the owner	Team implements BIM tools on all projects	Team encourages all parties to implement BIM tools on all project	0
BIM Champion	Technical Capabilities	Team does not implement BIM or any other electronic technology	Team does not implement BIM but utilizes limited electronic communication tools	Team does not implement BIM but extensively uses electronic communication tools for items such as RFI, Submittals, etc	Team Uses BiM to a limited extent and electronic communication tools	Team implements cutting edge technologies on projects	Team is innovative in developing new technologies and BIM uses	0

图 7-14 BIM 应用成熟度打分表 - 组织部分

送等设施元件或系统的过程。

• 空间跟踪 Space Tracking：BIM 用于监测设施空间使用的过程。

• 资产管理 Asset Management：BIM 用于辅助设施资产管理以保证生命周期最优价值的过程，这些资产包括建筑物本身、系统、周围环境、设备等，必须以最低可能成本有效维护、更新和运行让业主和用户满意从而支持财务决策以及短期和长期规划，资产类型可以包括人员、空间、设备、系统、家具装置系统和部件、信息技术和音频视频系统部件以及其他对客户有价值的数据。

• 维护管理 Maintenance Management：BIM 用于辅助保持或恢复设施元素达到正常运行状态的各类行动的过程。

• 状态记录 Condition Documentation：BIM 用于辅助记录设施状态的过程，这个过程的完成可以利用诸如激光扫描、成像几何和传统测绘等其他工具。

• 场景预测 Scenario Forecasting：BIM 用于预测设施内诸如人流、疏散安排和其他灾害等可能情况的过程。

（2）应用模板

《业主 BIM 规划指南》的应用模板一共分为 5 部分：BIM 成熟度档案、战略策划、组织性实施策划、商业案例、项目采购文档。模板的应用方式与《BIM 项目实施计划指南》相似。

7.5.4 BIM 用法

PSU CIC 2013 年在《BIM 项目实施计划指南》和《业主 BIM 规划指南》的基础上，发布了《BIM 的使用》(The Uses of BIM，图 7-15)。

图 7-15　BIM 的使用

《BIM 的使用》并不是受 buildingSMART 联盟委托而发布，但是其内容确实来源于 bSa 之前所委托的两本指南。PSU CIC 在这两个指南的基础上有针对性地介绍了 BIM 对应关键点的应用意图和目标，以及如何实施这些 BIM 关键因素。

《BIM 的使用》是 PSU CIC 自身对两个指南的补充，PSU CIC 跳过了具体的项目实施，而是从收集（信息）、生产（信息）、分析、沟通、实现（应用信息）等更宏观的角度来阐述如何使用 BIM。

7.5.5　bSa BIM 研究项目

根据 bSa 的官方介绍，联盟承担的"项目"（Projects）是其联盟的核心工作。包括美国国家 CAD 标准和美国国家 BIM 标准，对于 bSa 而言，都是它的项目。

除此之外，bSa 还承担了其他 BIM 研究项目，因为 bSa 的核心目标是实现行业中不同主题的协同与交互。bSa 主要参与的项目包括：最佳实践项目（Best Practices Projects），信息结构项目（Information Architecture Projects），信息交互项目（Information Exchange Projects），组织架构项目（Organizational Projects），流程项目（Procedural Projects）等。

bSa 围绕各个项目的主体开展系统性、持续性的研究与总结，其中部分研究成果已成为美国国家 BIM 标准的一部分。以信息交互项目为例（图 7-16），bSa 在信息交付项目中提到的施工运营建筑信息交换（Construction Operations BuildingInformation Exchange，COBie）、暖通信息交互 HVAC information exchange（HVACie）等已成为美国国家 BIM 标准，部分已完成标准如 BIM 服务接口交互（BIM Service interface exchange，BIMSie）等也将于未来提交给美国国家 BIM 标准编委。

Information Exchange Projects
by Bill East, PhD, PE, F.ASCE – Engineer Research and Development Center, U.S. Army, Corps of Engineers

How to Use This Page

This page answers the following questions:

What "ie" projects are currently underway at the buildingSMART alliance?

What is an information exchange ("ie") project?

Why are there multiple "ie" projects?

What is included in an "ie" project?

How can you participate in these consensus projects?

Projects

Since the publication of information on these projects may lag behind progress on the projects, contact the indicated point of contact for the most current status.

Project	Status
BIM Service interface exchange (BIMSie)	Pending NBIMS Submission
Building Automation Modeling information exchange (BAMie)	Pending NBIMS Submission
Building Programming information exchange (BPie)	Submitted to NBIMS-US V3
Construction-Operations Building information exchange (COBie)	NBIMS-US V2, Updated for NBIMS-US V3
Electrical System information exchange (Sparkie)	Submitted to NBIMS-US V3
HVAC information exchange (HVACie)	Submitted to NBIMS-US V3
Life Cycle information exchange (LCie): BIM for PLM	Submitted to NBIMS-US V3 as COBie Appendix
Quantity Takeoff information exchange (QTie)	Under Development
Specifiers' Properties information exchange (SPie)	Under Development
Wall information exchange (WALLie)	Under Development
Water System information exchange (WSie)	Submitted to NBIMS-US V3

图 7-16　bSa 信息交付项目主页

7.5.6　美国国家 BIM 标准

美国国家 BIM 标准的详细内容请参照本书第 7.2 章。

7.5.7　标准实施与影响

bSa 制定的标注在美国建设行业中都产生了深厚的影响。因为 bSa 成立的主要目的便是推动建筑数字技术的应用，它的专业性使得它的研究课题及项目都是行业里切实需要解决的问题。

以 bSa 委托 PSU 制定的《BIM 项目实施计划指南》为例，在美国行业里就产生了比较深厚的影响，因为它提供了企业在实施 BIM 时制定 BIM 计划方案的样板，这个样板正是当时行业所缺乏的。笔者在美国读研究生时，《BIM 项目实施计划指南》便是 BIM 课程教科书的一部分，十分受到学术界推崇。而笔者在美国总包方工作时，因为那个时期美国国家 BIM 标准第二版还未发布，所以参与项目的 BIM 执行计划书也都是按照 PSU 的模板来编制。

行业分析师 Jerry Laiserin 在《Applying BIM in USA insights and Implications》一文中曾提到，bSa 现在已经是 BIM 推行的核心力量，bSa 很多成果对行业都有起到了推动的作用。

南加州大学建筑学院教授 Karen Kensek 在接受笔者采访时也高度赞扬了 bSa、尤其是《BIM 项目实施计划指南》。Karen Kensek 说，美国建设行业后来发布的很多标准与政策里都有着《BIM 项目实施计划指南》的影子，而《BIM 项目实施计划指南》也成了很多企业实施的参照标准。《BIM 项目实施计划指南》和 Chuck Eastman 编写的《BIM 手册》（BIM Handbook）一样，在美国 BIM 领域里有着极高的地位。

7.6　整体推动效应

7.6.1　美国国家 BIM 标准

从标准的主要内容可以看出，美国国家 BIM 标准体系不是一个单一的标准，而是所有 BIM 相关标准的集合。美国国家 BIM 标准体系与其他诸如 AIA、AGC、GSA 的标准之间相互引用、相互联系、相互依托，形成一个整体。

美国国家 BIM 标准体系化的特质使其在行业内被广泛引用，但同时也制约自身的推动效应。

在对美国多家设计及施工企业的采访中得知，因为美国国家 BIM 标准的全面性和体系化，各家单位在制定自身企业标准、项目 BIM 实施标准或在 BIM 实际执行过程中，都乐于参照美国国家 BIM 标准以寻找答案，因为美国国家 BIM 标准里已经包含了大部分美国现有的 BIM 标准。

在 2017 年 9 月对 HOK 设计技术经理（Design Technology Manager）Cesar R. Escalante 的一次采访中，Cesar R. Escalante 谈了他对美国国家 BIM 标准在美国对 BIM 推广的作用及效果的看法。他认为 NBIMS 的标准的好处在于覆盖了项目建设周期的全阶段，包括规划、设计、施工和运维。为业主，设计单位，施工单位以及运维单位提供了全面的技术指导。降低了各个公司采用 BIM 的技术门槛和成本。例如，NBIMS 的三个核心部分：Core Standard, Technical Publications 和 Deployment Resource。具体的模型标准，工作流程，以及相关的软件应用介绍使得该规范具有很强的实用性。目前绝大多数公司都已经将 NBIMS 的标准应用在实际的工程项目上。

另一方面，Cesar R. Escalante 提到，NIBS 的 committee member 组成里，既有政府人员，也有各大行业的龙头企业高管，最大程度上考虑到了各个行业的利益，也为该标准的推广，降低了不少的难度。在标准制定之初，就从各行业的利益出发，将矛盾点提前在 committee member meeting 里面讨论并解决，避免之后因为利益平衡的问题，出现的标准推广的困难。

但美国国家 BIM 标准的全面性也对标准推广产生了一些制约。总部位于洛杉矶的建筑事务所 Johnson Fain 总裁 James E. Donaldson 在接受笔者采访时说，美国国家 BIM 标准虽然为行业内的公司提供了一个很全面具体的指导，但是里面有很多条款过于复杂和繁琐。实际实施过程中，我们除了参照美国国家 BIM 标准外，还得按照该标准的引用参考查阅很多标准资料。所以在很多项目中，我们并不会完全按照标准中的做法和操作流程去做，而是与业主协商，采取一个更加适合项目的方式去推行。总的来说，美国国家 BIM 标准为整个行业提供了一个指导，但是并不应该过度的依赖这个标准，而是应该把他当作一个参考指导。James E. Donaldson 认为反而是各个公司里面的 BIM Standard 更加的切合实际。例如苹果，Google 等公司，都有非常完善的 BIM 流程体系。

7.6.2　行业 BIM 标准与技术政策

如果我们整体看下美国各个协会所发布 BIM 标准的时间，可以看到这些标准广泛的集中在 2006 年到 2012 年这段时间。因为这段时期是美国 BIM 应用爆发的时期，而由于美国国家 BIM 标准第一版的不成熟，使得当时美国建设行业很缺乏实施 BIM 的依据。于是各个协会便在这个时期发布了多个 BIM 标准与指南。

由于协会在建设行业某个领域的专业性，使得协会编写的 BIM 标准都具有代表性和适用性，并且容易得到行业的认可。以美国的建筑师协会提出的《AIA E202-2008-Building Information Protocol Exhibit》和美国总承包商协会为主提出的《ConsensusDOC301 -Building Information Modeling Addendum》为例，这两个合同文件分别从建筑师和承包商的角度针对 BIM 的应用进行了相应的规范，并提供了相应的合同样板。所以 E202 和 CD301 合同文件的出现大大促进了美国建筑业的 BIM 应用，推出后，得到了业界的广泛认同，取得了良好的效果。

同时，不同协会的标准之间也存在着联系，各个标准间相辅相成。同样还是以 E202 和 CD301 为例，E202 的目的是为了建立协议、预期的发展程度、模型的授权使用和说明项目中各个模型的发展任务，而 CD301 更能减轻设计者和承包商的担忧，因为他们所承担的责任与风险和传统的模式相一致。同样 bSa 在自己的课题和项目研究中，也多处引用了 AIA 和 AGC 的标准成果。

综上所述，美国行业协会 BIM 标准的推出极大程度上推动了美国 BIM 技术的应用。虽然各个行业协会都推出了 BIM 标准，但各个标准间都存在联系：取长补短、互相引用。这些行业协会的 BIM 标准构成了美国国家 BIM 标准坚实的"大基础"。

第8章 美国地方BIM标准与技术政策

8.1 概述

如本文第7.2章和第7.3章所阐述，美国国家和行业的BIM标准大大促进了美国建筑业的BIM应用，为美国建筑业提供了理论和执行参照。而美国地方的BIM标准则大大激发了行业使用BIM技术的热情。

2009年7月，美国威斯康辛州成为第一个要求州内新建大型公共建筑项目使用BIM的州政府，威斯康辛州国家设施部门发布实施规则要求从2009年7月开始，州内预算在500万美元以上的公共建筑项目都必须从设计开始就应用BIM技术。在这之后，德克萨斯州，俄亥俄州等也相继发布了相关的BIM的政策。

这些政府在推出BIM标准和强制性要求后，大大激发了美国行业的BIM应用热情。为BIM技术的全面推广奠定了基础。

8.2 威斯康辛州

8.2.1 标准概况

威斯康辛州2009年7月由政府行政部下属的设施发展部（Division of Facilities Development，Department of Administration）发布了《建筑信息模型建筑及工程导则和标准》（Building Information Modeling Guidelines and STANDARDS for ARCHITECTS and ENGINEERS，图8-1），并于2012年7月发布第二版。该准则要求自2009年7月1日始，州内预算在500万美元以上的所有项目、预算在250万美元以上的施工项目和预算在250万美元以上新增成本占50%及以上的扩建／

BUILDING INFORMATION MODELING (BIM) GUIDELINES and STANDARDS for ARCHITECTS and ENGINEERS

July 1, 2009

Division of Facilities Development
Department of Administration

State of Wisconsin

图8-1 《建筑信息模型建筑及工程导则和标准》

改造项目，都必须从设计开始就应用 BIM 技术。

8.2.2 标准内容

威斯康辛州 BIM 标准主要包含了基本要求、工作流程、建造各阶段的 BIM 应用、目标和交付等，具体内容如下：

（1）基本要求

威斯康辛州设施发展部的 BIM 准则第一部分提出了对建筑、结构、机电等各行业工程师的基本要求，与第一版本变化较大的是，第二版详细规定了各个专业所需要使用的软件，如专业单位要使用规定范围外的 BIM 软件，软件必须满足 IFC2x3 要求并得到设施发展部的同意。而在第一版本中，BIM 准则仅建议了个大软件商的平台。

第二版本的 BIM 标准更加注重不同 BIM 软件间的交互能力，准则鼓励大家使用支持开放数据交付的 BIM 产品。

（2）工作流程

此部分内容针对过程中模型质量、模型细度、BIM 执行计划书等提出具体要求。相比第一版本，第二版本的要求更加具体，例如在模型质量中新增了对编码体系、参数录入、视图设置、建模准确性等方面的要求。而模型细度、BIM 执行计划书方面的要求也是第二版本新增内容。

标准还根据行业的整体水平，针对各个阶段的工作，将传统工作流程与 BIM 工作流程所需投入的经历进行了对比，如图 8-2 所示。

DFD Project Phases	Description of A/E BIM work effort	Traditional work effort	BIM work effort
3.1 Pre-design	Confirms program, budget and schedule at a high level	In below	5%
3.2 Preliminary Design: Peer review	Defines the optimum design solution meeting program requirements and demonstrates adherence to budget, schedule, energy, sustainability and code requirements.	10%	20% 25% total
3.3 Preliminary Design	Facility design is fully developed, coordinated and validated. Cost and Schedule established with high level of precision.	25% 35% total	25% 50% total
3.4 Final Design	Detailed design is fully annotated and graphically clarified for accurate bidding, scheduling and construction purposes.	40% 75% total	25% 75% total
3.5 Bidding	Above plus inclusion of review into model(s)	5% 80% total	5% 80% total
3.5 Construction Issue	Above plus inclusion of addendum, value engineering, and negotiations into model(s)	In above	In above
3.6 Construction	Include construction contract changes into model(s)	20% 100% total	20% 100% total
3.7 Closeout	Record documents, change orders and other appropriate close-out submittals incorporated into Record model(s)	In above	In above

图 8-2　各项工作投入经历对比

（3）各阶段 BIM 应用、目标及交付

此部分内容针对建造过程的各个阶段推荐了相应的 BIM 应用、目标及交付成果。例如在设计前阶段（Pre-Design），标准鼓励利用 BIM 工具来获取项目的早期成本、进度和项目信息；在地勘阶段，标准要求地勘人员要根据勘察数据提供主流 BIM 软件可读取的 3D 地形模型，3D 地形模型还必须符合威斯康辛州的相应标准，以保证模型能导入到州政府的 GIS 系统；在项目各个阶段各专业建立的 BIM 模型应该包含什么模型元素，以及以什么样的形式交付模型成果。

比较有趣的一点是，不管在第一版中第二版中，标准都要求建筑师和工程师（Architects，Engineering）来维护模型，并负责模型的更新，如图 8-3 所示。

3.5. Bidding
AE shall update the models with all addendum, accepted alternates and/or value enhancement proposals.

BIM DELIVERABLES: After bidding is complete submit with Construction Documents:
At the completion of the bidding phase BIM files shall be cleaned of extraneous objects, layers, stories, abandoned designs and other content or data not part of the final construction documents. Submit:
- *Native files: A separate model for each discipline in native application's format with any referenced documents bound to the BIM.*
- *IFC files: A validated IFC for each disciplines' model and, a single fully coordinated model in validated IFC format.*
- *Submit a "clean" spatial conflict checking report in the software's standard output format if changes have been made to any of the models.*

3.6. Construction
AE shall continuously maintain and update the model(s) with changes made during construction.

3.7. Close-out
AE shall update their respective models with contractor recorded changes.

BIM DELIVERABLES: Submit with Record Documents:
BIM files shall be cleaned of extraneous objects, layers, stories, abandoned designs and other content or data not part of the construction or record documents. Submit:
- *Native files: A separate model for each discipline in native application's format with any referenced documents bound to the BIM.*
- *IFC files: A validated IFC for each disciplines model, and a single fully coordinated model in validated IFC format.*

3.8. Native file format model submittals
Any changes to, or extractions from the construction or record model(s) submittals will be the responsibility of the party making the changes.

图 8-3　设计单位负责招投标、施工、竣工阶段的模型维护

8.2.3　标准实施及影响

威斯康辛州的《建筑信息模型建筑及工程导则和标准》虽然名称里有"标准"，但是其内容更侧重于"导则"——指导和原则。在 2009 年发布的第一版标准仅有 9 页内容，2012 年发布的第二版本减少到 8 页。从内容上看，威斯康辛发布的 BIM 标准更多是设定一个整体框架并告诉企业在应用 BIM 时应该考虑哪些内容。以 BIM 实施计划书章节为例，威斯康辛并未详细规定 BIM 实施计划书的格式与内容，从是告诉企业在实施 BIM 过程中需要提交此类文件，并引用了美国国家 BIM 标准作为 BIM 执行计划书的推荐参考。

威斯康辛州在2009年发布了标准的第一版后,曾在设施发展部的官网开设了一个 BIM 论坛,用于收集大家的反馈意见(此论坛现已关闭)。2011年7月,威斯康辛州行政部的设施分部(Department of Administration, Division of State Facilities)发布了调研报告《现阶段设施分部的行业实践发展及未来发展发现》(Current DSF Practices Industry-wide Movement Future Directons,图 8-4)。这个调研报告主要是从威斯康辛州的设施管理方面讨论目前政府所应用的数字化技术现状和未来发展计划,里面包含了行业对第一版 BIM 标准的反馈意见、实施效果及对未来的发展展望。

Digital
Facility Management Information
Handover:

Current DSF Practices
Industry-wide Movement
Future Directions

A Research, Findings and Recommendations Report for

The State of Wisconsin, Department of Administration,
Division of State Facilities

Initial Release July 15, 2011
DSF Project Number: 08H3M

图 8-4 《现阶段设施分部的行业实践发展及未来发展发现》

调研报告总结了发布标准以来政府网站 BIM 论坛和实际实施项目的反馈。报告提到自2009年发布第一版 BIM 标准后,已经有超过22个项目开始按照标准应用 BIM 技术,其中1个在规划阶段、13个在设计阶段、4个在施工阶段、4个在竣工阶段。报告称行业对第一版标准的反馈整体是积极的,行业对 BIM 的应用程度甚至超过了标准的要求。以模型维护为例,第一版标准要求设计单位对模型进行维护,同时没有要求设计单位将模型传递给施工单位,但是很多项目在实际过程中,设计单位会主动把模型给施工单位共同提高项目实施品质。

调研报告也总结了目前推广 BIM 技术所遇到的阻力,报告表示,与80年代 CAD 技术的推广不同的是,BIM 技术的发展涉及了整个行业所有层次的人与专业,BIM 技术推广遇到阻力来自方方面面,包括人、社会和文化、管理流程、商业支持、法律因素等。

调研报告还强调了对 BIM 模型里信息的应用,报告指出如果简单的将项目 BIM

模型提交给业主是没有价值的，BIM 模型中的信息必须要以一定的标注进行管理并与运维管理系统兼容。调研对行业上目前主流的数据标准和编码体系做了介绍，包括IFC、COBie、SPie、OmniClass 等。但是报告也承认了把 BIM 模型的数据传递到运维系统中是件非常困难的事情。

所以针对标准在威斯康辛州实施两年里的调研，调研报告对州政府未来在 BIM 技术上的发展方向做了建议：

- 在对 BIM 技术应用授权、分析、工具选择、标准制定上维持现状
- 对行业应用 BIM 技术的发展趋势保持关注
- 对第一版 BIM 标准做一些常规性的修改和更新
- 可以借鉴某些 BIM 工作流程
- 政策和法律在未来需要进一步完善来支撑 BIM 应用
- 调研报告根据反馈也对第一版标准的建议和修改要求，包括：

①跟踪调研设计单位使用和遵循标准的情况；

①②调研施工单位应用 BIM 的情况；

③根据反馈更新第一版标准。

虽然报告建议标准多考虑施工单位的 BIM 应用情况，但是在第二版发布时，标准还是未增加施工阶段的 BIM 应用要求，并还是要求设计单位来维护招投标、施工、竣工阶段的 BIM 模型，仅在部分细节上做了微调。笔者预测，这也与调研报告对未来发展方向的建议有关——维持现状，关注行业动态。

8.3　德克萨斯州

8.3.1　标准概况

继威斯康辛州决定整合国家设计和建设项目的信息建模之后，德州是第二个推出强制 BIM 实施的州。德州设施运营委员会（Texas Facilities Commissin，TFC）在 2008年 2 月第一次发布了《建筑 / 工程导则》（Architectural/Engineering Guidelines，图 8-5），在 2009 年 8 月德州设施运营委员会正式要求所有州政府项目的设计与施工都必须应用BIM 技术，目前《建筑 / 工程导则》最新版本为 2012 年 4 月所发布。

《建筑 / 工程导则》在德州推广 BIM 技术之前就存在，以图纸标准和 CAD 制图标注为主，在加入 BIM 技术的第二版本中，德州对 BIM 的要求更侧重于 BIM 建模规范和 BIM 模型制图的标准。德州还规定项目需使用 Autodesk Revit 进行模型建立和模型辅助出图（部分专业标准允许使用 Civil 3D 进行制图），并提供了符合标准的 Revit 模板供设计单位直接使用。所以《建筑 / 工程导则》并不是纯粹意义上的 BIM 标准，而是包含了 BIM 技术的制图和设计文档标准。

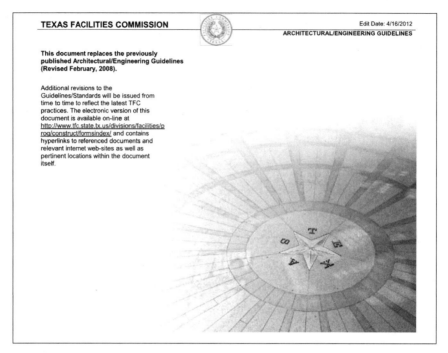

图 8-5　德克萨斯州 BIM 指南 – 标准

8.3.2　标准内容

《建筑／工程导则》中的 BIM 标准主要从文件类型、Revit 视图设置、围护结构模型、门类型、房间类型、材质设定、推荐工程流程进行了阐述。

（1）文件类型

此处标准规定了项目在实施中所需要建立的模型，并要求所有模型元素标准要求所有的模型构件都录入 CSI 的 UniFormat Level 4 的编码。同时标准要求使用 Revit "中心文件"的工作方式，并控制"中心文件"大小。在地理信息方面，标准要求必须满足德州当地的地理信息标准。

标准还针对自己所提的要求为设计单位提供了 Revit 模板，模板包括符合标准要求的墙、门、材质类型，以及出图时所要用到的标注、图纸样板。

（2）设施要求

标准从各个专业 BIM 模型元素的视图设置、标注设置、参数信息、命名规则、类型、材质设定、材料清单生成等方面做了详细的规定。并提供了符合要求的 Revit 模板供设计单位使用，如图 8-6 所示。

8.3.3　标准实施及影响

根据 Build Design+Construction 的高级主编 Jeffery Yoders 在文章《Texas mandates

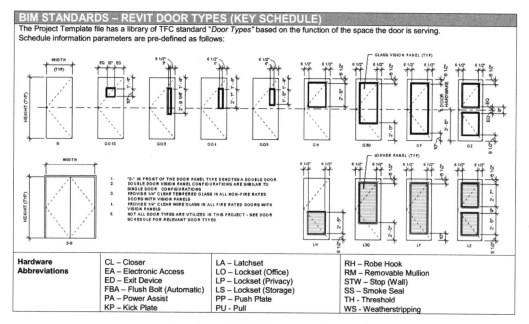

图 8-6　标准提供的 Revit 门类型样板

BIM for all state projects》的评价 ❶，德州发布的标准非常具有实用性。因为德州的设施运营委员会负责德州所有的政府项目和州立大学的设施运营工作，在 2010 年的时候，德州设施运营委员负责管理的楼宇达到 125 个项目，总资产达到了 50 亿美元。德州提供了能共同使用的 BIM 文件模板，使得参与到德州政府项目的所有单位都能很好的按照标准的要求来执行。

在建筑媒体 Building Green 采访德州设施运营委员会 BIM 总监 Chris Tisdel 时 ❷，Chris Tisdel 谈到之所以选择 Autodesk Revit 作为标准的要求，是因为目前行业上大部分企业都在使用 Autodesk 的产品，统一软件对德州未来的运维管理提供了便利。Chris Tisdel 说，目前市场上不同 BIM 软件间的数据交互情况并不理想，如果我们允许使用不同软件公司的 BIM 平台，带来的不便可能不会立马体现出来，但长远来看不同的建筑使用不同的 BIM 软件建立的模型会给我们管理带来很大的麻烦。

8.4　俄亥俄州

8.4.1　标准概况

俄亥俄州建筑办公室（Ohio State Architect's Office，SAO）在 2010 年 4 月曾在官网发布了一则信息，提出了要制定相关的 BIM 准则来推动州政府项目的 BIM 应

❶　https://www.bdcnetwork.com/texas-mandates-bim-all-state-projects

❷　https://www.buildinggreen.com/news-analysis/states-adopt-bim-energy-cost-savings

用。与此同时，俄亥俄州建筑办公室还发布了相关调研以掌握当时俄亥俄州建设行业的 BIM 应用情况。2010 年 9 月，《俄亥俄州 BIM 准则》（State of Ohio Building Information Modeling Protocol，图 8-7）的草稿发布，以寻求行业意见。2011 年 7 月 1 日，《俄亥俄州 BIM 准则》正式发布。

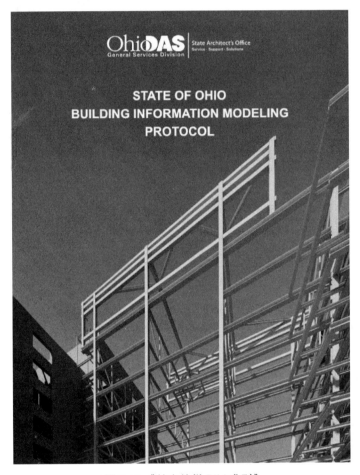

图 8-7 《俄亥俄州 BIM 准则》

标准要求自 2011 年 7 月 1 日后，所有由俄亥俄州建筑办公室投入超过 400 万美元的新建、扩建、改造项目需要按照《俄亥俄州 BIM 准则》实施 BIM，所以州政府项目中机电造价超过工程总造价 40% 的项目也必须执行《俄亥俄州 BIM 准则》。

俄亥俄州建筑办公室在标准的前言里强调，发布 BIM 准则并不是要建立一个规定使用何种特定软件或硬件厂商的"标准"，而是提供一个"导则"，让业主们知道如何对待和应用这个新媒介和流程到自己项目管理的各方面中。准则还期望通过要求一个针对数据交互的开放标准，来确保数字化数据在当下技术的持续发展中持续可调，使得数据在建筑建成后可继续为业主所用。

8.4.2　标准内容

（1）协议主体要求

俄亥俄州建筑办公室在此部分对协议的整体框架进行了介绍，然后从模型的使用、数据标准、模型管理、专业单位选择流程、预估费用等方面进行了阐述。

和前文所描述的一样，《俄亥俄州 BIM 准则》不是一个"标准"，而是一个"导则"。俄亥俄州建筑办公室并未对各项内容做具体要求，而是采取建议的形式。以 BIM 软件为例，《俄亥俄州 BIM 准则》，没有针对任何 BIM 应用点提到任何软件，只是鼓励"使用基于开放标准、支持 IFC、易于协同的 BIM 软件"。

针对需要符合应用 BIM 技术的项目，准则要求州政府或业主在选取设计或施工单位时要设定相应的资信要求（Request for Qualification，RFQ）。

《俄亥俄州 BIM 准则》预计在应用 BIM 技术初期，由于软硬件的采购和投入的培训，项目的资金投入会高于传统流程，但随着项目的进展，BIM 所减少的项目造价应覆盖初期增加的投入。所以俄亥俄州建筑办公室在准则里强调，应用 BIM 技术不应该造成项目成本的增加，但如果是标准范围之外的 BIM 工作和数据录入的话，需要增加额外的服务费用。对此准则提供了一个特定于 BIM 实施项目的付款计划如图 8-8 所示。

Project Stage	% Payment (Non-BIM)	% Payment (BIM)
Predesign	5%	5%
Schematic Design	15%	20%
Design Development	15%	20%
Construction Documents	30%	20%
Bid and Award	5%	5%
Conformed Documents	2%	2%
Construction Administration	25%	25%
Contract Closeout	3%	3%

图 8-8　非 BIM 项目与 BIM 项目付款进度对比

（2）标准实施

准则从具体实施、项目交付、合同条款三方面阐述了标准的实施。

在具体实施流程方面，准则要求首先应从业主方的应用需求实施。在设计和施工阶段，准则建议了 4 个具体的应用点：能耗分析、可视化、综合协调、支持预制加工；在维护阶段，准则建议了 3 个应用点：辅助未来项目的投资计划、辅助楼宇能耗管理、辅助设施管理。针对所建议的应用点，准则引用了美国建筑师学会在 BIM 应用合同范本（E202-2008）中对 LOD 的要求。

在项目交付方面，准则规定了每个阶段所需要交付的成果内容。准则还强调，对 BIM 交付成果的要求不会取代当前在《俄亥俄州建筑办公室手册》（The SAO Manual）中指定的传统交付物成果。虽然准则规定了每个阶段的 BIM 交付成果，但是除了附录中的 BIM 执行计划书模板外，并未规定交付成果所需达到的质量要求，仅是引用了美国建筑师学会对 LOD 的规定。

在合同条款方面，准则给出了一些专业用语的合同释义，对相应电子文档的归属权做了要求。条款把 CAD 和 BIM 成果都定义为电子文档（Electronic Files），在关于电子文档的法律效应上，准则阐明"电子文档仅是为施工单位提供方便，使用电子文档需要自己承担风险"，同时还申明"电子文档不是最后的成果（Products）"。所以俄亥俄州虽然发布了准则鼓励 BIM 技术的应用，但 BIM 模型还未得到州政府的承认享受和传统图纸一样的法律地位。

8.4.3 标准实施及影响

俄亥俄州在准则开始的陈述中表面，在制定准则内容前，州政府进行了针对性的调查研究，主要包括：

• 国家和其他州 BIM 标准：俄亥俄州建筑办公室调研了其他联邦、州和公共机构目前制定的指导方针和标准。调研的重点是该实体在其项目上需要 BIM 的目的、BIM 实施的标准以及模型的开发水平。

• 设计及建筑行业市场调研：通过电子邮件联系代表设计和建筑所有专业人士共超过 4500 人，完成的 BIM 在设计、建筑和设施管理方面使用的调查，这些问题涵盖 BIM 应用意识、实现 BIM 的好处、参与和培训 BIM 创作软件的水平，以及影响 BIM 软件和流程的实现的任何障碍，收到了代表建筑师、工程师、顾问、承包商、供应商和业主共超过 600 份答复。

俄亥俄州机构和高等教育机构的调研：调研教育机构对目前 BIM 技术和工作流程的熟练度。

设计和施工流程调研：通过调研来评估 BIM 实施可能带来的影响和受益。

调查结论发现，在俄亥俄州，人们普遍都知道 BIM 的概念，但对 BIM 的认识程度及其益处方面，市场的意识水平不同。建筑公司参与 BIM 过程的比例最大，承包商和业主的比例最低。大多数受访者和调查对象认为 BIM 对设计过程是最有利的，BIM 数据和技术用于设施管理是未来的发展方向。

另外，通过调研，州政府意识到业主推动 BIM 应用的关键，但购买必要的硬件和软件成本加上培训和短期生产力损失可能会是阻碍 BIM 实施的直接障碍。业主能理解 BIM 对项目的价值，但质疑实现需要增加项目成本且这个增加的成本与 BIM 创造的效益不成正比。

所以俄亥俄州建筑办公室在准则的最开始就声明，这个准则是给应用 BIM 的人员和其他专业人员提供一个指南，指导业主、参建各方了解 BIM 实施，并能对 BIM 间的协作有清晰的沟通思路。所以《俄亥俄州 BIM 准则》不是一个"标准"，而是更接近一个引导大家入门且初步对 BIM 工作有所了解的"指南"。

《俄亥俄州 BIM 准则》为自己定义了一个短期目标，就是让大家认识 BIM，长期目标是为州政府实现建筑信息模型的效益和价值最大化。准则也提到：在接下来的几年里，随着行业 BIM 采用和经验的增加，内容更详细的准则发布才会有优势。

从俄亥俄州设施建设委员会（Facilities Construction Commission）官网上各个政府项目的招标文件可以看到，目前 BIM 已是必要条件，"BIM 项目经验"占总评分的 100 分的 3 分。在采访天宝公司（Trimble）俄亥俄州区域的销售经理 Ken Shawler 时他谈到，《俄亥俄州 BIM 准则》不是一个真正意义上的标准，他起到的作用更多是让行业知道 BIM 并主动去了解 BIM。所以从技术层面上，很难说准则对推动 BIM 技术进步起到多大作用，但是从市场层面上，准则让俄亥俄州内建设行业开始广泛关注并使用 BIM 了。

8.5　马萨诸塞州

8.5.1　标准概况

2015 年，马萨诸塞州通过州政府官网宣布发布《设计与施工 BIM 指南》（BIM Guidelines for Design and Construction，图 8-9）。马萨诸塞州要求所有通过下属的州资产管理部（The Division of Capital Asset Management and Maintenance，DCAMM）发包的项目，都必须应用 BIM 技术。州政府表示，推广 BIM 技术主要是为了更好地收集和管理建筑构件和设备的数据。与德克萨斯州政府相似，马萨诸塞州也在发布指南的同时也发布了相应的 Revit 模板，以方便 BIM 成果的统一和数据的收集。

8.5.2　标准内容

（1）产业整合的举措

指南在这部分内容里表示，指南的内容整合了美国国家 BIM 标准、美国建造规范协会发布的 OmniClass、美国总承包商协会和

图 8-9　《设计与施工 BIM 指南》

美国建筑师学会定义的 LOD、BuildingSMART Alliance 发布的 IFC、精益建造学院（Lean Construction Institute）的管理理念等相关内容，用于资产管理部对项目的数据管理。

在 LOD 方面，指南阐述了为什么要重视模型细度的原因和目的，并引用了美国总承包商协会对 LOD 的要求。在数据标准方面，指南引用了美国国家 BIM 标准对数据交互的要求，同时要求在设计阶段利用第三层级的 UniFormat 与 MasterFormat 进行造价管控，同时要求在 BIM 执行计划书中体现 OmniClass 与 MasterFormat 和 UniFormat 的映射关系，如图 8-10 所示。

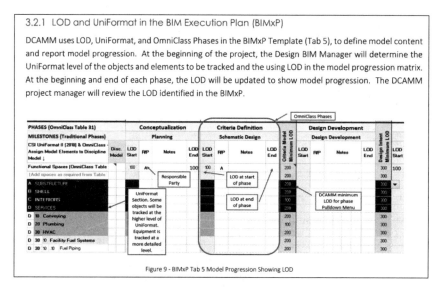

图 8-10　指南对 LOD 和 UniFormat、OmniClass 的标准要求

在精细化设计和施工方面，指南引用了很多工作方法，期望管理者能带着"精益建造"的思维进行 BIM 应用，包括末位者计划（Last Planner）、PDCA 循环管理方法等。

（2）项目 BIM 执行

与其他州的 BIM 标准不一样的是，马萨诸塞州的 BIM 指南更注重其中的实施流程，在关键的 BIM 实施点上，《设计与施工 BIM 指南》都给出了推荐的流程。同时，《设计与施工 BIM 指南》还以 BIM 经理所需行使的责任，阐述了 BIM 经理在项目每个阶段所需要开展的工作，比如在项目 BIM 启动会上，BIM 经理需要向团队汇报计划的 BIM 应用点，并开始 BIM 执行计划书的编制。

（3）BIM 执行计划书

除了 BIM 执行计划书的模板外，马萨诸塞州还给出了制定 BIM 执行计划书的工作流程。如图 8-11 所示，计划书对如何使用模板以及填写模板的标准做了解释，其中对一些关键性的流程，如模型进展（Model Progression）、模型协同环境（Model Collaboration Environment）做了专门章节的详细阐述。

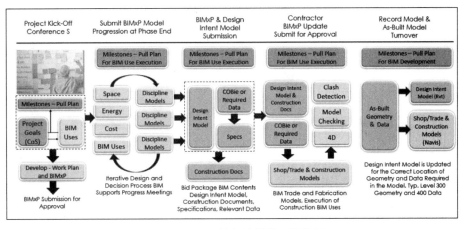

图 8-11　BIM 执行计划书工作流程

1）BIM 团队

指南在这里对设计方的 BIM 经理、施工方的 BIM 经理、分包单位和供应商 BIM 人员、以及其他关键人员的职责进行了详细要求。

2）模型要求

指南在此章节对州政府授权的 BIM 软件、模型框架、模型参照点、制图标准、构件命名、建模细度、空间与房间信息等方面做了详细要求。与其他州标准不同的是，马萨诸塞州的指南规定更为详细，如针对定制模型元素（Custom Created Model Elements），指南针对 Revit 内建族规定了如何定义元素的分类、族、类型，以保证后期更为方便的数据管理。

3）BIM 数据基础

指南认为州政府和行业的数据标准是实现跨项目可持续性 BIM 交付的必要条件，这些标准包括模型元数据、模型结构、对象和元素属性、命名规则和 LOD。

马萨诸塞州资产管理部目前使用 UniFormat 和 MasterFormat 作为项目编码的基础，在 BIM 项目实施中以使用 UniFormat 为主。在《设计与施工 BIM 指南》中，资产管理部要求将所有应用 BIM 项目都要开始向 OmniClass 过渡，因为 OmniClass 是美国国家 BIM 标准的一部分，图 8-12 为指南提供的编码映射。从目前《设计与施工 BIM 指南》提供的 BIM 执行计划书样板文件中可以看出，目前马萨诸塞州还未全部实现向 OmniClass 的过渡，仅在阶段（OmniClass 表单 31）、功能空间（OmniClass 表单 13）、建筑类型（OmniClass 表单 11）等方面采用 OmniClass，在涉及到建筑具体元素时还是采用 UniFormat。

4）出图要求

指南对 BIM 模型出图标准做了详细的要求，指南为基于 BIM 的施工图文档和模型提交提供了额外的图形标准。指南要求 BIM 文档应该符合马萨诸塞州资产管理部的

PHASES (OmniClass Table 31)				Conceptualization				Criteria Definition				
MILESTONES (Traditional Phases)			Planning				Schematic Design				
CSI UniFormat II (2010) & OmniClass – Assign Model Elements to Discipline Model ↓	Discipline Model Owner	LOD Start	R/P	Notes Add Comment	LOD End	LOD Start	R/P	Notes	LOD End	Criteria Model Minimum LOD
Functional Spaces (OmniClass Table 13)		100 A			100	100 A				200
(Add spaces as required from Table										200
A SUBSTRUCTURE										200
A 10 Foundations										200
A 10 10 Standard Foundations										200
A 10 10 .10 (Shallow Foundations)										200
A 10 10 .30 Column Foundations										200
A 10 20 Special Foundations										200
A 10 20 .80 Grade Beams			▾							200
A 20 Subgrade Enclosures										200
A 20 10 Walls for Subgrade Enclosures										200

图 8-12　UniFormat 与 OmniClass 的映射

CAD 规范。指南具体从 BIM 设计材料的优先级、控制文件、电子可交付成果、图纸验证、设计图纸周转记录、图纸签章、项目文件夹结构和文件命名约定等方面做了要求。

8.5.3　标准实施及影响

马萨诸塞州资产管理部在指南的前言提到，早在 2000 年初，资产管理部的许多项目的建筑师、工程师和承包商已开始自行使用 BIM 技术。早期的这些自发的 BIM 应用主要是用于解决各个专业间的碰撞，而 BIM 也确实被证明能在施工前检测和解决这些冲突，从而减少项目的变更数量。

随着 BIM 技术的发展，越来越多的建筑师、工程师和建设者开始使用 BIM 技术，而资产管理部对 BIM 技术也越来越熟悉，这时资产管理部意识到标准化的 BIM 应用可以在设计、施工和设施管理及维护方面发挥最大化的价值。资产管理部每年涉及的服务项目达几亿美元，如果有一个统一的标准来规范项目实施过程的数据收集，对未来的管理会带来很大方便。

2012 年年初，在经征求了 BIM 咨询单位的建议后，资产管理部成立了 BIM 指导委员会（BIM Steering Committee），其成员主要由服务资产管理部的主要业务单位代表组成。马萨诸塞州从而开始了《设计与施工 BIM 指南》编制工作。

由于马萨诸塞州启动指南编写的时候，市场上已有相对成熟的 BIM 应用，而州政府也清晰地知道需要利用 BIM 来达到什么目的，所以指南的编写更具备针对性，实操性相对也更强。虽然叫"指南"，但其内容介于"指南"和标准之间。同时马萨诸塞州也提供了关键的模板，使得 BIM 可以更好地实施、成果更容易统一。

由于成熟的考虑和详细的标准内容，所以 Jerry Laiserin 在评价这部指南时称"马萨诸塞州政府在 BIM 应用上是最先进的"❶。

马萨诸塞州在推动 BIM 应用推广上也起到了积极的作用。在采访到马萨诸塞州本土的 BIM 咨询公司 Trova Desin 的 BIM Designer Menghong Wang 时，她表示目前马萨诸塞州政府的项目都要求实施 BIM 技术，所以很多企业开始了 BIM 技术应用。但是她也表示，很多规模较小的分包单位还不具备 BIM 实施能力，所以需要 Trova Desin 这样的咨询公司为自己服务。而 Trova Desin 目前的业务量很大，所以实际上还是有不少较小规模的单位将政府要求的 BIM 工作外包的情况。在非政府项目的 BIM 实施中，Menghong Wang 表示行业目前主要还是以企业自己的标准为主。

但马萨诸塞州在指南中对一些工作流程的要求目前实施起来还有些困难。在采访到马萨诸塞州本土的总承包企业 Structure Tone 的 Virtual Construction Coordinator Xinan Jiang 时，她表示在马萨诸塞州政府发布了 BIM 标准后，当地的政府项目确实按照标准要求来实施了，但是实施效果要分别看待。对于比较容易达成的方面，比如政府要求了项目管理平台，规定了相应的模型软件选择范围，以及 BIM 执行计划书的内容和格式等等，这些行业里都很好的遵循着。但在某些方面，比如标准里要求提交 COBie 表单，鼓励采用精益建造的工作思路，在标准刚推出的时候，麻省的政府项目确实推广这些技术或管理方法了，但在实施过程中行业却走了很多弯路，实施效果也并不理想。所以到现在，Cobie 表单和整合（Integration）已经很少被提及了。

8.6　整体推动效应

根据 2017 年对美国多个设计、施工企业的采访得知，美国地方政府的 BIM 标准推出对 BIM 技术推广确实起到了积极的作用。因为标准推出后，相应的项目必须应用 BIM 技术，实施这些项目的设计、施工企业也要具备应用 BIM 的能力，所以在政府推广 BIM 的应用上起到了积极的作用。但是在技术层面的发展上，用户反映不一。如威斯康辛州、麻塞诸塞州在推荐使用的 COBie 时，行业整体的反馈并不好。除此之外，地方政府的标准本身也是对国家、行业 BIM 标准进行引用、参考，技术原创内容较少。

政府在推行了 BIM 政策后，通过一段时间的反馈也发现，促进 BIM 技术应用的深层次原因在于人和管理，而不是技术本身。所以威斯康辛州在发布了第一版本政策，通过调研实施反馈，2011 年决定在州政府 BIM 政策制定上"维持现状，关注行业动态"，到 2017 年还没有新的更新。

---

❶　Applying BIM in USA Insights and Implications，Jerry Laiserin，Xin Wang，Time Architecture，2013

第9章 美国部分机构和企业 BIM 标准与技术政策

9.1 概述

如前文所述，美国 BIM 标准的发展有着自下而上的特点，部分企业应用 BIM 技术和制定 BIM 标准的时间甚至早于国家和行业 BIM 标准。如最早发布 BIM 标准之一的 GSA，虽然 GSA 是美国政府下设的一个机构，但是一直以企业的形式进行运营。

为了提高建筑领域的生产效率，支持建筑行业信息化水平的提升，GSA 在 2003 年推出了国家 3D-4D-BIM 计划，并发布《3D-4D-BIM 指导手册》，鼓励所有 GSA 的项目采用 3D-4D-BIM 技术，并给予不同程度的资金资助。

2006 年 10 月，USACE 发 布 了 为 期 15 年 的 BIM 发 展 路 线 规 划（Building Information Modeling: A Road Map for Implementation to Support MILCON Transformation and Civil Works Projects within the U.S. Army Corps of Engineers），为 USACE 采用和实施 BIM 技术制定战略规划，以提升规划、设计和施工质量和效率。 规划中，USACE 承诺未来所有军事建筑项目都将使用 BIM 技术。

在美国国家 BIM 标准出来之前，很多行业领先的设计、工程、施工企业便有相对成熟的 BIM 应用标准化流程或 BIM 标准。根据对南加州大学建筑学院教授 Karen Kensek 的采访，由于美国国家 BIM 标准以及行业 BIM 标准的编写委员会很多成员就是来自于企业，所以在编写国家和行业 BIM 标准时，这些来自企业的编委成员便会依据自身企业的实践经验进行编写。同时，由于 BIM 涉及的范围和专业十分广泛，编写专家也会有很多地方不了解，所以需要从各行各业的公司 BIM 标准里面进行参考借鉴。

企业的 BIM 标准促进了行业、国家 BIM 标准的形成。在行业和国家 BIM 标准逐渐变得更加成熟和全面后，企业又反过来参照行业和国家标准来更新自己的企业标准。就像 HOK 的设计技术经理 Cesar R. Escalante 说的那样：企业的 BIM 标准促进了美国国家 BIM 标准的形成，随着美国国家 BIM 标准越来越全面，企业又根据自己的需求从国家标准里摘取自己所需要的内容。

值得一提的是，美国大部分业主企业的 BIM 标准都以实际的"标准"形式存在，而部分设计、工程、施工企业的 BIM 标准则是"项目标准模板"的形式存在。以 Balfour Beatty US 为例，Balfour Beatty US 没有真正意义上的企业 BIM 标准，因为每个项目都是不一样的，同时业主对 BIM 的要求都是不一样的，所以不同于企业标准，

Balfour Beatty US 用典型项目 BIM 执行计划书模板作为企业的 BIM 实施标准，同时制定各类软件的应用"白皮书"来作为流程的支撑。

由于大部分企业 BIM 标准的保密性，这里仅就对外公开的 USC BIM 标准进行阐述，同时结合笔者工作过的 Balfour Beatty US，简单阐述下 Balfour Beatty 的企业 BIM 标准。

9.2　GSA BIM 标准介绍

9.2.1　GSA 概况

成立于 1949 年的 GSA 全称为 General Services Administration，中文翻译为总务管理局，是美国政府中一个独立的机构，负责管理各联邦机构的各项事务管理，包括项目开发、物业管理、建筑维护、环境保护等。其中，为政府机构开发的地产项目和为政府建筑提供物业管理是 GSA 最重要的两项工作。相对应的，GSA 下最大的业务部门是联邦采购服务所（Federal Acquisition Service，FAS）和公共建筑服务所（Public Buildings Service，PBS）。

据 GSA 官方统计，目前 GSA 在美国所持有的建筑约为 9600 栋，面积约为 3 亿 5 千万平方米。除了写字楼，GSA 所持有的主要地产还包括邮局、实验室、法院、数据处理中心等。

GSA 要求，从 2007 年起，所有大型项目（招标级别）都需要应用 BIM，最低要求是空间规划验证和最终概念展示都需要提交 BIM 模型。所有 GSA 的项目都被鼓励采用 3D-4D-BIM 技术，并且根据采用这些技术的项目承包商的应用程序不同，给予不同程度的资金支持。目前 GSA 正在探讨在项目生命周期中应用 BIM 技术，包括：空间规划验证、4D 模拟、激光扫描、能耗和可持续发模拟、安全验证等等，并陆续发布各领域的系列 BIM 指南，并在官网可供下载，对于规范和 BIM 在实际项目中的应用起到了重要作用。

9.2.2　GSA 编制背景

根据 JBIM 月刊在 2009 年对 GSA 的内部采访，BIM 技术在 GSA 的使用可以追溯到 2003 年。

在 2003 年早期，BIM 技术开始逐渐吸引建筑行业一些机构的兴趣，如 AIA。GSA 下属的 PBS 在 2003 年于西雅图举办了一次 2003 PBS 施工先锋会，美国建筑行业中的许多科技和软件公司都参加了这个会议，如 Autodesk，Bentley，Optira，Commonpint 等。这些公司的研究热点都集中在三维建筑信息模型、三维扫描、4D 施工以及其他 BIM 相关的分析软件。这些技术引起了 GSA PBS 的极大兴趣，因为 GSA 早期的设备管理手册中曾经提到过建筑信息模型，那时 BIM 的概念已经逐渐形成，但技术还不完善，建筑行业预测到未来在模型中加入建筑信息可以辅助建筑的运维管理，能提高设计与施工的质量。GSA 在 2000 年初编写的《公共建筑设备管理手册》（编号 P-100）中曾明确指出："在 2006 年财政年时使用 BIM 技术来提高项目的设计水平和施工交付是GSA 的一个长期目标。"

虽然在手册中只是把使用 BIM 技术作为一个"目标"，没有要求具体实现，但是整个建筑行业希望 GSA 作为政府开发商，能将 BIM 这一技术落地开花。协调工作能力（Interoperability）作为 BIM 协调理念雏形，早在 1994 年的时候就被国际协同工作联盟（IAI）所提出来，但是像 GSA 这样的在整个建筑行业有着深刻影响的大型政府开发商在发展计划中提及运用 BIM 技术，还属第一次。

GSA 在 2003 年的时候成立了 3D/4D BIM 工作组，开始将"目标"变为现实。工作从技术、商业和社会三个层面出发，寻求利用 BIM 优势于企业项目的最佳方法。

2003 年，GSA 通过 PBS 下属的总建筑师办公室（Office of Chief Architect，以下简称 OCA），发布了国家 3D-4D-BIM 项目。OCA 共完成过约 30 多个项目，并为超过 100 个项目提供过三维（3D）四维（4D）和建筑信息模型（BIM）技术支持。3D、4D 和 BIM 技术具有强大的可视性、协调性、模拟性和优化性，GSA 借助这些优势在项目上可更高效地达到客户、设计、施工等各方面的要求。3D、4D 和 BIM 的技术在GSA 的战略规划和自身成长上占据了重要的位置。

从 2007 财政年度开始，GSA 对其所有对外招标的重点项目都给予设计资金支持，来推动 BIM 技术的发展。现状 BIM 已成为设计方和施工方获得 GSA 项目的最基本要求：在投标时投标单位必须向 GSA 总建筑师办公室提交 BIM 执行计划，并要通过总建筑师办公室和公共建筑服务所的审核。

9.2.3 标准编写

在进行一系列调研后，GSA 意识到，作为一个拥有一万两千多名员工的超大型政府房地产开发商，开发项目遍布于整个美国，GSA 需要推行准则，使自身员工快速了解 BIM 技术，统一企业开发流程。其次，作为联邦政府的房地产开发龙头，必须制定一个准则来引导行业的发展。

于是 GSA 成立了 3D-4D-BIM 工作组，推行 GSA 和美国 3D-4D-BIM 的发展，3D-4D-BIM 组将 BIM 技术试点应用于目前已进行的重点项目中，对项目提供管家评估与支持，使项目更好地整合 BIM 技术。

根据试点项目的 BIM 使用与管理经验，3D-4D-BIM 工作组整理并发布了供内部及整个行业参考的《3D-4D-BIM 指导手册》（以下简称 BIM 手册），设立了 GSA 的3D-4D-BIM 奖励制度，建立了仅供 GSA 内部使用的 3D-4D-BIM 服务招标与合同，并与 BIM 软件商、专业机构、标准机构及科研组织建立合作关系。

从 2007 年开始，GSA 所有的项目都必须按照《3D-4D-BIM 指导手册》来执行。

GSA 的 BIM 手册是针对自身的地产开发项目与工作员工而定制的，但 GSA BIM 手册又是一个开放性的标准。首先手册是向整个行业免费公开，任何公司与机构都可以登录 GSA 网站查阅和下载 BIM 手册；其次，手册着重于对技术流程和达到效果的定义，不制约项目参与者使用何种软件和如何使用软件。

面对行业开放可方便其他同行的兴趣研究，如建筑，结构，施工、咨询等。资源的公开能使整个行业更好地了解 BIM 技术和潜在用途。除此之外，建筑行业的软件开发商也可以利用 GSA 的 BIM 手册了解行业现状、优化软件开发、促进 BIM 行业技术进步。

9.2.4　标准内容

GSA 根据 BIM 在建筑开发过程不同阶段的使用特点，将 3D-4D-BIM 指导手册分成 8 个部分：手册总览，空间检测，3D 激光扫描，4D 进度，建筑性能，安全与使用，建筑构件，运维管理。

（1）3D-4D-BIM 项目总览

BIM 指导手册的编制是针对 GSA 的员工以及参与 GSA 所有项目的 BIM 设计与施工人员，由于每个从业人员对 BIM 技术的理解与掌握水平不同，所以指导手册第一部分为 3D-4D-BIM 项目的总览。此部分详细阐述了 3D，4D 和 BIM 的定义，并介绍了他们的技术特点和可提供的服务。手册封面如图 9-1 所示。

图 9-1　《3D-4D-BIM 指导》第一部分

介绍中，GSA 从自己开发商的角度解释了 BIM 的优势都能为自己带来哪些优势，以及 GSA 对项目使用 BIM 的规划。另外 GSA 还在总览中介绍了 BIM 技术中常见的词汇用语并解释其含义。最后 GSA 还通过一个简单的案例总述 BIM 在项目开发中的应用。

手册 1 像是一个扫盲手册，让初次接触 BIM 的人迅速了解这项技术，并明白这项技术在行业中可带来的变化。从手册 2 开始，GSA 开始侧重于 BIM 各项技术的规范与标准。

（2）空间检测

GSA BIM 指导手册的第二部分是空间检测，侧重点是让设计准确高效地满足 GSA 规范上的空间要求。

这部分内容的针对对象为 PBS 和所有项目设计施工人员，如建筑师、工程师、合约部、PBS 项目经理等。其他的 PBS 工作人员，客户机构，施工承包商、咨询商等也可用这部门手册作为项目指导。除此之外，手册对建筑行业软件公司尤其是项目所用软件的提供商有着很大的指导意义。

对于在 2007 财政年之后取得资金的所有主要项目，在最终初步设计方案确定前必须有一个针对手册第二部分的 BIM 计划。GSA 的设计部门使用 BIM 来判断项目符合空间使用要求（如面积、各种比例等）比用传统的二维手段更为高效。

GSA 作为一个拥有 3 亿平方米使用建筑面积的超大型政府开发企业，在初设阶段审核建筑师和工程师方案是优化空间使用过程中重要的一步。GSA 已和 5 家 BIM 软件商合作开发了针对 GSA 项目要求的 BIM 平台，此平台也可使用于其他开发企业。

（3）3D 激光扫描

GSA BIM 指导手册的第三部分是 3D 激光扫描，详细阐述 GSA 对已有建筑的 3D 扫描模型和竣工 3D 扫描模型的要求，及模型应用要求。

GSA 下属的 OCA 虽然鼓励使用 3D 激光扫描技术，但在每个项目上都应用 3D 激光扫描技术还处于研究和评估阶段。3D 激光扫描技术允许开发商在很短的时间里收集到建筑的三维几何和空间信息。

目前 GSA 项目线上有几类产品已开始使用 3D 激光扫描技术，包括：

• 历史建筑模型存档

• 设备信息存档

• 竣工模型

• BIM 相关需求

目前 PBS 部门提供 CIO Venture Capital 资金支持计划，来资助 OCA 的 3D 激光扫描技术发展。OCA 现在和 NIBS，NIST，AS，FIATECH，SPAR Point 等组织和部门合作，一起研究制定 3D 激光扫描的标准。OCA 目前在纽约的布鲁克林，佐治亚的亚特兰大和佛罗里达的迈阿密均有试点项目，用来检验并改善手册 3 的内容。

（4）4D 进度

GSA 的 OCA 要求并鼓励在每个项目都使用 4D 技术。GSA 把 4D 模型作为一个理解施工进度的工具。4D 模型就是 3D 模型加上时间，它为开发商、设计师、施工方提供了一个平台，项目上的所有人员可以在这个平台上看到并讨论工程的进度模拟。

有了 4D 模型，项目管理人员可更加形象地了解项目进度对自己的影响（如不同施工阶段的施工区域，不同时间点的人员地点安排等）。在 4D 模型的基础上，GSA 还可以加上价格结合工期来分析项目不同阶段的现金流。

（5）建筑性能

GSA 总建筑师办公室要求在每个项目上使用 BIM 技术辅助评估建筑性能和使用性能。手册的第五部分为 BIM 在建筑性能分析和绿色指标上使用的准则。

国家 13123 号行政命令要求 GSA 着手于降低建筑平均每年的使用能耗。所以 GSA 希望能借助 BIM 技术，来加强预测建筑能耗使用和花费的准确性和可用性。BIM 技术能让项目团队在早期设计设计阶段更加准确完善地分析建筑能耗、预测建筑全生命期成本、增加了建筑使用后检测建筑实际耗能的概率、实践中提升了建筑节能的技术。总体来说，BIM 的优势会增加节能模型在建筑设计和使用阶段的使用概率，从而整体上降低 GSA 建筑的平均能耗。

目前，GSA 有几个试点项目，对比 BIM 节能模型与传统节能计算方法的异同，并探索如何将 BIM 运用到后期的设备管理上去。

（6）分流和安全验证

GSA 大部分项目都有特殊的疏散功能要求。GSA BIM Guide 06 主要用于阐述如何利用 BIM 技术来辅助设计团队验证设计是否满足美国法院设计指南（US Courts Design Guide）的相关要求。此部分内容不对外公开。

（7）建筑元素

此部分内容类似于模型细度表，用于阐述每个 LOD 等级下哪些 BIM 元素需要创建、如何创建，需要包含哪些信息等。此部分内容为 2016 年新增加内容。

（8）运维管理

GSA 的设计施工办公室（Office of Design and Construction，以下简称 ODC）是负责公司的物业管理及建筑运维阶段的工作，他们一直强烈鼓励把 BIM 的信息化优势运用到建筑运维上去。

在运维上应用 BIM 技术，可使 GSA 有效掌握建筑全生命周期的数据，为客户提供安全、健康、有效、高效的工作环境。运维的信息均要求在设计和施工中实时加入到模型，GSA 负责在物业管理过程中更新管理运维信息。以运维标准来要求设计及施工可使竣工模型更加准确、建筑信息更加全面，是建筑后期管理更加高效。

GSA 的 BIM 指导手册是属于开放的，为 GSA 内部及整个行业的 BIM 使用提供一个流程指导，但并不针对某个项目。针对每个特定项目，GSA 委托建筑设计方编写，施工总承包商协调，各设计单位和分包商参与，共同编制项目 BIM 执行计划书。

BIM 执行计划书最大的特点就是将项目开发、设计、施工、运维过程中所有和 BIM 相关内容进行综合，并制定施行标准。GSA 负责审阅项目 BIM 执行计划，审阅通过后，各方将严格遵守执行计划书要求完成各项工作。在项目进行过程如出现与 BIM 相关的问题，可通过计划书内容找到责任方。

9.2.5　标准实施与影响

根据 GSA 官网统计，GSA 平均每年同时开发的项目达到 200 多个，项目总价值达到 120 亿美元。所以作为美国所有联邦政府项目的开发单位，GSA 标准的推行以及对设计和施工单位的强制要求，对美国建设行业的 BIM 发展有着极大的推动作用。

以 GSA 在波特兰开发的著名的 Edith Green-Wendell Wyatt 联邦写字楼（以下简称 EGWW）为例，EGWW 的开发显著地推动了美国西北地区的 BIM 技术发展。笔者作为总包方 Balfour Beatty Construction 的一员，参与了 EGWW 的建设过程。

EGWW 项目从 2008 年开始进行设计，08 年时虽然美国 BIM 技术已经有了长足的发展，但是大部分施工和设计单位还无 BIM 应用经验。那时，GSA 已在合同中要求所有设计单位都必须应用 BIM 技术进行设计，并明确要求利用 BIM 模型进行出图。

当时 EGWW 的主要设计单位：Sera Architect，McKinstry，Dynalectric 等均为美国西北地区具有影响力的设计单位，但 BIM 应用均处于起步阶段。针对这一现状 GSA 投入了大量的财力采购软硬件并对这些设计单位进行培训。培训以能直接使用 BIM 进行协同设计、分析优化、并且出图为目的。由于 GSA 的大力推动，EGWW 培养一批设计 BIM 人才。

对于当时已有 BIM 经验的施工总包 Balfour Beatty（原 Howard S Wright，后被 Balfour Beatty 收购），GSA 提出了更高的要求：必须以 GSA 的运维标准提前对 BIM 应用进行策划，以保障最后交付的 BIM 成果满足运维要求。所以 GSA 的推动使得施工 BIM 应用向更高层次推进。

GSA 在推广 BIM 应用中充分担当了政府示范的作用，EGWW 的各参建单位均为美国西北区域较有影响力的企业，这些企业在 BIM 技术的成果应用，促进了当地 BIM 技术的迅速发展。同时由于 GSA 起到了正确的引导作用，所以当地 BIM 技术一直在向着健康正确的方向发展着。

除了笔者工作的 Balfour Beatty 外，笔者在采访 HOK 的设计技术经理（Design Technology Manager）Cesar R. Escalante 时，他也高度赞扬了 GSA 在美国 BIM 的带头作用。他说,GSA 是全国最早推广 BIM 的机构之一,他们早期推出的 3D-4D-BIM 计划,使得 BIM 在短时间内带来了明显的成果，包括设计过程中错误的减少，施工过程中更好的文件说明，更加完整的竣工资料等等。可以说 GSA 打开了 BIM 的大门，也使得业主们开始看到 BIM 的好处。GSA 也获得了不少的奖项。加上 GSA 本身特有的性质，负责联邦建筑的建造和运营，直接的带来了项目的推动，在整个建设行业中取得了很好的宣传和带头作用。

Bentley Systems 的 计 算 机 设 计 研 发 总 监（Research Director for computational design）Volker Mueller 在接受笔者采访时说，GSA 在行业里很早的完善了 BIM 的概念，更加落实的将 BIM 和业主以及整体建造行业的实际利润相关联。而联邦的示范性试点项目的成功，为 BIM 在民用行业的推广起了宣传作用，同时带动了一系列的 BIM 人员培训，为 BIM 的推广提供人才基础。

Johnson Fain 的总裁 James E. Donaldson 说，GSA 是美国 BIM 推广中最重要的组织。因为他们有联邦政府的属性，所以他们手里掌握大量的政府项目，当他们作为业主提出要求时，我们作为设计方不得不去满足他们的要求。这也是最开始 BIM 能够应用与实践的很重要的一个原因。因为大家都不了解 BIM，直到 GSA 大力的推广，并且在实际工程设计和施工中，BIM 显示了它独有的巨大好处，BIM 才被非政府机构和公司所接受。

9.3　USACE BIM 路线图

9.3.1　USACE 概况

美国陆军工程兵团（the U.S. Army Corps of Engineers，USACE）隶属于美国联邦政府和美国军队，为美国军队提供项目管理和施工管理服务。根据 USACE 官网介绍，目前 USACE 一共有包括平民和军人在内的大约 3 万 7 千名员工，服务的美国军方项目范围超过 130 个国家，是世界最大的公共工程、设计和建筑管理机构。

USACE 下设 CAD/BIM 技术中心（CAD/BIM Technology Center），以支持 USAEC 更好的设施、基础设施、环境管理。USACE 对美国的 BIM 发展做出过巨大的贡献：COBie 便是由 USACE 的 Bill East 所领导的土木工程研究实验室（CERL）开发出的。COBie 在后来被美国国家 BIM 标准所引用。

9.3.2　USACE BIM 路线图介绍

2006 年，USACE 制定并发布了一份 15 年（2006-2020）的 BIM 路线图（Building Information Modeling（BIM）A Roadmap for Implementation to Support MILCON Transformation and Civil Works Projects within USACE），该路线图设置了 6 个大目标，每个大目标下设置若干子目标，共计 21 项子目标。该路线图发布的目的是为 USACE

采用和实施 BIM 技术制定战略规划，以提升规划、设计和施工质量和效率。规划中，USACE 承诺未来所有军事建筑项目都将使用 BIM 技术。

USACE 制定的 BIM 十五年规划的时间节点和要实现的目标概要如图 9-2。

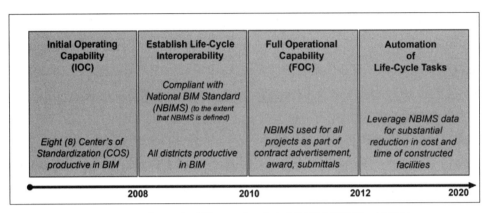

图 9-2　美国陆军工程兵团 BIM 十五年规划的目标概要和时间要点

2012 年 11 月，USACE 更新了 BIM 路线图。在此路线图中，USACE 开始强调并不是所有项目都必须使用 BIM 技术，USACE 给出了对应的判断条件，使管理人员可以根据此条件来确定项目是否需要应用 BIM 技术，如图 9-3 所示。

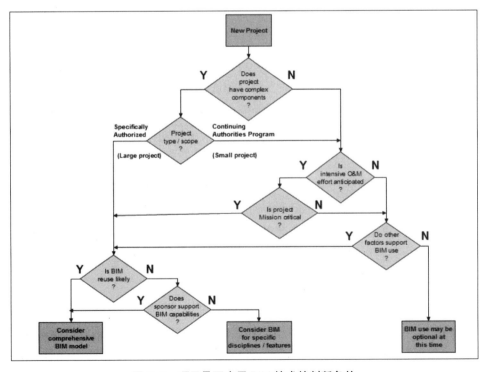

图 9-3　项目是否应用 BIM 技术的判断条件

除此之外，USACE 还对原来在 2006 年提出的 BIM 路线做了更新，更新后的 BIM 路线分为了军事建筑和民用建筑两类，其中军事建筑还沿用了原来的时间表，而民用建筑的 BIM 应用规划时间表则往后延期 4 年，如图 9-4 所示。

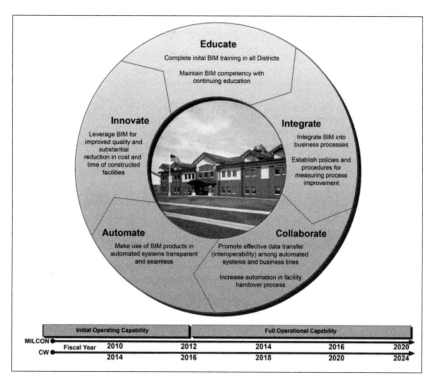

图 9-4　2012 年更新的 BIM 路线图

　　在 2012 年发布的新版 BIM 路线图中，USACE 还对当时在 2006 年提出的部分目标进行了跟踪，其中部分目标已实现，一部分目标时间往后顺延，还有一部分目标 USACE 公开承认没事达成。

9.3.3　标准实施及影响

　　USACE 信息科技实验室的 Stephen Spangler 在一次演讲中曾提到，USACE 的 BIM Roadmap 是成功的。Stephen Spangler 说，自从 2006 年发布 USACE BIM Roadmap 后，USACE 在 BIM 应用上取得了很大的进步，Stephen Spangler 认为 USACE BIM Roadmap 的成功来自于以下几个方面：首先，USACE 借助政策的发布，培养了一批具备 BIM 管理能力的人才；其次，虽然 USACE 在 2012 年对 2006 年的路线图时间表做了更改，但 Stephen Spangler 也认为这是一个成功的举措，因为 2012 年的版本反映了"目前实际的执行状况"，同时让大家更加认识清楚了 BIM 的"范围"（Scope）。同时，Stephen Spanglers 说，自从 USACE 引入了 BIM 技术后，其很多项目确实起到了很大的效益。

但 Stephen Spangler 也承认，BIM 的发展是一条非常漫长的道路，USACE 引入 BIM 技术最主要的目的，除了在设计和施工阶段发挥作用外，更多的是想在建筑运营阶段产生更大的价值。但是从目前的状况来看，USACE 以及整个行业的 BIM 应用还处于婴儿期（BIM is still in its infancy）。

9.4 USC BIM 实施标准

9.4.1 USC 概况

USC 的全称是 University of Southern California，国内译为南加州大学，位于加州洛杉矶市，1880 年由监理会创立。美国大学排名机构 College Factual 发布的 2015 年美国大学排名中，USC 综合排名第 21 名，其中建筑学院排名美国第 6 名，工程学院排名美国第 9 名。

虽然 USC 是一所学校，但由于美国私立学校市场化的运作，以及 USC 每年有大量建筑需要新建或者翻新（部分项目会兼顾投资需求，USC 有专门的地产开发部门和运维部门），所以这里把 USC 的 BIM 标准看作为企业标准。

9.4.2 USC 编制背景

根据《USC BIM 导则》（图 9-5）第一章引言的陈述，USC 发布此标准的主要目的是在新的 USC 建设项目、翻修项目等中，定义使用 BIM 设计和施工的范围。USC 在引言里提到，如果对 BIM 技术应用恰当，BIM 将大大改进传统的设计和施工协调方法，降低变更概率，提供项目三维可视化模型便于业主审查、参与，加快设计、施工进度。此外，BIM 数据库为 USC 设备的运营维护提供保障。

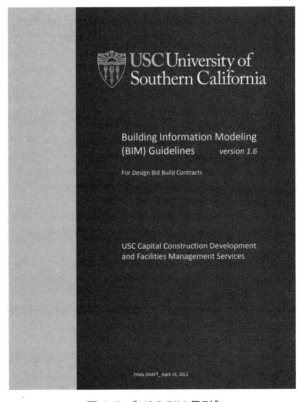

9.4.3 标准内容

USC 建筑学院教授 Karen Kensek 提到，USC 的 BIM 流程是以国家 BIM 标准为基础，再添加

图 9-5 《USC BIM 导则》

了一些针对学校项目的 BIM 标准综合而成的。除去第一章对标准发布意图和期望达到效果的引言外,《USC BIM 导则》包含以下内容。

（1）USC 职责

《USC BIM 导则》首先规定了自己在项目 BIM 实施过程中所需要承担的职责,包括涉及过程中管理和交付后使用的各个部门所需要行使的责任。

（2）交付成果

《USC BIM 导则》在这章里对项目 BIM 实施过程中所需要提交的成果做了详细要求。包括 BIM 执行计划书、模型、数据等。

（3）设计 BIM 工作流程及模型标准

USC 在此章节规定了各个专业所使用的软件以及版本的管理办法。同时对 BIM 模型的基准方位、质量、模型细度等做了详细要求。值得一提的是,USC 要求设计顾问（Design Consultant）单位都必须使用 e-Builder 作为项目管理平台,并对 e-Builder 中的组织架构和管理流程做了详细要求。除此之外,USC 还要求每个项目的设计单位必须配有全职的 BIM 工程师来为 USC 服务,确保 BIM 的实施质量。

USC 还对施工 - 运营建筑信息交互标准（Construction-Operations Building information exchange,COBie）的使用做了详细要求。USC 还推荐使用 EcoDomus 软件来辅助 Cobie 表单的填写。

（4）机电 BIM 要求

此章节对项目整体的机电 BIM 实施做了要求,内容包括机电模型的共享参数、工作组、区域划分等。USC 强调,所有的机电 BIM 模型必须通过 USC 设施管理服务部门（USC Facilities Management Services,FMS）的审核。

（5）设计阶段 BIM 要求

此章节从方案设计阶段（Schematic Design）、扩初设计阶段（Design Development Phase）、施工图阶段（Construction Documents Phase）、投标阶段（Bidding Phase）分别对 BIM 模型的内容、模型细度、空间划分、COBie 表单录入、所需要运行的分析报告及输出等方面做了要求。同时 USC 还在此章节规定了设计各个阶段所需提交的文件成果和时间节点。

在阐述设计阶段 BIM 要求时,USC 还重点对利用项目管理平台 e-Builder 管理 BIM 工作和文档的要求,如图 9-6 所示。

（6）施工阶段 BIM 要求

此章节对施工阶段的 BIM 应用做了详细要求,包括施工团队如何承载与使用设计单位的 BIM 执行方案、模型、文档与信息施工。除此之外,标准还对分包管理、协调流程以及施工单位 BIM 模型的格式、组织结构等做了要求。USC 也要求施工单位把 e-Builder 作为项目管理平台。

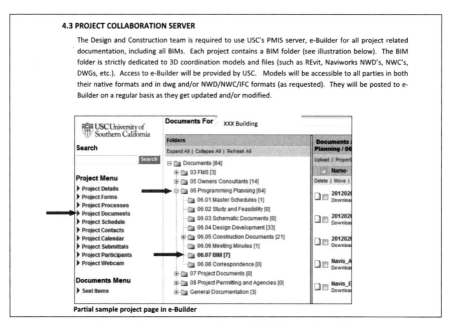

图 9-6 《USC BIM 导则》中对项目管理平台的要求

USC 对 COBie 表单及模型信息管理非常重视，如前文所示，USC 要求项目应用 BIM 技术的主要目的便是为了方便交付后的运营维护，所以 USC 在每个主要章节及项目流程中都提出了对 COBie 以及模型信息做了详细要求。并专门设置附录，阐述如何使用 Ecodomus 来辅助 COBie 表单的录入，如图 9-7 所示。

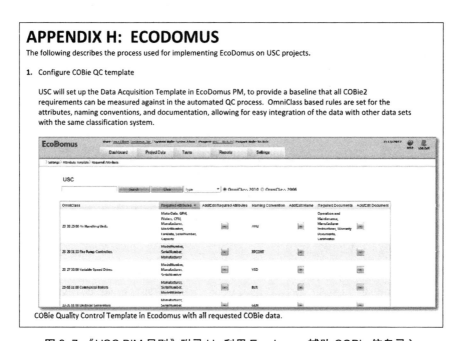

图 9-7 《USC BIM 导则》附录 H：利用 Ecodomus 辅助 COBie 信息录入

9.4.4　标准实施及影响

《USC BIM 导则》非常具有针对性，针对 USC 具体对 BIM 的需求制定了具有操作性的 BIM 实施要求。以 BIM 软件和 BIM 实施计划书为例，USC 就直接规定了参建方所需要使用的软件，并提供了 BIM 实施计划书模板。参建单位在建造过程中可直接参照《USC BIM 导则》的要求实施。

根据对 USC 的 BIM 专员 Xuewen Quan 的采访，目前 USC 所有的新建、翻新项目都在按照《USC BIM 导则》应用 BIM 技术，并且 USC 要求十分严格。Xuewen Quan 说到 USC 目前一共有超过 420 栋建筑、约 185 万平方米的物业需要管理，这些物业分布在 2 个不同的主校区和 8 个卫星校区，一共 4 万 4 千名学生和 2 万 6 千名教师及工作人员在使用。如此多的物业都是靠 USC 的设施管理服务部门（USC Facilities Management Services，FMS，图 9-8）来维护，所以 USC 必须重视各个项目实施过程中各个参建单位按照标准的要求来提交模型，这样会为以后项目的维护、信息的查阅提供很大便利。

图 9-8　USC 设施管理服务部门主页

在谈到 COBie 的应用时，Xuewen Quan 表示由于 COBie 所包含的信息太多，为了使用方便，USC 根据自身物业需求对 COBie 进行定制化，把 COBie 的表单简化并筛选成了 USC Shared Parameter 以方便日后的运维管理。

9.5 从企业标准到管理提升

9.5.1 概述

根据 2017 年 11 月对美国一系列的设计、施工、业主单位的调研，以及参与的 BIM Forum 可以看出，越来越多的企业在推动 BIM 技术应用时，已经在超越 BIM 标准这样的技术措施上进行探索，企业开始在人性的本质进行思考，企业发现制约技术发展的并不是技术本身，而是技术的实施者——人。

企业在推动 BIM 时遇到了很多问题，2017 年 11 月的美国 BIM Forum 大会上的主题演讲中提出了一个观点：BIM 是 10% 的科技 +90% 的社会学（BIM is 10% technology and 90% sociology）。大会引用了史蒂夫乔布斯的一句经典的话：创新与研发资金投入的多少无关，而与企业自身的员工及管理导向有关。（Innovation has nothing to do with how many R&D dollars you have. It's not about money. It's about the people you have, how you're led and how much you get it）。

美国总包企业 Plaza Construction 的执行副总裁 Christopher L Mills 在接受采访时表示，再好的工具也无法代替人的智慧，软件的作用最多占 50%，另外 50% 需要依靠具有专业能力和信息技术应用能力的人来实现。所以除了在制定 BIM 标准等技术措施外，Plaza Construction 把更多的精力放在管理人员专业技能的提升上。

BIM Forum 会议的主题演讲中引用了一组很值得深思的调研：即美国实施 BIM 技术的主力年龄分布在 30 ~ 45 岁，这部分具备丰富专业背景的 BIM 人员是美国 BIM 成果推进的关键以及主力。反思国内，目前国内 20 ~ 30 岁是 BIM 具体实施的主要人群，因此纯 BIM 技术层面应用相对活跃，而管理和专业层面积累较少。

9.5.2 岗位设置

美国的机构与企业 BIM 标准因为直接服务于自身项目，所以也更为务实。而从美国各个参建方的 BIM 岗位设置上，可以看出美国在推广 BIM 应用时已逐渐开始从技术层面往管理层面和人的层面转变。

（1）业主方

业主方以 GSA 为例，作为美国最早推广使用 BIM 的业主之一，GSA 在最初推广时并没有专职的 BIM 岗位，而是从全国各个项目的项目经理与工程师中选出了一部分具备 BIM 技能的人组成了企业的"BIM Champion"，以此来推动企业的 BIM 落地。

所以，从 GSA 早期的岗位设置来看（图 9-9），所有的 BIM 人员都只是兼职，他们来自于不同的项目，各类岗位都有，但是他们同时还有另外一个身份，就是"BIM Champion"。正是由于这些本身专业背景就很强的"BIM Champions"，使得 GSA 在早期的推广把 BIM 往正确的方向上进行了引导，BIM 技术的推广也变得相对顺畅。

Project Manager
GSA
Jan 2011 – Oct 2014 • 3 yrs 10 mos
New York, NY

Global project management, including:
- budget and schedule control
- internal and external team communication
- contract negotiation
- quality control / design review and construction inspections
- client liaison
- contractor oversight and appraisal

Building Information Modeling (BIM) Champion
GSA
Jun 2006 – Oct 2014 • 8 yrs 5 mos
New York, NY

Leadership in BIM implementation including:
- project management for national Central Facility Repository initiative, including software development, user testing, and executive reporting
- advice to GSA and client agencies on efficient BIM uses
- input to national GSA BIM initiatives and programs
- technology, contracting, quality control, and management support to regional GSA BIM projects
- presentations to industry groups on GSA's BIM goals

Engineer
GSA
Jun 2006 – Jan 2011 • 4 yrs 8 mos
New York, NY

Contracting Officer's Representative on planning, design, and construction projects. Responsible for acquisition planning and solicitation for professional services and general contracting; contract oversight; customer and contractor management; design review; construction inspection; quality assurance; schedule control.
Led and participated in Value Engineering and Risk Assessment workshops, sustainability charettes, project design sessions, construction progress evaluations.

图 9-9　早期 GSA 的 BIM 岗位设置

随着 BIM 技术的逐渐普及，GSA 意识到 BIM 早已超越了原来的意义，所以 GSA 开始设置专职的 BIM 岗位：GSA 的"3D-4D-BIM 工作组"（图 9-10）成了一个实体化的部门存在，而"Program Expert"成了一个标准化的全职岗位。从"Program Expert"的工作描述可以看出，这个岗位的工作也是超越了 BIM：除了正常的项目支持与企业标准制定维护外，"Collaboration"（协作）成了这个岗位工作的一个关键词。

除了"3D-4D-BIM 工作组"的"Program Expert"外，GSA 此时还出现了"Innovations Operations Specialist"这样的岗位（图 9-11）。这些岗位有很大的相似之处：Collaboration 与 Innovative Operation——GSA 意识到广义上的 BIM 落地重点并不是工具的掌握，而是对各方管理方式的转变，也就是对项目管理方式和人的管理能力的提升。

除此之外，GSA 的运维部门也设有相应的 BIM 岗位，名称里没有 BIM，实际上就是用各个项目的 BIM 交付成果做运维（图 9-12）。但严格意义上说，FM 方向的岗位还是以自身专业为主，BIM 只是辅助，不是专职。

Program Expert
GSA
Oct 2014 – Present • 3 yrs 1 mo

Program Expert for GSA's National 3D-4D-BIM Program
- support for regional projects
- development of national guidance documents
- cross-AECOO-industry collaboration
- national and international collaboration

图 9-10 "3D-4D-BIM 工作组专职" BIM 岗位

Innovations Operations Specialist
GSA
Aug 2015 – Present • 2 yrs 3 mos
1800 F Street NW Washington DC 20405

图 9-11 Innovations Operations Specialist

Computer Integrated Facilities Manager
GSA
Jul 2007 – Present • 10 yrs 4 mos
Fort Worth, TX

As a Computer Integrated Facility Manager, my objective is to ensure that the Agency's standards are met when capturing and managing its real property asset data, which consist of 13.2 million square feet of Federally Owned Inventory. This consist of maintaining information in a Computer Aided Facility Management (CAFM) System, Electronic Document Management System (EDMS), Geographic Information System (GIS), and Building Information Management (BIM) programs. My role is to support Regional Project Managers to ensure that the A/E Firms are meeting GSA/PBS Building Information Modeling (BIM) Standards, and AEC CAD Standards.

图 9-12 GSA FM 方向岗位设置

GSA 是政府背景的业主方代表，再以美国最大私有房地产开发商之一 Irvine Company 为例，如图 9-13 所示，IrvineCompany 目前主要的 BIM 岗位以及发展轨迹大致是：BIM Operations Specialist/Manager → Director of BIM and Process Integration → Vice President of Project Integration。

BIM Operations Manager
Irvine Company
May 2013 – Present • 4 yrs 5 mos

Sr Director, BIM and Process Integration
Irvine Company
Jul 2014 – Dec 2016 • 2 yrs 6 mos
Newport Beach, CA

Vice President, Project Integration
Irvine Company
Jul 2015 – Dec 2016 • 1 yr 6 mos
Newport Beach, CA

图 9-13 IrvineCompany BIM 岗位设置

由此可见，Irvine Company 的岗位设置非常简单。入门级的岗位"BIM Operation"还是侧重于日常的经营工作，包括项目的支持和企业的日常 BIM 维护，到了 Director 级别后，"Integration"——"协同"变成了关键词，两个层面的协同：一个是项目实施各方协同的支持，还有企业自身协同能力的提升。所以 Irvine Company 作为纯粹以赚钱为目的的房地产开发企业，最后还是走向了与有着政府背景的 GSA 相同的发展路线。

由于美国具有较高的履约精神，所以业主的精力更偏向于投资方向。除了纯投资方向带来的利润外，由于美国建造方法的标准化，所以业主把更多优化项目成本的精力放在了各方管理能力的提升上。正是这些业主在流程上的探索，美国行业上不断地涌现出创新的管理方法。

（2）设计方

美国设计的 BIM 岗位比较简单，因为大家普遍能直接将 BIM 作为直接设计的工具，所以很少有设计院专门设置 BIM 岗。但是为了方便解决使用 BIM 出现的问题以及及时获取行业先进工具，大部分设计企业会设置一个 BIM Manager 或者 Technology Manager 的岗位。值得一提的是，在 CAD 的时代，大部分设计企业也会有一个 CAD manager 这样的岗位，当年 CAD manager 的职责和现在 BIM Manager 的职责类似（图 9-14）。

图 9-14　设计 BIM 岗位

所以设计企业的 BIM Manager 的智能更像是一个 IT Manager，同时兼顾了对行业新科技动态的把握。在采访美国本土最大的设计事务所之一的 KPF BIM Specialist Xin Zhang 时，他表示 KPF 使用 BIM 技术的项目都是项目建筑师自实施，BIM 团队对项目进行培训与支持。KPF BIM 部门的重要工作就是对各个项目的设计师进行培训，使他们能掌握 BIM 工具，来完成自己的设计。

除了技术支持外，KPF BIM 团队还对行业里出现的新技术和新工具进行研究与测试，使企业能始终了解和掌握最新的工具。所以不管是设计企业以前的 CAD Manager 还是现在的 BIM Manager 或 Technology Manager，我觉得更像是"New Tools Leader"。

（3）总包方

不同于国内施工企业，因为总包在美国建设行业有着举足轻重的地位，往往扮演着业主工程师的角色，所以大部分 BIM 的岗位都是在总包企业。总包企业里选的就是我之前工作过的 Balfour Beatty。

如图 9-15 所示，总包单位 BIM 人员一开始的职业发展路线一般都会遵循着 BIM Specialist → BIM Manager → BIM Director 这样的路线，期间可能会有 Senior BIM Specialist 和 Senior BIM Manager 这样过渡性的岗位出现。

值得一提的是，从 2013 年左右的时候，美国很多总包企业把"BIM"的叫法改成了"VDC"（Virtual Design and Construction），因为越来越多的总包意识到"BIM"是个很难达到的状态，行业只是处于虚拟建造的阶段，于是开始改口，并朝着真正的 BIM 努力。

图 9-15　总包企业 BIM 岗位

大概在到 VDC Manager 或者 VDC Director 的时候，一般 BIM 人员的职业发展会往两个方向分化，一个是往 Preconstruction（施工前阶段，美国把施工前期的深化设计、设计协调、算量和预算、计划编排等工作统称为 Preconstruction）方向走，另一个是往纯科技方向走。

Preconstruction 在美国是项目管理非常重要的组成部分。Preconstruction 包含了成本、进度、设计，而 VDC/BIM 代表了设计方向（设计协调）。所以不管是造价还是进度还是 VDC/BIM 部门，在做到自己领域的 Manager 或者 Director 后，如果希望有更好的职业路径，都可以往 Preconstruction Director 的方向走（图 9-16）。而很多企业都会有专管 Preconstruction 的副总裁。

图 9-16　总包企业 Preconstruction Leader

另外一个方向就是走纯科技路线，走纯科技路线的终极目标就是企业的 CTO（首席科技关）或者 VP of Technology——主管科技的副总裁（图 9-17）。

National Vice President of Technology
Balfour Beatty Construction
Jun 2009 - Nov 2013 • 4 yrs 6 mos
Greater San Diego Area

图 9-17　总包企业的科技 Leader

不过有一点要说的是，美国的施工企业其实是没有技术部的，对应国内技术部的工作内容都分解到了深化设计与进度管理中。所以美国的 CTO 一般都是对应的科研与研发。但是真正的科技研发企业投入极其的大，所以美国只有超大规模并且行业领先的总包才养得起自己的 R&D 团队（Research & Development）。所以在美国，真正有 CTO 的总包其实并不多。

不过 VDC Director 也不是一下子就能变成 CTO 的，或者对于没有 R&D 功能的企业，这期间会有一些岗位，这些岗位的名称因企业而异，但是核心都不会变：Integrate，Operation，Improvement，如图 9-18 所示。因为总包承担了很多业主的职责，所以我们看到美国总包的这些岗位设置也是专注于通过提升业务流程为核心而产生的科技。

值得一提的是，部分总包已经把工作的重心放到了数据与集成上，比如说 STV Group 的 PMIS 相关职务，即 Project Management Information（Integration）System，项目管理信息集成，如图 9-19 所示。

图 9-18　总包其他 BIM 岗位

图 9-19　STV 专注于信息与流程的岗位设置

（4）分包单位

从调研的情况看，分包的 BIM 岗位比较简单，主要就是 Detailer，有的企业还会设置管理 Detailer 的岗位，但是主要还是以 Detailer 为主。Detailer 类似于国内分包的"深化设计专员"。

从图 9-20 里 Detailer 的从业年限可以看出，Detailer 是非常依赖经验的职业。笔者在美国做 VDC Manager 的时候，每天的设计协调例会都会和很多 Detailers 打交道。美国的 Detailers 普遍经验丰富，绝大多数问题都能在第一时间给出最佳解决方案。

图 9-20　分包单位 BIM 岗位设置

在还是纸质时代的时候，美国的 Detailers 就开始用手画 Shop Drawing（施工深化设计图纸）了；后来有了 CAD，这些 Detailers 的工具变成了电脑；再后来有了 3D CAD，他们的工具也随之变成了 CAD MEP。所以对于分包专业，BIM 不是一个专业或岗位，只是工具的替换。

由于美国比较好的薪资待遇体系，使得各个专业的 Detailers 能一直安心本分的做着自己的工作。正是这些千千万万的做着最基层工作的 Detailers，构起了美国 BIM 发展良好的"生态圈"。

9.6　推动效应

根据 2017 年 11 月对包括 Parsons Brinckerhoff、STV Group 在内的美国多个设计、总包企业的采访，美国绝大多数企业都有自己的 BIM 标准。这些企业的 BIM 标准实操性更强并更有针对性，而标准的编写则是企业按照自己的需求，从已有的标准体系中摘取或自行编写。

根据对洛杉矶建筑事务所 Johnson Fain 的总裁 James E. Donaldson 采访，他认为各个公司的 BIM 标准更加切合实际。例如 Johnson Fain 参与过项目的苹果、Google 等公司，都有非常完善的 BIM 流程体系。好的流程标准可以使工程的品质得到保障。James E. Donaldson 说，Johnson Fain 作为设计公司，也有自己的 BIM 工作流程，但是 Johnson Fain 没有投入很多专门的资源和团队去做这个事情。取而代之，Johnson Fain 是从行业内的各大龙头公司的 BIM 工作流程中截取拼凑起来。James E. Donaldson 认为这是一个非常实用而且成本并不会太高的方式，很适合 Johnson Fain 这种中等规模的公司。

从各个企业编制的 BIM 标准内容来看，每个企业发布 BIM 标准的目的性很强。以 USC 为例，USC 因为设施管理服务部门所需管理的楼宇和物业众多，所以 USC 的 BIM 标准更多关注的是通过 BIM 的工作方式收集楼宇数据，方便自己的物业管理。根据对前美国房地产开发商 Irvine Company 的 Project Integration 副总裁 Clive Jordan 的采访，因为 Irvine Company 是个靠房地产开发投资赚钱的企业，所以除了前期投资决策外，他们更关注如何通过缩短项目的开发周期以及减少变更来降低项目的成本，所以 Irvine Company 的 BIM 标准更注重于对人性的研究从而优化管理流程。

英国篇

第 10 章　英国 BIM 主要特点

10.1　概述

英国的 BIM 标准和政策制定上遵循着顶层设计与推动的模式：通过中央政府顶层设计推行 BIM 研究和应用，采取"建立组织机构 --> 研究和制定政策标准 --> 推广应用 --> 开展下一阶段政策标准研究"这样一种滚动式、渐进持续发展模式。如果把英国政府的顶层 BIM 推动工作进行分解，包含以下内容：

（1）建立组织机构：2011 年英国政府发布了 GCS 2011 后，建立了英国政府资助、内阁办公厅领导的英国 BIM Task Group，以支持政府部门应用 BIM 为主要任务，领导和协调其他英国行业组织、科研机构以及建筑业企业推动英国的 BIM 研究和应用。在英国 BIM Task Group 的总体领导和推动下，英国其他与 BIM 相关的现有和新建机构根据自己的责任和优势在这个总体计划中行使相应责任，形成顶层设计主导、行业机构各司其职的 BIM 研究、应用、推广机制，其中包括 BSI 负责编制 BIM 系列标准，NBS 和 BRE 负责研发分类编码标准、构件基础数据、BIM 对象库、工具插件等，CIC 负责研发 BIM 合同范本，UK BIM Alliance 负责 BIM 的全行业推广普及等。

（2）制定政策和标准：GCS 的配套行动计划（Action Plan）中提出了"在 2016 年中央政府投资项目达到 BIM Level 2"的要求，这个要求在 2016 年 4 月 4 日开始正式实施。为推进 BIM Level 2 要求的实施，英国政府组织 BSI、NBS 和 BRE 等单位，建立了支持 BIM Level 2 的系列标准，以及合同样本、模板、对象库等一系列 BIM 应用基础资源。截至目前，英国的 BIM 应用系列标准以及相关 BIM 应用资源远远超过其他国家，英国的相关政策文件都把输出英国的标准体系和智力资源作为政府行业战略的主要目标之一。目前已经有阿联酋、澳大利亚、俄国、荷兰、比利时、西班牙、罗马尼亚、俄国、智利等国家都在采用英国的 BIM Level 2 系列标准。同时，BSI 正在努力把英国标准升格为 ISO 标准，以加大在全球推广英国标准的力度。预计 2018 年底会有两项英国 BIM 标准升格为 ISO 标准（BS EN ISO 19650-1 和 BS EN ISO 19650-2）。

（3）开展下一阶段政策标准研究：在完成了 BIM Level 2 技术政策和标准相关工作后，英国 BIM Task Group 的原有职能结束，BIM 应用推广工作主要交由 UK BIM Alliance 来完成。英国政府开始启动了下一阶段 BIM 应用政策和路线图研究项目：

Digital Built Britain，相当于对 BIM Level 3 要求的具体化研究。2017 年，英国商务部和剑桥大学联合成立了英国数字建造中心（CDBB-Centre for Digital Built Britain），代替英国 BIM 工作组（BIM Task Group）领导英国下一阶段的建筑业数字化发展工作。

根据本书编写组对 BIM Task Group 和 UK BIM Alliance 的采访，目前英国大部分企业的 BIM 应用水平介于 Level 1 和 Level 2 之间。能够达到 Level 2 水平的企业相对较少，至于何时能够启动 Level 3 要求，还没有计划。

英国政府原计划是 2020 年开始推动 BIM Level 3，但按照目前的状况很有可能会延后，目前英国的主要任务还是实现 BIM Level 2，全行业全面实现 BIM Level 2 要求还任重道远。所以，英国更强调建立 BIM 思维模式和文化氛围，不是简单的软件培训，而是对技能、学习、创造力的重新塑造（Reskill/Relearn/Reinvent）。

目前正式纳入英国 BIM 下一步计划，正在执行的工作主要包括几个方面：

（1）BIM 和智慧城市融合：这部分又称为 BIM Level 2（Convergence）。过去几年，BSI 在发布 BIM Level 2 系列标准的同时，发布了一系列智慧城市标准，下一阶段需要考虑 BIM 和智慧城市的融合方法。

（2）投入资源把英国标准升级为 ISO 标准，在全球市场销售英国 BIM 成果和相关智力服务，预计 2018 年底将有两项英国标准升格为 ISO 标准。

（3）数字建造不列颠（Digital Built Britain，BIM Level 3 的代名词）：BIM Level 3 目前处在研究和实践阶段，具体工作由英国商务部和剑桥大学合作成立的英国数字建造中心（CDBB-Centre for Digital Built Britain）负责，其基本设想是通过建立覆盖全英的高速网络、高性能计算和云存储设施，实现所有项目全生命期、全参与方集成应用 BIM，解决大范围高详细度（城市级、国家级）BIM 应用的信息安全问题。数字建造不列颠的具体内容目前仍处于研究阶段，尚未有正式定义和启动时间。

10.2　BIM 发展

根据 UK BIM Alliance（英国 BIM 联盟）在 2016 年发布的《BIM in the UK: Past, Prensent & Future》（BIM 在英国：过去，现在和未来）显示，BIM 的思维方式在英国是很早就存在的。建筑行业在英国一直被广泛认为是效率低下、资源消耗大的行业。长期以来，英国的很多建筑行业调研报告都建议英国的建筑行业进行相应的变革。其中，比较著名的有 1994 年 Latham 发布的报告《Constructing the Team》，以及 Egan 在 1998 年和 2002 年分别发布的《Rethinking Construction》（图 10-1）、《Accelerating Change》。这些报告无一例外都指出，建筑行业可以利用信息化技术、以及更好的协作机制，来提高生产效率。

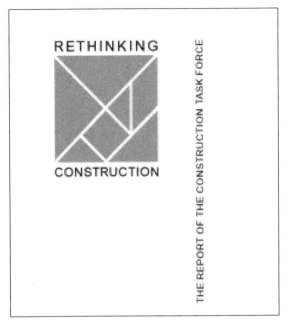

图 10-1　Egan 报告《Rethinking Construction》

　　而英国也确实在往这个方向在努力着。其中比较著名的案例便是 Avanti programme。Avanti 是英国在 2001 年开始实施的一个研究项目，项目通过一系列的案例分析来阐述更好地协同工作机制与信息化应用能为项目带来更大的价值❶。Avanti 项目后来成了英国首个 BIM 标准 BS-1192 的基础。而 Avanti 项目中的很多理念都成了英国在后来发布的 BIM Level 2 中的强制要求 ❷。

　　House of Commons Business and Enterprise Select Committee（下议院商业和企业专业委员会）在 2008 年发布的调研报告《Construction Matters：Ninth Report of Session 2007-09》显示，英国政府直接或间接地贡献了英国建筑行业的 40% 的工作量，而英国的建筑行业贡献了英国 8.7% 的国民生产总值。报告认为，与英国的其他行业相比，建筑行业要提升的内容很多，英国政府应该有合理的措施来引导建筑行业的进步。这份报告建议英国政府可以设立一个 Chief Construction Adviser（首席建造顾问）的岗位，来推动建筑行业的发展。

　　2009 年，在下议院商业与企业委员会的建议下，英国首相正式在政府中设立了首席建造顾问这一岗位，以推动政府内的跨部门协作和建设行业的政策制定。Paul Morrell 成为了第一任政府首席建造顾问。

　　在受雇于英国政府之前，Paul Morrell 在施工咨询公司 Davis Langdon 担任了近 40 年的合伙人。长期工作在建筑行业一线的 Paul Morrell 在担任英国首席建造顾问后，开

---

❶　http：//constructingexcellence.org.uk/resources/avanti/.

❷　BIM in the UK：Past, Prensent & Future, UK BIM Alliance.

始鼓励英国政府支持并推动 BIM 技术的发展 [1]，以提高英国建筑行业的效率（图 10-2）。在 Paul Morrell 的支持下，英国内阁办公室在 2011 年 5 月发布的 GCS 2011 首次提到了发展 BIM 技术。

图 10-2　Paul Morrell 对 BIM 技术的观点

GCS 2011（图 10-3）是英国第一个中央政府层面提到 BIM 的政策文件。在这个战略计划中，英国政府大篇幅介绍了 BIM 技术，并要求到 2016 年，政府投资的建设项目全面应用 3D BIM，并且将用信息化管理所有建设过程中产生的文件与数据。

在发布 GCS 2011 的同一年，英国政府还宣布资助并成立 BIM Task Group，由内阁办公厅直接管理，致力于推动英国的 BIM 技术发展、政策制定工作。BIM Task Group 成立的同时，英国政府还提出了 BIM Levels of Maturity，要求在 2016 年所有政府投资的建设项目强制按照 BIM Level 2 要求实施（图 10-4）。

GCS 2011 可以被认为是英国 BIM 标准及相关政策的纲领性文件。在此政策之后，

图 10-3　GCS 2011

英国政府陆续颁布和实施了一系列 BIM 相关规范和标准，包括 PAS 1192 系列 BIM 标准、

---

[1] http://www.sourceuk.net/article/14/14181/paul_morrell_has_been_reappointed_as_the_governments_chief_construction_adviser_by_business_minister_mark_prisk.html.

始鼓励英国政府支持并推动 BIM 技术的发展 [1]，以提高英国建筑行业的效率（图 10-2）。在 Paul Morrell 的支持下，英国内阁办公室在 2011 年 5 月发布的 GCS 2011 首次提到了发展 BIM 技术。

图 10-2　Paul Morrell 对 BIM 技术的观点

GCS 2011（图 10-3）是英国第一个中央政府层面提到 BIM 的政策文件。在这个战略计划中，英国政府大篇幅介绍了 BIM 技术，并要求到 2016 年，政府投资的建设项目全面应用 3D BIM，并且将用信息化管理所有建设过程中产生的文件与数据。

在发布 GCS 2011 的同一年，英国政府还宣布资助并成立 BIM Task Group，由内阁办公厅直接管理，致力于推动英国的 BIM 技术发展、政策制定工作。BIM Task Group 成立的同时，英国政府还提出了 BIM Levels of Maturity，要求在 2016 年所有政府投资的建设项目强制按照 BIM Level 2 要求实施（图 10-4）。

GCS 2011 可以被认为是英国 BIM 标准及相关政策的纲领性文件。在此政策之后，

图 10-3　GCS 2011

英国政府陆续颁布和实施了一系列 BIM 相关规范和标准，包括 PAS 1192 系列 BIM 标准、

---

[1] http://www.sourceuk.net/article/14/14181/paul_morrell_has_been_reappointed_as_the_governments_chief_construction_adviser_by_business_minister_mark_prisk.html.

图 10-4　英国 BIM Level 2 实施时间轴

《政府建设战略 2016-20》(Government Construction Strategy 2016-20，以下简称 GCS 2016-20)、《建造 2025》(Construction 2025) 等，以此对政府和建筑业之间的关系进行全面提升，进而确保政府在工程建设行业能够持续获得理想的收益，而国家也能够拥有具有长期社会以及经济效益的基础设施。

10.3　英国主要 BIM 标准和技术政策

与美国不同的是，英国的 BIM 技术发展有着完善的政策支持。英国主要的 BIM 政策均为国家政府直接发布，如表 10-1 和表 10-2 所示。而英国的 BIM 标准具有很强的统一性与系统性，均为政府委托的机构编写。

英国主要 BIM 政策发布时间表　　　　　　　　　　表 10-1

机构/地方/企业	类型	内容	发布时间	内容概述
下议院商业和企业委员会	政府	建设事项：2007-09 第 9 份报告（ Construction Matters：Ninth Report of Session 2007-09 ）	2008	提出英国政府应该有合理的措施来引导建筑行业的进步
英国内阁办公室	政府	政府工程建设行业战略 2011（ Government Construction Strategy 2011 ）	2011	介绍了 BIM 技术，并要求到 2016 年，政府投资的建设项目全面应用 3D BIM，实现 BIM Level 2
英国政府	政府	建设 2025（ Construction 2025 ）	2013	提出加强政府与建筑行业的合作，来将英国在建筑方面世界一流的专业知识出口，来促进整体经济的发展
英国政府下设社会团队	政府下设机构	建设环境 2050：数字化未来报告（ Built Environment 2050：A Report on Our Digital Future ）	2014	对建筑行业未来发展的愿景
英国政府	政府	数字建造不列颠（ Digital Built Britain ）	2015	政府 BIM 工作从 BIM Level 2 向 BIM Level3 政策制定过渡
内阁办公室	政府	政府工程建设行业战略 2016-20（ Government Construction Strategy 2016-20 ）	2016	政府工作从 BIM Level 2 转向 BIM Level 3

英国主要 BIM 标准发布时间表　　　　　　　　　　　　　　表 10-2

标准编号	标准名称	发布时间	内容概述
BS 1192	Collaborative production of architectural, engineering and construction information. Code of practice（建筑，工程和施工信息的协同生产 - 实务守则）	2007	BS 1192：2007 是 BS 1192 标准的第三版，于 2007 年 12 月 31 日发布，为基于 CAD 信息系统的沟通、协作、建立公共数据环境（Common Data Environment）提供了更为全面的实践守则。BS 1192：2007 适用于建筑物和基础设施项目在设计、施工、运营期间各方面人员的信息管理与协作
BS 8541-1	Library objects for architecture, engineering and construction. Identification and classification. Code of practice（建筑、工程、工身份与编码对象库。实施规程）	2012	BS 8541 系列标准为对象标准，定义了对 BIM 对象（Objects）的信息、几何、行为和呈现的要求，以确保 BIM 应用质的量保证，从而实现建筑行业更多的协作和更高效的信息交换
BS 8541-2	Library objects for architecture, engineering and construction. Recommended 2D symbols of building elements for use in building information modelling（建筑、工程、施工 BIM 应用推荐模型元素二维符号对象库）	2011	
BS 8541-3	Library objects for architecture, engineering and construction. Shape and measurement. Code of practice（建筑、工程、施工几何与测量对象库。实施规程）	2012	
BS 8541-4	Library objects for architecture, engineering and construction. Attributes for specification and assessment. Code of practice（建筑、工程、施工技术规格与评估属性对象库。实施规程）	2012	
BS 8541-5	Library objects for architecture, engineering and construction. Assemblies. Code of practice（建筑、工程、施工组件对象库。实施规程）	2015	
BS 8541-5	Library objects for architecture, engineering anf construction. Product and facility declarations. Code of practice（建筑、工程、施工产品和设施对象库。实施规程）	2015	
BS 7000-4	Design management systems. Guide to managing design in construction（设计管理系统：管理施工设计指南）	2013	BS 7000 是一套系列标准，用于规范设计的管理过程。在 BIM Level 2 要求提出后，英国政府将 BS 7000 系列中的 BS 7000-4 针对 BIM 技术重新制定，形成 BS 700-4：2013。BS 7000-4：2013 对各级施工设计过程、各组织和各类施工项目进行管理指导，并适用于建设项目全生命期内的设计活动管理以及设施管理职能的原则
BS 1192-4	《Collaborative production of information. Fulfilling employer's information exchange requirements using COBie. Code of practice》（信息的协作生产：使用 COBie 履行雇主的信息交互要求。实践守则）	214	BS 1192-4：2014 的核心是定义了设施在全生命期内信息交互的要求，要求信息交互必须遵循 COBie，并定义了英国对 COBie 的使用

标准编号	标准名称	发布时间	内容概述
BS 8536-1	《Briefing for design and construction. Code of practice for facilities management》（设计和施工简述，设施管理实施守则）	2015	BS 8536-1：2015 发布的主要目的是阐述设计阶段与施工阶段的一些工作原则，确保参建人员从设计阶段就以建筑运营管理和使用的思路来进行管理
PAS1192-2	建筑信息建模施工项目实施 / 交付阶段信息管理规范（Specification for information management for the capital/delivery phase of construction projects using building information modelling）	2013	PAS 1192-2：2013 是整个英国 BIM 强制令的核心，它阐述了如何使用 BIM 成果来进行项目设计与施工的交付。PAS 1192-2 从评估与需求（Assessment and need）、采购（Procurement）、中标后（Post contract-award）、资产信息模型维护（Asset information model maintenance）四个方面，对 BIM 信息的传递做了详细要求
PAS1192-3	使用建筑信息模型在运营阶段的信息管理规范（Specification for information management for the operational phase of assets using building information modelling）	2014	PAS 1192-3 侧重于资产的运营阶段，设定了建筑运营阶段信息管理的框架，为资产信息模型（AIM）的使用和维护提供指导，并从 Common Data Environment 和数据交互的角度阐述了如何来支持 AIM
PAS1192-5	安全意识建筑信息建模，数字建造环境和智能资产管理规范（Specification for security-minded building information modelling, digital built environments and smart asset management）	2015	PAS 1192-5 针对 BIM 技术发展环境下，建设过程越来越多地使用和依赖信息和通信技术，定义了保障网络和数据安全问题的措施
PAS1192-6	应用 BIM 协同共享与应用结构性健康与安全信息规范（Specification for collaborative sharing and use of structured Health and Safety information using BIM）	2016	PAS 1192-6 旨在减少整个项目生命周期中的危害和风险，从拆除到设计，包括施工过程的管理，并使确保健康和安全信息在正确的时间由适当的管理人员负责

注：英国国家层面 BIM 标准均为英国标准学会（British Standards Institution，以下简称 BSI）发布，有关 BSI 介绍详见 10.5.4。

10.4 英国编码体系及应用情况

英国目前广泛使用的编码体系是 UniClass，而英国最早采用的是由瑞典编写的 CI/SfB 编码体系（Construction Indexing/Samarbetskommittén för Byggnadsfrågor）。此编码体系从 1950 就已发布，是欧洲使用最广泛的编码体系，英国在 1961 年正式引进 CI/SfB[1]。除此之外，CAWS、CESMM3、EPIC 等编码体系也在英国有着广泛的应用。

根据英国皇家建筑师学会内容发展与可持续性（Content Development & Sustainability）主管 John Gelder 的阐述，英国政府在 20 世纪 90 年代初期便有了使用自己编码标准的意愿。主要原因是，政府虽然在很早时期推荐使用 CI/SfB 编码，但是行业已广泛开始主动放弃 CI/SfB，而自发采用国家建筑规范组织（National Building Specification，以下简称 NBS）发布的 CAWS 或 ICE 发布的 CESMM3 编码体系，同时

---

[1] John Gelder, Classification, London, 2012, February.

由于 CI/SfB 更新较慢，不适应建筑行业的快速发展了。其中最为主要的是，在计算机技术出现后，CI/SfB 繁琐的编码体系不适应计算机技术的发展了。

1997 年，UniClass 由 CPI（Construction Project Information，施工项目信息）发布，CI/SfB 正式退出英国历史的舞台。UniClass 用面分法（Facets）融入了 CAWS、EPIC、CESMM3 等编码体系，统一英国建筑行业所有部门的分类系统，将项目信息结构化为公认的标准。Uniclass 发布以后便一直更新着，使其更适合现代建筑行业的实践与发展。

2013 年，为了更好地为建筑全生命期各参建方的信息结构化提供编码系统，CPI 开始着手准备 UniClass 2 的发布。

由于 BIM 技术在英国的发展，为了更好地将 UniClass 与 BIM Level 2 融合，CPI 将 UniClass 的版权于 2014 年移交给了英国政府，英国政府委托 NBS 负责更新 Uniclass，同时投入研发资源以配合和支持 BIM 应用。2015 年，NBS 在 UniClass 2 的基础上，正式发布了 Uniclass 2015，同时把 Uniclass 2015 编码体系融入到了 BIM Level 2 实施工具 NBS Toolkit 中。

Uniclass 2015 的编写由英国全行业专家们的参与，与之前的 Uniclass 版本相比，Uniclass 2015 大大扩展了以前版本的范围。

1. UniClass 主要内容

John Gelder 在 NBS 官网上曾经表述过，UniClass 的主要内容、结构、遵循规则都与美国的 OmniClass 类似。John Gelder 说，在制定 UniClass 2 时，有人建议英国直接使用美国 OmniClass，但是为了避免 CI/SfB 的情况（无法影响和更改编码体系）再次发生，英国还是决定自己编写 UniClass 2，使其更好的顺应英国建设行业发展的变化。

根据 NBS 官方网站上由其信息分类系统负责人 Sarah Delany 写于 2015 年 5 月 8 日、更新于 2016 年 11 月 2 日的文章介绍，UniClass 2015 的几个主要特点为：

• 针对建筑业统一的分类系统，建筑、园林、基础设施等不同类型项目都可以用一个统一的分类系统进行分类。

• 采用面分法的表格可以支持各类建筑对象的分类，包括从大学校园、路网到楼面地砖和路边单元等各种内容。

• 编码系统足够灵活，可以支持面向未来建筑行业发展而新增的分类需求。

• 兼容 ISO 12006-2，跟 NRM1（RICS 成本预算成本管理规范）匹配，匹配未来可能的其他分类系统。

• 由 NBS 负责维护和更新。

• BIM Toolkit（详细内容见 12.3.1 章）有与 Uniclass 201 对应的数据库，使得从业人员可以使用标准行业术语尽可能容易找到需要的分类。

Uniclass 2015 按照建设的组成分为不同表格，并且是层次化且互相影响的，允许项目管理人员从最广泛的角度定义一个项目的信息，到定义具体某项活动最详细的信息。按照对建筑的分解，这些表格具体包括：

- 项目体（Complexes）：对项目的综合体描述，表明项目所包含的内容，比如一个带有花园、驾驶、车库和工具棚的私人房屋，或者是一个包含各种功能建筑的园区等。

- 实体（Entities）：实体是各个独立的项目，如建筑物，桥梁，隧道等。它们提供不同活动发生的区域。

- 活动（Activities）：定义了在建筑体、实体或空间中进行的活动，例如信息提交、测量、操作、维护和服务等。

- 空间 / 位置（Spaces/locations）：在建筑物中为各种活动提供的空间。在某些情况下，一个空间只适用于一个活动，例如厨房；某些情况下，一个空间可以对应多个活动，例如学校大厅用于集会，午餐，运动，音乐会和戏剧。

- 元素和功能（Elements/functions），如图 10-5 所示。

- 系统（Systems）：系统是组合在一起以构成元素或执行功能的集合或分类。

- 产品（Products）：建造过程中采购的实体产品。

- 工具和设备（Tools and Equipment）

- 项目管理（Project Management）：用于定义项目管理过程中的工作内容和参与角色。

- CAD：用于定义制图或建模软件里的各类对象信息，如图层、标注、几何信息等。

Code	Group	Sub gr	Section	Object	Title	NBS Code	NRM
					EF Elements/ functions - 11 May 2018 - v1.2		
EF_20	20				Structural elements		
EF_20_05	20	05			Substructure		
EF_20_10	20	10			Frames		
EF_20_20	20	20			Beams		
EF_20_30	20	30			Columns		
EF_20_50	20	50			Bridge abutments and piers		
EF_25	25				Wall and barrier elements		
EF_25_10	25	10			Walls		
EF_25_30	25	30			Doors and windows		
EF_25_55	25	55			Barriers		
EF_30	30				Roofs, floor and paving elements		
EF_30_10	30	10			Roofs		
EF_30_20	30	20			Floors		
EF_30_60	30	60			Pavements		
EF_30_70	30	70			Bridge decks		
EF_35	35				Stairs and ramps		
EF_35_10	35	10			Stairs		
EF_35_20	35	20			Ramps		
EF_37	37				Vessel and tower elements		
EF_37_50	37	50			Vessels		
EF_40	40				Signage, fittings, furnishings and equipment		
EF_40_10	40	10			Signage		
EF_40_20	40	20			Fittings		
EF_40_30	40	30			Furnishings		
EF_40_40	40	40			Equipment		
EF_45	45				Flora and fauna elements		
EF_45_10	45	10			Planted elements		
EF_45_20	45	20			Grassed elements		
EF_45_30	45	30			Fauna elements		
EF_50	50				Waste disposal functions		
EF_50_10	50	10			Gas waste collection		
EF_50_20	50	20			Wet waste collection		
EF_50_30	50	30			Drainage collection		
EF_50_40	50	40			Dry waste collection		
EF_50_50	50	50			Gas waste treatment and disposal		
EF_50_60	50	60			Wet waste treatment and disposal		
EF_50_70	50	70			Drainage treatment and disposal		
EF_50_75	50	75			Wastewater treatment and disposal		
EF_50_80	50	80			Dry waste treatment and disposal		
EF_55	55				Piped supply functions		
EF_55_05	55	05			Gas extraction and treatment		

图 10-5　元素和功能的 Uniclass 编码表格

目前 Uniclass 已发布了 10 个核心表格，描述了支持项目实施数字化工作所需的资产、信息。Uniclass 的第 11 个核心表格——信息形式（Form of information）目前正在开发中。

2. UniClass 应用情况

根据 NBS 发布的《NBS National BIM Report 2018》里显示，在 BIM 实施过程中，Uniclass 2015 的应用率是 34%，如图 10-6 所示。

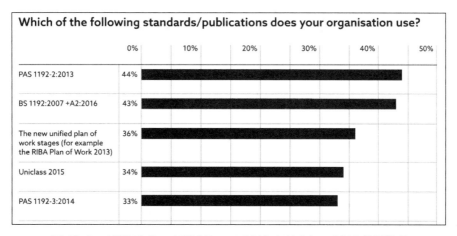

图 10-6　NBS National BIM Report 2018 中 Uniclass 2015 使用情况

2018 年 6 月，本书编写团队在采访英国建筑科学研究院（Building Research Establishment，以下简称 Bre）BIM 总监 PaulOakle 时曾问到 UniClass 的应用程度，PaulOakley 表示，目前行业最广泛使用的还是 UniClass 1.4，因为 UniClass 1.4 已经植入到英国的主流软件工具中了，包括 Autodesk 和 Bentley 产品等。目前行业对 UniClass 2015 也在慢慢适应中，主流的工具也在渐渐地将 UniClass 融入到软件中。Paul Oakley 表示，随着知识和教育的普及，随着行业（不仅仅是个人）渐渐意识到 UniClass 的优势后，越来越多的人会融入 UniClass 2015 中。

关于 UniClass 的开发，Paul Oakley 表示，Bre 在 20 多年前就与政府有过多次争论。Bre 认为，像 UniClass 这样的编码体系是国家发展所必要的。在政府同意 UniClass 后，NBS 牵头、Bre 参与、行业共同努力，通过十多年的努力完成这个基础性的工作。

10.5　英国 BIM 推广体系

由于 BIM Task Group 是政府管理的部门，人员数量与精力有限，所以 BIM Task Group 的主要工作集中在宏观政策及框架体系的制定上，而政策的具体落实则分配给了行业上的各个行业组织机构，不同的组织分担了不同的职责。这也是为什么涉及英国国家 BIM 发展时，除了 BIM Task Group 外，还会有很多其他组织的原因。其中最为主要的包括：UK BIM Alliance，Digital Built Britain，BIM 2050 Group，BSI，NBS 等，如图 10-7 所示。

BIM Task Group partners

- BIM4 Steering Group
- Technology Strategy Board
- CIC BIM Regional Hubs
- BIM4LG
- BIM2050 Group
- BSI
- BIM4FM Group
- BIM4 Private Sector Clients
- BIM For Retail
- BIM4SMEs
- BAF
- BIM4SupplySideDelivery

- BIM 4 Infrastructure (UK)
- BIM4RailUK
- BIM4Water
- BIM 4 Data Centres
- Building SMARTUK
- The National Improvement and Efficiency Partnership (NIEP)
- Construction Industry Council (CIC)
- Survey4BIM
- National Institute of Building Sciences US
- BIM4FitOut
- BIM4M2

UNIVERSITY OF LIVERPOOL
School of Architecture © Prof Arto Kiviniemi 2015

图 10-7　英国 BIM Task Group 合作伙伴列表

在 2011 年内阁办公厅发布 GCS 2011 提出推广 BIM 技术后，为响应此政策，由英国政府商业创新技能部（Department for Business，Innovation and Skills）主持、由英国建筑业委员会（Construction Industry Council，CIC）协助，成立了国家 BIM Task Group。BIM Task Group 成立的主要目的就是负责将 BIM 技术进行大规模推广、协助政策和标准的制定。BIM Task Group 在成立的同一年制定了针对企业应用的 BIM 成熟四个标志性阶段（BIM level 0 - 3）。

BIM Level 2 的推广过程中，英国发布了一系列标准用于支撑 BIM Level 2 的实现。而 BSI（British Standard Institution，英国标准学会）作为英国国家标准机构，协助英国政府及 BIM Task Group 编写了 BS 和 PAS 系列 BIM 标准。

2016 年，随着 BIM BIM level 2 在英国中央政府投资项目中的强制实施，BIM Task Group 正式完成了自己的阶段性使命，退出了历史舞台。BIM Task Group 在 BIM 技术推广上的功能由民间组织——英国 BIM 联盟（UK BIM Alliance）替代，来推动 Level 2 的全面实现。而 BIM Task Group 在政策和标准制定上的功能，则并入到了 Digital Built Britain（数字建造英国）项目，开始开展 BIM Level 3 的制定工作。

在 BIM Level 2 实际推广过程中，隶属于英国皇家建筑师学会（Royal Institute of

British Architects，RIBA）的国家建筑规范组织（National Building Specification，NBS），会针对不同应用对象的实际应用效果进行调研，并负责编写统计报告《NBS National BIM Report》，用于跟踪英国 BIM 的推广效果，这份报告 2011-2018 年期间一共发布了 8 次。同时，NBS 还受 BIM Task Group 的资助，负责 BIM Toolkit 的开发、BIM 对象（BIM Object）库的标准开发与收集。

由于英国包含了英格兰、苏格兰等不同的区域，所以针对不同区域的 BIM 推广，BIM Task Group 还在英格兰，苏格兰、威尔士以及北爱尔兰分别设置了 BIM 区域中心（BIM Regional Hubs）。BIM 工作小组在区域中心的工作主旨与总部保持一致，配合小组的号召，地方政府以及建筑工程监管机构也与 BIM 中心建立了联系。

10.5.1　BIM Task Group

内阁办公厅出台的 GCS 2011 明确规定政府需要在 2016 年达到建筑工程项目管理和资产管理相关的信息文件以电子的形式进行储存和归档。这同时也为 BIMLevel 2 在政府监控下的公共建筑采购项目定下了最低的要求。

为了响应 GCS 2011，英国政府商业创新技能部（Department for Business，Innovation and Skills）主持、由英国建筑业委员会（Construction Industry Council，CIC）协助，成立了国家 BIM Task Group。BIM Task Group 为达到 BIMLevel 2 的目标，汇集了来自建筑行业、政府机构、学术研究界的专业团队，旨在向英国 BIM 应用提供完善的信息规范并且在实践中寻求 BIM 应用的示范。

英国内阁大臣 Francis Maude 在执行期间对 BIM Task Group 的计划给予了一定的评价："在由政府发起的 BIM 实施 4 年的计划将改变整个英国建筑供应链的工作方式，开启并开放更新、更为高效的协作方式，正是这样的 BIM 应用将英国推向数字建造，成为世界 BIM 使用的引领者。"

2016 年，在英国政府已经与业界展开了 5 年的计划实施后，BIM 工作组的工作也接近尾声。2016 年 UK BIM Alliance 宣布接替 BIM 工作组来进一步实现 BIM level 2 应用常态化的实现。不过这并不意味 BIM 工作小组所从事工作的结束，针对未来的英国 BIM level 3 的发展，工作组的寿命会延长以制定下一阶段的详细目标并以此来引领英国数字建造的相关议程。

10.5.2　UK BIM Alliance

2016 年 6 月下旬，借由土木工程师学院（Institution of Civil Engineers，以下简称 ICE）举办的 BIM 会议与数字建造周，50 多个组织机构参与建立以 BIM 应用为主题的联盟组织 ---UK BIM Alliance 正式成立。UK BIM Alliance 的成员最初由 BIM Task Group 中设立的 "BIM4 社团"（BIM4 Communities）的成员组成，之后通过选举逐步过渡成为联盟的雏形。

如前文所提到的，UK BIM Alliance 的设立在职责上取代了英国国家 BIM Task Group，进一步在 BIM 第二阶段的进程中制定并规范更为严格的目标和详细策略。UK BIM Alliance 根据 BIM 技术在英国应用的经验和现状，与 2016 年 10 分别发布了《BIM in the UK：Past，Prensent& Future》（BIM 在英国：过去，现在和未来）和针对 BIM Level 2 常态化（business as usual）的《Strategic Plan》（英国 BIM 策略规划，图 10-8），用于协助行业更好地理解 BIM 和 BIM Level 2，并将 BIM 融入到日常工作中。

图 10-8 《Strategic Plan》

UK BIM Alliance 在 BIM 推广中的角色不但完全取代了工作小组，并且涉及了更为广泛的项目范围。与 BIMTask Group 不同，UK BIM Alliance 的建立旨在 2020 年之前，完全规范 BIM 第二阶段，以便建筑企业能够准备好迎接在未来数字建造即 BIM 第三阶段的更宏伟指标。但在 2018 年 6 月本书编写团队与该联盟主席、Atkins 科技总监兼董事 Anne Kemp 女士沟通时，Kemp 女士表示这是一个艰巨的任务（a hard job）。2018 年 9 月，根据 UK BIM Alliance 顾问 Richard Saxon 的透露，由于 BIM Level 2 在英国推行的困难，UK BIM Alliance 将在 10 月份发布一个降低 BIM 应用标准的新指南（详细内容参见 11.7）。

10.5.3 BIM4 Communities

"BIM4 社团"（BIM4 Communities）最初由 BIM Task Group 协助成立，其主要目的是提升行业对 BIM 技术的认知，并帮助行业逐渐接受这项技术。BIM4 Communities 都是行业各领域的专家自发组成，根据 BIM 应用的不同领域和方向，BIM4 Communities 有着不同的分组，包括 BIM 4 Infrasturcture、BIM 4 Rail、BIM 4 FM 等 20 多个分支。

BIM4 Communities 虽然由 BIM Task Group 协助成立，但 BIM4 Communities 还是行业上各个 BIM 组织的一个枢纽带，如图 10-9 所示。BIM4 Communities 从一个第三方的角度客观地推动着 BIM 技术在英国的进步。

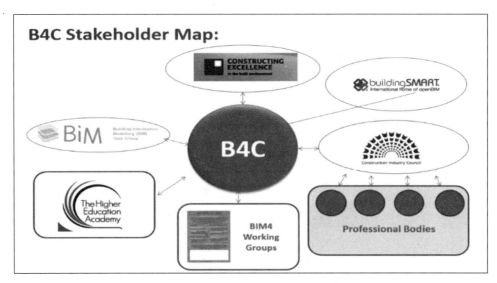

图 10-9 BIM4 Communities 组织关系

在 BIM Task Group 的工作重心转化到 Digital Built Britain 之后，UK BIM Alliance 在原先 BIM4 Communities 的基础上正式成立，接替了 BIM4 Communities 的功能。

10.5.4 BSI – British Standards Institution

英国标准学会（British Standards Institution，BSI）成立于 1901 年，是一家非营利性的机构，在标准化、系统评估、产品认证、培训和咨询服务领域提供全球服务。BSI 与英国政府签署了谅解备忘录，确立了 BSI 作为公认的英国国家标准机构的地位。

在 BIM Level 2 的要求提出来后，BSI 便开始协助英国政府层面来制定一系列的标准文件，促使英国的建设行业接受并融入 BIM Level 2 的要求。

由于 BIM Task Group 的要求，BSI 制定的所有 BIM Level 2 相关标准都必须免费提供给行业在网上下载。

10.5.5　NBS - National Building Specification

英国的国家建筑规范组织（National Building Specification，NBS）隶属于英国皇家建筑师学会（Royal Institute of British Architects，以下简称 RIBA），是英国建筑信息化、创新技术的标准制定以及推广机构。

在英国推广 BIM 技术的过程中，BSI 的标准偏向于宏观、框架型的标准。而 NBS 编写的标准则是与之配套、具体落地实施的标准，如《NBS BIM Object Standard》（NBS：BIM 构件标准），为行业的具体实施提供参照依据。作为英国新技术的推广机构，NBS 还受雇于 BIM Task Group，负责具体推广措施的制定。如 NBS 制作并发布的 NBS National BIM Library（NBS 国家 BIM 图书馆），与 NBS BIM ToolKit（NBS：BIM 工具箱，图 10-10）。

图 10-10　NBS BIM ToolKit 首页

NBS 国家 BIM 图书馆是英国免费使用 BIM 内容的主要来源，现在也在国际上使用。NBS 国家 BIM 图书馆使建筑专业人员能够查找、下载和使用各个专业符合《NBS：BIM Object Standard》（NBS BIM 构件标准）的 BIM 模型构件。同时，BIM 图书馆中的对象可与主流的 BIM 建模软件集成，使用者可在 BIM 建模软件中直接使用 BIM 对象库中的对象。

而 NBS BIM 工具箱则是将 BIM Level 2 的相关要求内置到产品里面，用于项目的 BIM 策划与实施管理。让使用者知道按照 BIM Level 2 的要求实施项目时，谁在什么时间需要做什么事情，方便行业人员在项目实施中直接使用。

除此之外，NBS 还编制了 UniClass 2015，并负责《NBS National BIM Report》的编写，

跟踪英国每年的 BIM 应用情况。NBS 每年的 BIM 报告现已被公认为业界对 BIM 使用最全面的评论之一。在 2011 年英国发布 GCS 2011 后,《NBS National BIM Report》(NBS 国家 BIM 报告) 在同一年发布第一版调研报告, 此后 NBS 每年都会更新一版, 每年的报告都对上一年 BIM 的发展和实施进行统计、分析和总结。

10.5.6 CIC – Construction Industry Council

CIC 的全称是 Construction Industry Council (建筑业理事会), 成立于 1988 年, 是英国建筑行业的专业团体、研究机构、专家协会组成的代表组织。CIC 现在在英国建筑行业扮演着重要的角色, CIC 在英国建筑业 50 万名从业人员和 25000 多个建筑公司的角度, 就与建设有关的各种问题发表声音, 不受行业任何特定部门的自身利益约束。

CIC 的工作是被政府和整个英国建筑行业认可和尊重的。作为一个有效的思想领袖, CIC 通过集体代表和支持, 致力于建设一个良好的环境来改善英国建筑业。

在英国政府发布了 GCS2011 后, 为了给行业 BIM Level 2 的实施提供一个良好的环境, CIC 从一系列法律和合同问题出发, 于 2013 年发布了《BIM Protocol》(BIM 合同条款)。该合同条款可以用于所有英国建设工程的合同, 并支持 BIM level 2。

《BIM 合同条款》确定了项目实施过程中对 BIM 模型的要求, 并对这些模型的使用制定了具体的义务,责任和相关限制。2018 年,CIC 发布了《BIM 协议书》的第二版。

10.5.7 BIM 英国各区域工作小组

针对不同区域的 BIM 推广, BIM Task Group 还在苏格兰、威尔士以及北爱尔兰分别设置了 BIM 区域中心 (BIM Regional Hubs, 图 10-11)。BIM 工作小组在区域中心的工作主旨与总部保持一致, 并且广泛吸引了来自政府部门以及社会各级横跨英国建筑行业的机构、组织和企业人员。其中不仅包括了各个专业的工程师、承建方等, 还包含了律师行、城市环境保护顾问、材料制造商, 以及建筑管理人员。

图 10-11 英国 BIM 区域中心官方主页

2012 年 3 月，BIM 区域工作小组开始逐一的设立区域中心，区域中心作为不同区域间各成员与 BIM Task Group 的桥梁，在政府 BIM 政策的实施中起着引导当地 BIM 应用的作用，并积极与地方产业进行对话，各中心建立了针对区域自身的发展规划。目前在工作小组的网站上设置区域中心已经达到 19 个，其中包括针对各区域中心成立的 BIM 工作子中心（Sub Hubs）

区域 BIM 工作中心的主要工作包括：

• 与区域核心 BIM 工作组协同，并使本地的建筑行业提高 BIM 应用意识以及掌握相关 BIM 要求。

• 充当 BIM Task Group、国家政策与地方的协调角色，从而确保持续的信息能够被双方解读。

• 确保区域的 BIM 工程协议与应用在国家要求的范围内。

• 确保其所在区域能够很好分享 BIM 知识以及优秀的 BIM 实践案例。

• 在区域 BIM 实践中确保其能够发挥在供应链中的作用。

• 为核心执行小组提供反馈。

1. 苏格兰 BIM 工作组

苏格兰 BIM 工作组（图 10-12）是由合作伙伴苏格兰未来信托（Scottish Futures Trust，SFT）设立的 BIM 推广支持小组，负责在苏格兰地区提供一系列 BIM Level 2 应用的推广活动，并得到了苏格兰建筑业界的支持。

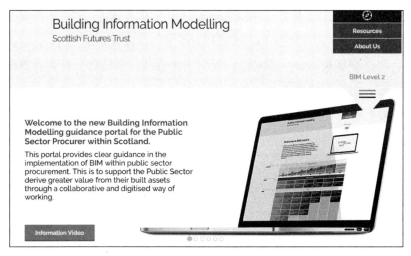

图 10-12　苏格兰 BIM 小组官方主页

苏格兰 BIM 工作组的主要任务是在苏格兰建筑行业推广使用 BIM 来实现高质量的项目实施，并强调通过 BIM 的知识共享、协同合作、创新实践来达到建设效益的最大化。

苏格兰 BIM 工作组通过开展一系列的 BIM 宣传、BIM 培训以及分享 BIM 案例等活动，引导苏格兰建筑行业逐渐向协同与数字化的工作方式进步，避免行业内出现 BIM 应用的不规范案例。

苏格兰 BIM 工作组还在其官网提供支持 BIM Level 2 实施的工具包，并自行开发了部分小工具来协助企业更好地融入 BIM 应用中，例如 BIM Navigator（BIM 导航仪）、SFT BIM Grading Tool（SFT BIM 评价工具）等。

2. 威尔士 BIM 工作组

威尔士 BIM 工作小组 2012 年 7 月在威尔士由建筑事务所 Boys Rees 首席建筑师 Clive Webb 的主持下建立。旨在向威尔士建筑行业提供对应的 BIM 实施支持。

同时，威尔士建筑工程企业培训机构（Construction Industry Training Board Wales，CITB）中的建筑技术部门在威尔士 BIM 工作小组中也担任着重要角色：CITB 与 CIC 威尔士合作，为行业提供相应的 BIM 培训，协助企业逐步融入 BIM 所倡导的协作工作方式中。

3. 北爱尔兰 BIM 工作组

北爱尔兰 BIM 工作组（图 10-13）是由北爱尔兰内的各个区域通过选举优秀代表作为组织的，由北爱尔兰 BIM 工作组指导小组（Northern Ireland BIM Hub Steering Group）进行领导和监督。

北爱尔兰 BIM 工作组现阶段的任务与 BIM Task Group 基本保持一致，为了帮助传播英国政府的 BIM Level 2 应用信息，并帮助涉及 BIM 应用的相关专业人士，建立起基层的反馈机制，便于与 BIM Task Group 协调。同时，北爱尔兰 BIM 工作组保持开放性，面向社会各界对 BIM 有兴趣的个人或者组织。

图 10-13　北爱尔兰 BIM 小组官方主页及组织活动

北爱尔兰 BIM 工作组指导小组保持稳定在 12 人，并会在每月履行对 BIM 在区域实践范围内讨论的改善和支持，并择优选择当地培训和活动进行合作。指导小组本身也负责及时反馈至政府，并定期向 BIM Task Group 网络其他地域工作组相联络。同时工作组本身还与其他 BIM4 社区的组织向关联，从而对面向更广维度的建筑业提供应用支持与正确的 BIM 信息传播。

每月北爱尔兰 BIM 工作组针对 BIM 实施开展有针对性的讨论，明确如何支持区域 BIM 应用，并积极支持各地方 BIM 战略和活动，分享 BIM 实践案例，以追求更大的项目效益。

第11章 英国 BIM 技术政策

11.1 概述

英国主要的 BIM 政策均为政府直接发布。GCS 2011 由内阁办公室直接发布，GCS 2016-20 由内阁办公室与财政部共同管理的基础设施和项目管理局（Infrastructure and Projects Authority）发布，而《Construction 2025》发布机构的落款则直接是 HM Government（英国政府）。

为了响应政府所发布的各项政策，英国政府成立了 BIM Task Group。其主要目的在于传达政府的政策目标，并协助政府加强业界实施 BIM 技术的能力。

由于各类政策都由政府统一牵头，以及政府首席建造顾问在其中给予的正确引导，在汇聚了英国最顶尖的专家，包括了企业界、研究机构、院校等力量后，英国 BIM 的发展一直在顶层设计上有着清晰的目标。

这些政策之间相辅相成，逐步引导建筑行业往信息化、智能化的方向发展，实现数字建造不列颠（Digital Built Britain）的目标。

11.2 Government Construction Strategy 2011

建筑领域一直是英国经济的重要组成部分。根据英国政府在 2011 年发布的《The Government's Plan for Growth》（政府发展计划）显示，英国的建筑业产值已达到 1100 亿英镑，占到了国内生产总值的 7%，而英国政府直接或间接地贡献了英国建筑行业的 40% 的工作量。

但建筑业也是一个高度分散的行业，在英国超过 99% 的企业由中小企业组成。同时在历史上英国建筑业一直被认为是效率低下、资源消耗大，其产业价值（EC Harris ONS 2014）无法全面体现。

由于英国政府是本国建筑行业最大的客户（业主），在英国市场有相当大的影响力，政府一直在寻找一个协调一致方式，使其能够利用其作为最大客户的地位来推动建筑行业的发展，从而提高纳税人纳税的价值。同时，英国政府和业内人士普遍认为，英国没有从公共部门投资和建设中获得应有的价值，也并没有充分利用公共建筑和基础设施项目推动经济增长的潜力。

下议院商业和企业专业委员会在 2008 年发布的调研报告《Construction Matters：Ninth Report of Session 2007-09》中建议英国政府可以设立一个首席建造顾问的岗位，来推动建筑行业的发展。2009 年，英国首相正式在政府中设立了首席建造顾问这一岗位，以推动政府内的跨部门协作和建设行业的政策制定。Paul Morrell 被英国聘请，成为了第一任政府首席建造顾问。

Paul Morrell 上任后，便致力于改变以上问题，在他和多个部门的协作推动下，政府文件《Government Construction Strategy 2011》（GCS 2011，图 11-1）第一次提到了 BIM 技术。

图 11-1　GCS 2011

GCS 2011 发布的目的在于，要求改善公共机构与建筑行业的关系，确保政府长期稳定、国家长期需要社会经济基础设施。整体来说，GCS 2011 的总体目标是在短期内减少建造造价的 15% 到 20%，同时提及 BIM 技术是减少建造成本的重要信息化手段。

1. 政策内容

GCS 2011 把英国建筑行业面临的问题以及需要发展的关键点以关键词的形式一一罗列，每个关键词后面都会描述相应的问题以及对应的发展战略目标（Strategy

Objectives）。

在 GCS 2011 提到的战略目标关键词包括：

- 协同与领导力（Co-ordination and leardership）
- 远期方案（Forward programme）
- 管理者及客户的技能（Governance and client skills）
- 挑战（Challenge）
- 资金、标准和基准成本的价值（Value for money, standards and cost benchmarking）
- 消除浪费提高效率（Efficiency and elimination of waste）
- 建筑信息模型（Building Information Modelling）
- 设计/施工与运营及资产管理的融合（Alignment of design/construction with operation and asset management）
- 与供应商关系的管理（Supplier Relationship Management）
- 提高竞争性减少复制性（Competitiveness and reducing duplication）
- 新的采购模型（New procurement models）
- 与客户关系的管理（Client Relationship Management）
- 实施现有的及新兴的与可持续性及低碳相关的政府政策（Implementation of existing and emerging Government policy in relation to sustainability and carbon）

在涉及 BIM 的战略目标时（图 11-2），GCS 2011 首先提到目前英国市场上已经有部分行业领先的企业在使用 BIM 技术，并在减少错误、降低建造成本上取得了一定的成绩。随即 GCS 2011 提到了目前英国 BIM 技术存在的问题，包括缺少互相兼容的系统、标准和准则，不同客户的不同需求限制了数据的统一等等。GCS 2011 提到，设计 BIM 模型的信息如果通过很好的管理，可以直接用于预制加工，并可作为施工和资产管理的基础。

所以英国内阁政府提出，将协调政府的不同部门来制定相应的标准，确保行业能在一个协同的环境中进行协作，发挥出数据的价值。GCS 2011 还提到，在 2016 年，政府将开始要求在一个完全协作的 3D BIM 环境中工作，并提出会建立一个实施小组来推动对应的政策以及分阶段的实施计划。

除了整体的战略目标外，GCS 2011 还对所有的战略目标中所提到的工作要点都列出了对应的整体行动计划（Summary Action Plan，图 11-3）。在对应 BIM 整体行动计划中，英国政府要求到 2016 年，所有英国政府项目开始强制使用 BIM 技术并且将信息化管理所有建设过程中产生的文件与数据。政府还提出将在 2011 年 7 月制定相应的实施方案，从 2012 年开始根据设定的不同阶段来开展具体的工作。

2 Strategy Objectives

- embed the adoption of a standardised prequalification form (PAS 91) so that it is used in all central Government construction procurement;
- identify and implement pilots to take forward the "leaning" of the procurement process for construction projects; and
- speed cash flow through the supply chain through fair payment provisions.

Progress to May 2011

Prequalification - PAS 91: the use of this standardised wording for PQQs has been mandated within Government. Work to ensure that the approach is embedded within the procurement community, and spreads through the wider public sector, is ongoing.

Fair Payment and Project Bank Accounts: Fair Payment down the supply chain has been made a contractual requirement on all new construction procurement by central Government. In addition £1.8bn pounds worth of projects have been awarded to date using Project Bank Accounts, and these will be monitored as a model for the future.

Building Information Modelling

2.29 At the industry's leading edge, there are companies which have the capability of working in a fully collaborative 3D environment, so that all of those involved in a project are working on a shared platform with reduced transaction costs and less opportunity for error; but construction has generally lagged behind other industries in the adoption of the full potential offered by digital technology.

2.30 A lack of compatible systems, standards and protocols, and the differing requirements of clients and lead designers, have inhibited widespread adoption of a technology which has the capacity to ensure that all team members are working from the same data, and that:

- the implications of alternative design proposals can be evaluated with comparative ease;
- projects are modeled in three dimensions (eliminating coordination errors and subsequent expensive change);
- design data can be fed direct to machine tools, creating a link between design and manufacture and eliminating unnecessary intermediaries; and
- there is a proper basis for asset management subsequent to construction.

2.31 The Cabinet Office will co-ordinate Government's drive to the development of standards enabling all members of the supply chain to work collaboratively through Building Information

13

图 11-2　GCS 2011 中对 BIM 提到的战略目标

Annex A: Summary Action Plan

Ref	Theme	Objective	Specific Actions and Timescales			Measures
			Mar-2011	Mar-2012	Mar-2013	
			Encourage greater risk based assessment of competition and procurement options with greater focus on innovation, cost/value and performance outcomes. **(To be agreed 2011)**	Consider incorporating specific guidance into Green Book on procurement options assessed on a risk basis. **(April 2012)**		
			Government to work with industry and the Procurement Lawyers Association to encourage a more pragmatic approach to compliance. Support the EU consultation on procurement Directives to ensure revisions are consistent with UK objectives to remove wastage and procurement legislation that stifles innovation. **(Ongoing)**			
7.	Building Information Modelling ("BIM")	7(i) To introduce a progressive programme of mandated use of fully collaborative Building Information Modelling for Government projects by 2016.	Creation of the implementation plan and team to deliver. **(July 2011)**	Begin phased roll out to all Government projects. **(From Summer 2012)**		Completion of agreed pilots.

图 11-3　附件 A：行动计划

2. BIM Levels of Maturity

随着 GCS 2011 的发布，根据政策提出的在 2016 年政府投资的建设项目所需达到的 BIM 应用要求，BIM Task Group 应用了 Mark Bew 在 2008 年第一次提出的 BIM 阶段成熟度（BIM Levels of Maturity，图 11-4），来设定具体的实施目标和时间节点。

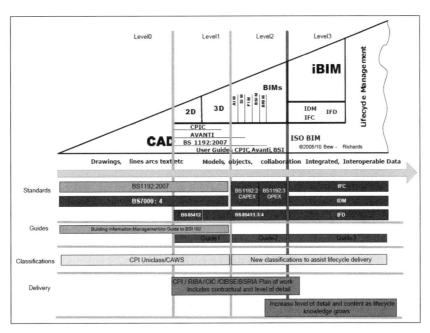

图 11-4　英国 BIM Levels of Maturity

英国的 BIM Levels of Maturity 可以分为 BIM level 0, level 1, level 2 和 level 3，各个阶段的要求具体如下：

• Level 0 – 最简单的形式，使用 2D CAD 图形（电子版或纸版）进行数据和信息交换，没有通用的规范和过程；即最传统的方式，所有图纸的生产和交换的变更、检查以及使用界面都基于手动模式。

• Level 1 – 使用 2D 和 3D 混合的 CAD 图形数据环境，具有标准化的数据结构和格式，遵循 BS 1192：2007+A2：2016；每个部门之间的协作有限，每个部门控制和发布自己的信息，包括 3D 模型或从这些模型导出的 2D 绘图。

• Level 2 – 协同工作模式，所有的信息和数据交换采用一体化的 3D 模型，模型的信息可以采用通用的数据格式，例如 IFC 或 COBie；客户必须能够定义和使用数据，业界将需要采用基于标准数据文件格式的常用工作方式。所有参与方将接受协作工作，并使用 3D，数据加载模型来整合和交换信息。

• Level 3 – 完全（集成）协同工作模式，所有工作部门间采用统一的可分享的项目模型，这样可以消除信息冲突，并支持基于全生命期数据共享与管理。

英国政府要求，2016 年 4 月 4 日起，所有英国政府项目开始强制遵循 BIM Level 2 要求，并在 2020 年普遍到达 BIM Level 2 的水准。

3. 政策实施与影响

GCS 2011 在英国建筑行业历史上有着极其重要的地位。来自 NBS 的 Richard McPartland 在一篇评价 GCS 2011 的文章里曾经提到 ❶，英国政府其实早在 20 世纪 30 年代就有了类似的建筑行业的战略报告，但是这些报告都只是提出问题，而 GCS 2011 是第一个真正提出解决方案以及发展战略的报告。同时，Richard McPartland 说，GCS 2011 也是一个具有挑战性的变革计划，因它需要与政府和行业利益相关者进行重要协调和参与。

面对挑战，英国政府提出将建立一个实施小组来推动政策的实施。于是 BIM Task Group 应运而生，BIM Task Group 由内阁办公厅直接管理，负责落实 GCS 2011 中相关要求，支持行业在 2016 年能达战略所要求的目标。

由于这是英国政府第一次在政府文件中正式提到发展 BIM 技术，同时负责落实政策实施的也是政府机构，所以行业对政策给予了很高的响应，政策得到了很好的落实：BIM Task Group 根据政策要求制定了 BIM 不同成熟度阶段的发展计划，并根据发展计划将具体工作分解给了不同的行业机构。如 BSI 负责标准的制定，NBS 负责工具的开发及实施的调研，CIC 负责法律相关的协议制定，等等。所以 GCS 2011 中的要求，最后都以对应的标准、计划、工具、协议等形式得到了落实，而英国中央政府投资项目按照战略要求，在 2016 年 4 月 4 日正式实施了 Level 2 BIM 强制令。

在英国政府于 2016 年发布的《政府建设战略 2016-20》中，英国政府公开承认 GCS 2011 的发布是成功的。虽然英国政府肯定了 GCS 2011，但是 BIM Level 2 在英国的推行还是遇到了一定的困难。2018 年 9 月，根据 UK BIM Alliance 顾问 Richard Saxon 的透露 ❷，BIM Level 2 在英国的推行实际上面临了很多困难，英国目前其实还有很多企业并没有意识到 BIM 技术所带来的价值，UK BIM Alliance 将在 10 月份发布一个降低 BIM 应用标准的新指南，把要求放低，从基础开始，以帮助大部分企业掌握 BIM 应用，未必一定要求达到 Level 2（详细内容参见 11.7）。

11.3 Government Construction Strategy 2016-20

《Government Construction Strategy 2016-20》（GCS 2016-20，图 11-5）是在 GCS 2011 的基础上，由内阁办公厅通过基础设施和项目管理局（IPA）发布的，其目标是将增强政府作为建设行业客户的能力，并成为行业的典范客户。此处的"客户"在

---

❶ https://www.thenbs.com/knowledge/what-is-the-government-construction-strategy.

❷ http://new.constructionmanagermagazine.com/people/uk-bim-alliance-goes-back-basics-new-guide/.

英文中为"Client"，可理解为业主，因为英国政府直接或间接地贡献了英国建筑行业 40% 的工作量，所以英国政府提升自己作为业主的综合管理能力，对建筑行业的进步有明显促进作用。

GCS 2016-20 的序言提到，基于 2011 年度战略的成功，英国政府期望通过进一步提高施工生产力，来帮助政府部门迎接上升市场通胀压力的挑战。同时还提出了继续加强 BIM Level 2 的成熟度并逐渐引导行业往 BIM Level 3 过渡。GCS 2016-20 预测，由此提高的生产力将有助于政府投资项目整体节省 17 亿英镑。同时，GCS 2016-20 还进一步吸取了 GCS 2011 的实施经验，从而提出改进意见。

图 11-5　GCS 2016-20

值得注意的是，GCS 2016-20 是在《Construction 2025》之后发布的，所以 GCS 2016-20 对《Construction 2025》的内容也做了补充。

1. 政策内容

GCS 2016-20 在序言中提到，其发布的主要目标是：

· 进一步提高政府作为建设行业客户的能力。

- 融入并增加数字技术的应用，包括 BIM Level 2。

- 部署协同的采购技术，具体包括：①使承包商和供应商在早期就参与进来；②提升技术的广度与能力；③促进公平的付款和支付模式。

- 在公共建筑和基础设施的建设，运营和维护方面，实现和推动全新的成本和碳减排方法。

英国政府在 GCS 2016-20 中再次强调了协同与领导力（Coordination and Leadership）的重要性，这两点在 GCS 2011 和 Construction 2025 均重点提到过。GCS 2016-20 总结了 GCS 2011 和 Construction 2025 对协同与领导力的战略要求，同时提到，协同与领导力将作为未来首相优秀公共建筑奖（Prime Minister's Better Public Building Award）的评奖审评依据。

在 GCS 2011 到 GCS 2016-20 发布的这 5 年里，英国不同政府和机构出台了各种政策来推进建筑行业的进步，涉及了各种战略政策，GCS 2016-20 对各类政策的战略优先级（Strategy Priorities）进行了排序。

首先是英国政府自己作为客户的能力（Client capability），因为只有政府作为很多建设内容的业主方，自己能力提升了，才能引导行业的提升；其次是数字化和数据的能力（Digital and data capability），英国政府要求各部门要以更加协作的姿态更好地融入 BIM Level 2，并逐渐向 BIM Level 3 过渡。同时英国政府还引导行业更加注重提升数据的能力，发挥数据的价值，在未来的建造、运营和资产管理中更好地提高效率。除此之外，行业的整体技能与供应链（Skill and the supply chain）、全生命期途径（Whole-life approaches）都在政府的优先发展战略里。

与 GCS 2011 一样，GCS 2016-20 也对所有的战略目标中所提到的工作重点都列出了对应的整体行动计划（Summary Action Plan，图 11-6）。在对应 BIM 的行动计划中，

Ref	Theme	Objective	Specific actions and timescales			Measures
			2015/16	2016/17	2017-20	
5	Building Information Modelling (BIM)	5.1 BIM Level 2 mandate	BIM Working Group to ensure all preparations for BIM Level 2 mandate are complete.	Develop mechanism to evaluate impact of BIM Level 2.		BIM Level 2 mandated on all appropriate centrally funded government construction projects. (2016)
		5.2 BIM Level 2 communications and best practice guidance	Identify projects for BIM Level 2 best practice case studies.	Develop BIM Level 2 best practice case studies.	Disseminate best practice and case studies of BIM Level 2 and extract lessons learnt to drive continuous improvement.	BIM Level 2 best practice case studies disseminated to departments and incorporated into Action Plan to support improvement.
		5.3 Maturity of BIM Level 2 implementation	Develop a set of BIM Level 2 maturity measures.	Departments report against the BIM Level 2 maturity measures and BIM Working Group to support departments to deliver against these.	Increase maturity of BIM Level 2 implementation across government to a point that supports development of BIM Level 3 with a view to government adoption at a later date.	Agreed BIM Level 2 maturity measures. Demonstrable departmental attainment against the maturity measures.

图 11-6　附件 A：行动计划

英国政府要求到要做好 BIM Level 2 的实施、跟踪、总结等工作，确保 BIM Level 2 的落实，同时开始着手为未来的 BIM Level 3 的工作做准备。

2. 政策实施与影响

由于 GCS 2016-20 肯定了 GCS 2011 的成功以及期间所制定的相关 BIM 政策，所以在 2016 年 6 月下旬，在 ICE 举办的 BIM 会议与数字建造周上，BIM Task Group 主席 MarkBew 正式宣布成立英国 BIM 联盟组织（UK BIM Alliance），接替 BIM Task Group 来推动 BIM Level 2 的全面实现。而政府层面的 BIM Task Group 则并入到 Digital Built Britain（数字建造英国）项目，针对未来的英国 BIM level 3 的发展，原 BIM Task Group 工作重心转到制定下一阶段的详细政策以此来引领数字建造英国的发展。

GCS 2016-20 政策正在执行落实过程中。目前英国各级部门与机构正在按照 GCS 2016-20 的要求制定一系列的具体实施措施，未来这些措施将会逐步被发布出来。在采访 BIM Task Group 主席 Mark Bew 助手 Lan Blackman 时，Lan Blackman 提到，BIM Level 3 的制定目前还有很多技术制约，同时具体的方式和方法也没有确定。BIM Level 3 会是一个非常长期的过程。

11.4　Construction 2025

《Construction 2025》（建造 2025，图 11-7）在 GCS 2016-20 发布的前 3 年——2013 年的 7 月就已发布。

与 Government Construction Strategy 系列政策完全站在政府的高度对其下各部门于行业提出要求不同的是，Construction 2025 更多的是站在行业与政府之间合作关系（Construction 2025 is a partnership between industry and Government）的角度，对行业现状进行分析，对未来进行展望，从而促使建筑行业的转型升级。

英国政府认为英国在建筑行业具有得天独厚的优势，其建筑、设计和工程方面拥有世界一流的专业知识，英国建筑行业的企业们正在引领可持续建筑解决方案，建筑行业也是一个有相当增长机会的行业。英国政府预测，到 2025 年，全球建筑市场预计将增长 70% 以上，国际经济的变化正在为英国创造新机遇。为了促进经济复苏，政府正在竭尽全力帮助英国建筑企业成长，并有全球竞争的愿望、信心和动力。这包括改革规划制度，确保关键基础设施项目的资金可用，并通过帮助购买股权贷款计划和贷款融资等重要举措支持住房市场。

所以 Construction 2025 不像是建筑行业战略那种直接提出要求的政策，更像是英国政府向行业解释目前所面临的问题、未来的机遇、政府的措施、未来可能达到的效果等等。Construction 2025 中并没有提出要求，只是把对应的以前提出的目标和节点时间罗列了一下。

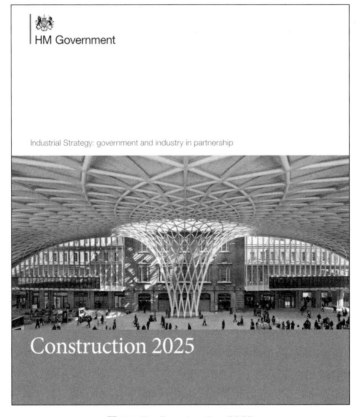

图 11-7　Construction 2025

所以不同于政策，把 Construction 2025 看作是一个对政策解读与未来发展动员更合适。

1. 政策内容

Construction 2025 在序言中说：面对未来的建筑行业发展和可能的机遇，英国政府希望与业界合作，确保英国公司可以充分利用这些机会。作为"行业战略"政策的一部分，英国政府一直寻求与能够取得重大发展的行业建立长期合作伙伴关系，建筑行业便是其中之一。

很长时间以来，英国政府一直与建筑行业的人士进行长远的合作，所以英国政府通过 Construction 2025，阐述了行业和政府将如何共同努力，来将英国置于未来十多年全球建设行业的前沿。Construction 2025 目标是为英国建筑行业在全球市场中占据优势提供基础，其具体目标是：

- 降低成本：建设初期成本降低 33%，并且进一步降低全生命周期成本。
- 交付速度更快：对于新建和改建项目，从开始到结束的交付时间缩短 50%。
- 降低排放：建筑环境温室气体排放量减少 50%。
- 增强出口：总出口与建筑产品和材料进口总额之间的贸易差距减少 50%。

Construction 2025 进一步强调了降低成本、加快交付、降低排放量和改善出口，将英国置于国际建设的前列。它的具体目标是，在 2025 年前，从人员、智慧、可持续、增长和领导力五个方面实现，具体如下：

（1）人员

英国政府认为建筑行业是一个从业人员具有才华和多样化能力而闻名的行业。政府应鼓励建筑从业人员在建筑领域和环境中表达对职业机会的兴趣。低碳技术、数字化建设、互联网等所有这些发展都在改变世界。政府希望更多的人意识到建筑领域涉及的范围和能够挖掘的潜力。

英国政府认为，为了推动建设 Construction 2025 的愿景，必须重振行业形象，建筑行业本身需要改变，建筑业如何被公众认同也是一个新的议题。建筑业界和政府必须共同努力，激励年轻人。同时要具备增加劳动力的能力：随着经济走出衰退，建筑企业必须能够招募、留住和培养具有足够数量的熟练劳动人才，以满足日益增长的建设需求。英国政府的具体实现手段是通过鼓舞年轻人，通过协调一致的方式、健康和安全、提高国内维修保养市场的表现、改善行业形象，与整个行业的机构接触，以确保在建设中的能力和能力问题以战略方式得到解决。

（2）智慧

建筑行业是一个高效、技术先进的行业。英国拥有世界一流的科学研究基地，支持在若干重点领域开发创新解决方案。这些解决方案需要在整个行业中得到利用，以实现战略的雄心。

英国政府认为，为了推动建设 Construction 2025 的愿景，行业必须投资智能建筑和数字设计，数字经济崛起所带来的变化将对英国的建设产生深远的影响。在 2030 年全球综合城市系统中，英国建筑企业必须准备好，确保其份额预计为 2000 亿英镑。同时为了满足绿色建筑、智能建筑和数字设计所提供的当地和全球机遇，英国的建设行业必须投入人力和技术，需要带来更多的研究和创新。

在 BIM 领域，行业和政府通过对 BIM 计划的共同承诺，取得了良好的开端。英国的具体实现手段是通过 Digital Built Britain 计划，在智能建筑和数字设计方面建立英国的竞争优势，与学术界和研究界合作，为更广泛的行业提供更多的研究、开发和示范，并努力消除创新障碍。

（3）可持续

建筑行业是一个引领全球低碳绿色建筑出口的行业。更广泛的环境考虑将改变英国的建造方式。英国政府将从改善现有建筑材料的能源性能、提高自身能力、管控采购环节等手段来促进行业向可持续性的方向发展。

（4）增长

英国政府认为建筑行业是一个推动整个经济增长的行业，但也带来了严峻的挑战。

英国政府引用了联合国的一组数据：未来 40 年，全球人口将从目前的 72，增加到 98 亿，世界将有 70% 的人口居住在城市，这些重大的人口变化带来了巨大的基础设施挑战。所以英国一定要以一个超前的眼光来看待建筑行业的发展，加大建筑行业的产能与效率。

（5）领导力

英国政府认为加强政府与行业间的合作伙伴关系需要横跨行业与政府的强有力的领导力。

英国政府期望通过 Construction 2025 的发布，加强政府与建筑行业之间的长期合作伙伴关系，以改造建筑业。建筑是英国的重点行业之一，更好的政府与建筑业合作会对更广泛经济体的发展产生巨大的影响。

同时，英国政府也希望其建筑业在出口市场上可以做得更好。英国认为英国在建筑、设计和工程方面拥有世界一流的专业知识，英国公司正在引领可持续建筑解决方案。国际经济的变化正在创造新的机遇，到 2025 年，全球建筑市场将增长 70%，英国需要充分利用这些机会，将政府与行业的伙伴关系转化为技术的输出。

2. 政策实施与影响

英国在 Construction 2025 提到，希望通过加强政府与建筑行业的合作，来将英国在建筑方面世界一流的专业知识出口，来促进整体经济的发展。

而英国行业也确实积极响应着政府的号召，从英国的标准、认证体系到智慧城市建设，英国企业与政府紧密合作着，将技术转化为推动国家经济增长的动力。如前文所述，GCS 2016-20 便是在《Construction 2025》之后发布的，对《Construction 2025》的内容做了回应与补充。

11.5 Digital Built Britain

2015 年是英国政府强制实施 BIM Level 2 的前一年，通过多年的铺垫，英国 BIM Level 2 的实施要求及配套措施、政策已逐渐完善。于是在英国政府发布 GCS 2016-20 的前一年，即 2015 年，英国政府发布了数字建造不列颠 Level 3 BIM 战略计划（Digital Built Britain, Level 3 Building Information Modelling – Strategic Plan，以下简称 DBB 计划，图 11-8）。

所以这也是为什么 DBB 计划会比 GCS 2016-20 早一年发布的原因，在 DBB 计划发布的第二年，即 2016 年，英国政府正式发布 GCS 2016-20，要求着手为未来的 BIM Level 3 的工作做准备。

2016 年是英国 BIM 工程建设史上非常重要的一年，在这一年的 ICE BIM 会议上，BIM Task Group 主席 Mark Bew 宣布 BIM Task Group 正式完成了自己的使命：由 BIM

Task Group 和 BuildingSmart UK 支持成立的民间组织——UK BIM Alliance 正式从功能上代替原来的 BIM Task Group，来推动 BIM Level 2 的全面实现。而政府层面的 BIM Task Group 则并入到 Digital Built Britain 项目，开始着手下一阶段任务——数字建造英国计划。与此同时，创新英国和商业能源与产业战略部达成了一个伙伴关系，他们将通过数字建造英国计划在工程领域发起数字化建造的下一个阶段工作——BIM Level 3。

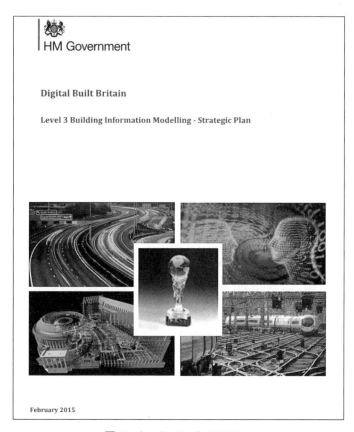

图 11-8　Digital Built Britain

1. 政策内容

与其他政策不同，DBB 计划主要是对行业未来发展的一个展望，以及面对未来英国政府需要采取的措施。

按照 DBB 计划的说法，BIM Level 2 推出以来，受到了全球的关注，多个国家都在模仿英国的 BIM Level 2 设定相应的计划，而 BIM Level 2 也协助全球的建设行业节约施工费用 8.4 亿英镑（DBB 计划没有说这组数据怎么统计得来的）。DBB 计划认为，如果英国想要始终在全球建筑经济中保持领先，英国必须要有新的技术。在面对城市化与全球化的大环境下，英国看好信息经济与数字经济的潜力，于是提出数字建造英国的技术来抢抓历史机遇。英国希望，通过数字建造英国的提出，能为未来提供更多的工作机遇和经济增长点。

所以 DBB 计划从建筑行业现状、问题、面临的挑战出发，结合对建设行业未来的期望，提出了一系列的愿景（Visions）。DBB 计划期望未来可以通过使用智能的建筑信息模型（BIM）、遥感技术和针对基础设施的安全数据和信息库来实现降低项目生命期成本和碳排放量，同时提高生产力和生产总额。

DBB 计划认为，基础设施数字信息化的突破性进展将对其他政府的数字信息化转型提供帮助，其中包括通过物联网在英国实施的智能城市、网络和生活城市安全战略以及使用传感器。DBB 计划重点调整了 BIM 和智能城市领域内的活动，采取统一的方法策略确保经济增长和公共服务设施的正常运营。

有趣的是，在 DBB 计划中，英国政府大量的引用了别人的观点或话语，以证明自己的愿景是对的，如图 11-9 所示。

```
Actions - Research
  1. Launch "DBB-Research"
  2. Create an international sharing forum for research output, ensuring relevance to
     innovators especially SME's
  3. Identify related industries for collaborative working and funding opportunities
  4. Ensure all technical research has a commercial and socio-technical consideration


"BIM will be the future IT solution in China; the Chinese Government is strongly
supporting BIM"

Tsinghua University, Beijing
```

图 11-9 DBB 计划中引用的清华大学观点

在提出了一系列的愿景后，DBB 计划提出了一系列可以采取的行动（Actions）来支持愿景的实现，并鼓励和建议行业往这些行动上靠拢。

2.Centre for Digital Built Britain

在完成了 BIM Level 2 技术政策和标准相关工作后，BIM Task Group 的原有职能结束，BIM 应用推广工作主要交由 UK BIM Alliance 来完成。2017 年英国商务部（Department of Business, Energy & Industrial Strategy）和剑桥大学联合成立了数字建造不列颠中心（Centre for Digital Built Britain，以下简称 CDBB，图 11-10），代替英国 BIM Task Group 领导英国下一阶段的建筑业数字化发展工作。

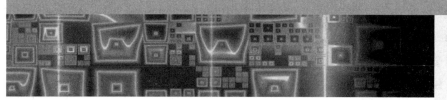

图 11-10　Centre for Digital Built Britain 官方主页

根据对 Mark Bew 的助手 Ian Blackman 和 UK BIM Alliance 主席 Anne Kemp 的采访，Digital Built Britain 就是英国 BIM Level 3 的代名词。而 BIM Level 3 目前还处在研究和实践阶段。

英国商务部和剑桥大学合作成立的 CDBB 负责整体 BIM Level 3 的政策制定，其基本设想是通过建立覆盖全英的高速网络、高性能计算和云存储设施，实现所有项目全生命期、全参与方集成应用 BIM，解决大范围高详细度（城市级、国家级）BIM 应用的信息安全问题。DBB 的具体内容目前仍处于研究阶段，尚未有正式定义和启动时间。

3. 政策实施与影响

DBB 计划发布后的第二年，英国政府发布了更为正式的 GCS 2016-20。GCS 2016-20 正式要求国家的 BIM 工作需要向 BIM Level 3 过渡。原 BIM Task Group 工作中心也转到制定下一阶段的详细政策以此来引领英国数字建造的发展。

而根据目前英国 BIM 的发展，英国各组织和机构也确实在按照 DBB 计划中提出的可采取行动上努力着。

目前 CDBB 官网上还未有主要的政策内容发布。根据 Mark Bew 助手 Ian Blackman 的陈述，目前 BIM Level 3 的具体工作和政策正在制定中，BIM Level 3 的制定有很多技术制约，同时具体的方式和方法也没有确定。BIM Level 3 会是一个非常长期的过程。

11.6　Built Environment 2050

《建设环境 2050：数字化未来报告》（Built Environment 2050：A Report on Our Digital Future，以下简称建设环境 2050，图 11-11）由英国 BIM 2050（BIM 2050 Team）在 2014 年发布。

英国 BIM 2050 隶属于英国建筑业委员会（CIC），CIC BIM 2050 团队（以下简称 2050 团队）由一批英国的青年行业专业人士组成，从建筑师、工程师、承包商到法律专业人员、测量师，每个代表各自的专业机构。2050 团队的愿景是引导未来的建设环境，激发建筑环境中的开放创新、变革与协作。2050 团队的关注范围不仅仅是建设的环境，还包括与其他行业的接触、探索和整合并行。

图 11-11　Built Environment 2050

2050 团队并不将其思维限制在今天可行的技术上，而是充分想象一个完全不同的建筑行业，以及其长期和持续的变化。2050 团队主要的愿景包括：

- 提高建筑行业的形象和效率。
- 促进共同的知识，成为志同道合的行业人士进行合作的积极论坛。
- 制定和审查建筑行业未来的战略情景。
- 提供独特的观点和批判性的思想领导力来挑战建筑行业。
- 传播信息有助于积极塑造建筑业的未来。
- 对行业有广泛的看法，研究技术发展时跨学科的工作范围。

基于 2050 团队的性质，2050 团队发布了建设环境 2050。建设环境 2050 不是真正意义上的政策，而是对建筑行业未来发展的一个预测。

由于 2050 团队当时的成立是由当时的内阁办厅室 BIM Task Group 组长 David Philp 主持的，再加上其 CIC 的背景，所以建设环境 2050 发布也广受关注，时任英国政府首席建造顾问 Peter Hansford 也为其写了前言。再加上建设环境 2050 中的部分内容在数字建造英国和 GCS 2016-20 政策中得到验证并引用，所以建设环境 2050 也被看作是英国 BIM 政策体系中重要的一部分。

建设环境 2050 从社会、教育、科技与流程、协作的文化等等一系列因素出发、分析，预测未来建筑行业的走势，并对现有的行业提出了相应的建议。

建设环境 2050 非常看好人工智能在未来的发展，并认为 BIM 其信息化和数据化的能力是建筑行业未来实现人工智能的基础。建设环境 2050 也对建筑行业未来的智能化做出了预测，如图 11-12 所示：

2010-2020 年：经验变成一部分数字化信息辅助决策（Analogue Decisions）

2020-2030 年：达到能用数据做决策的状态（Digital Decisions）

2030-2040 年：达到能用数据做预测的状态（Predictive Digital）

2040 年 +：逐渐达到人工智能（Artificial Intelligence）

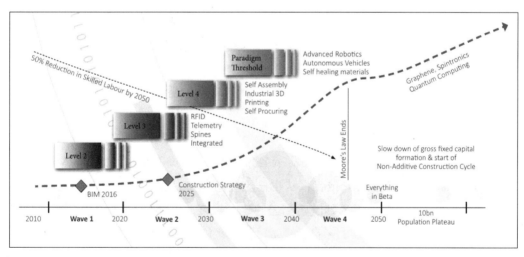

图 11-12　建设环境 2050 把建筑行业的智能化与 BIM 发展结合在一起

11.7　英国 BIM 政策实施与影响

英国政府在近些年的各类政策中，反复提及 BIM 技术，并要求从 2016 年 4 月起，英国所有中央政府投资的建筑项目必须满足 BIM Level 2 的起步水准；2016 年 10 月起，英国每个政府部门都必须具备"电子检验供应链 BIM 信息的能力"。这一系列的政策推出，确实提升了行业对 BIM 的关注程度，各个企业都开始尝试 BIM 技术。而英国也被公认为目前全球 BIM 应用增长最快的地区之一。

在英国政府为 BIM Level 2 做了很多年铺垫后，虽然 BIM Level 2 在 2016 年如期而至，正式在政府投资项目中强制实施。但在 BIM Level 2 强制实施的第一年，英国皇家特许建造学会（The Chartered Institute of Building，以下简称 CIOB）曾经发布过一个调研，以查看市场对 BIM Level 2 的反应和掌握程度，调查结果不尽如人意。如图 11-13 所示，BIM Level 2 的各项配套政策和要求中，每项能融入进企业管理的都不到 10%。而高达 60% 的企业则是从不使用 BIM Level 2 的相关要求。

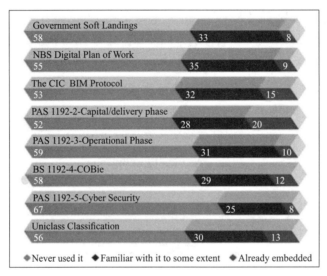

图 11-13　CIOB 对 BIM Level 2 相关标准应用的调研结果

2017 年英国国家研究和创新基金 Innovate UK 委托普华永道对 BIM Level 2 的效益进行研究，2018 年 3 月普华永道发布名为《BIM Level 2 效益计量 - BIM Level 2 Benefits Measurement》的研究报告，这也是全球第一份系统计量 BIM 应用效益的文档资料。报告显示，在公共基础设施和公共建筑领域，BIM Level 2 全生命期效益为 1.5%～3%，其中五分之三以上来自运维阶段，也就是说建设阶段效益为 0.6%～1.2%，运维阶段为 0.9%～1.8%，这个数字不包括应用 BIM 的成本。这个报告将有助于英国推广普及 BIM Level 2 的工作。

而在 NBS 发布的《NBSBIM Report 2018》中的一个调研显示，只有 4% 的样本认为 BIM Level 2 要求很成功，37% 认为比较成功。

UK BIM Alliance 主席 Anne Kemp 在谈到英国在推广 Level2 所遇到的困难时，提到 BIM Level 2 涉及各方间的协作，所以推广起来会很难。在一次对 Anne Kemp 的采访中，在问到离英国政府提出的 2020 年实现 BIM Level 2 的目标还剩 2 年，英国是否

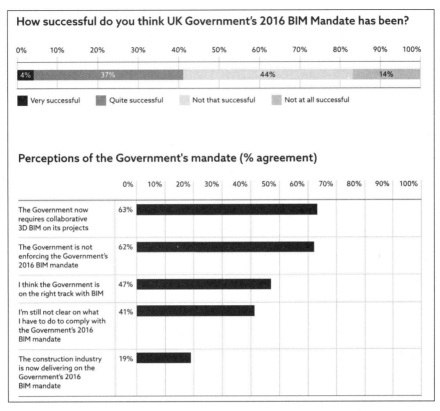

图 11-14　NBS 对市场对 BIM Level 2 的认可程度调研结果

真能在 2 年后实现之前的目标时，Anne Kemp 坦言，这个确实很难，英国还有很长的路要走。在谈到目前英国政府 BIM Level 2 强制政策时，Anne Kemp 也提到了目前的 Level 2 的目标其实并不是很清晰，BIM Level 2 更像是一个愿景，在未来，英国 BIM 联盟要协助政府将 BIM Level 2 的目标定义的更清晰，更容易让企业能遵循其目标。

虽然 BIM Level 2 被市场接受程度不高，但英国政府还是为了更好地让大众接受 BIM Level 2，一直做着各种努力。例如，2016 年 BSI 与政府合作开发了一个网站，提供实施 BIM Level 2 所需的标准、工具和指导下载。这些标准有助于消除共享信息的风险和不确定性，同时有助于创造吸引投资和推动创新的市场条件。同时，英国政府还委托 NBS 制作并发布的 NBS National BIM Library（NBS 国家 BIM 对象库），与 NBS BIM ToolKit（NBS BIM 工具箱），使建筑专业人员能够查找、下载和使用各个专业符合对应标准要求的 BIM 模型构件，并将 BIM Level 2 的相关要求内置到 NBS BIM 工具箱里面，让使用者知道按照 BIM Level 2 的要求实施项目时，谁在什么时间需要做什么事情，方便行业人员在项目实施中直接使用。

BIM Task Group 副主席助手 Ian Blackman 说，英国政府推广 BIM 技术是为了减少建设过程中的工作重复，节省设计、工期和总体项目管理的成本，所以英国的政策更强调建立 BIM 思维模式和文化氛围，不是简单的软件培训和工具替换，而是对技能、学习、创造力的重新塑造。

英国推出各项 BIM 政策后，确实对行业里企业的思维起到了积极的推进作用，很多的大型企业开始将 BIM 思维融入到了工作中。如英国的大型咨询单位 Mott Macdonald，在采访 Mott Macdonald 的发展总监 Stephen D Lawrence 时，他就提到，Mott Macdonald 就已经在遵循政府的政策把 Common Data Environment 的思维植入到工作中了。而 Mott Macdonald 很多协同工作的方式就是遵循英国的 BS 1192 标准的思路。

英国设计巨头 Atkins 的数字化设计与交付总监 Neil Thompson 在谈到自己企业 BIM 应用时，也提到，Atkins 全球办公室的企业 BIM 标准和工作流程都是来源于 BIM Level 2 的相关国家政策与标准。Atkins 也遵循着政府的期望在培养着员工的数字化意识。

虽然英国相关 BIM 政策的发布对国内 BIM 的发展起到了积极作用，但英国的 BIM 应用其实整体上还是处于不均衡与困难并行的局面。

在采访 BIM Task Group 副主席助手 Ian Blackman 问到 BIM Level 2 实施遇到的最大困难时，Ian Blackman 说目前的最大困难还是在数据的传递上，尤其是从一个系统到另外一个系统的数据传递。另外，推行 BIM 更大的好处和优势其实是在运营阶段，但是很少有人能从运营的角度来评估 BIM 所带来的优势。

在采访 UK BIM Alliance 主席 Anne Kemp 时，她也提到了目前的 Level 2 的目标其实并不是很清晰，BIM Level 2 更像是一个愿景，在未来，英国 BIM 联盟要协助政府将 BIM Level 2 的目标定义的更清晰，更容易让企业能遵循其目标。英国政府原计划是 2020 年开始推动 BIM Level 3，但按照目前的状况很有可能会延后，目前英国的主要任务还是实现 BIM Level 2，全行业全面实现 BIM Level 2 要求还任重道远。

2018 年 9 月，UK BIM Alliance 透露，将在 10 月份的英国数字建造周（Digital Construction Week）发布一个降低 BIM 应用标准的新指南。根据 UK BIM Alliance 顾问 Richard Saxon 的反馈，当一个技术通过强制并且需要额外增加费用来推广时，企业层面往往是抵触的，目前英国还有很多企业并没有意识到 BIM 技术所带来的价值。所以 UK BIM Alliance 计划发布一份从基础开始的 BIM 应用指南，把要求放低，从基础开始，以帮助大部分企业掌握 BIM 应用，未必一定要求达到 Level 2。

第12章 英国BIM标准规范

12.1 概述

与美国的多类标准并行的现状不同,英国的 BIM 标准具有很强的统一性与系统性。英国整体框架性、宏观性标准由英国标准机构（British Standards Institution，简称 BSI）编写。BSI 与行业组织、研究人员、英国政府和商业团体合作，于 2007 年开始编制和发布 BIM 标准系列，制定实施 BIM 所必需的总体原则、规范和指导，以此加深建筑行业相关部门以及从业人员对于 BIM 发展国家规划的理解，同时让业界彼此可以相互参考，了解自己还需要准备什么，还有多少时间准备，以此促进最终的实际应用水平。

在 BSI 的基础上，NBS 与 CIC 等机构编写了一系列之配套、具体协助项目落地实施的标准。如 NBS 发布的《NBS BIM Object Standard》（NBS BIM 对象标准），为行业 BIM 模型对象建立提供标准。再如 CIC 发布的《BIM Protocol》（BIM 协议书），可用于所有的英国建筑工程的合同。

BIM level 2 在规范层面的基本构成包括：BS 1192，PAS 1192-2，PAS 1192-3，BS 1192-4，PAS 1192-5，BS 8536-1，CIC BIM Protocol，NBS BIM Toolkit，Classification System 等等，如图 12-1 所示。

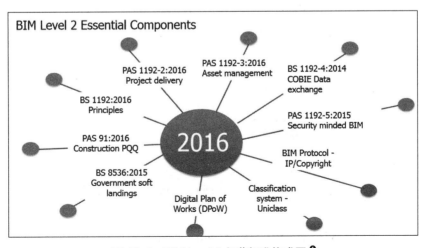

图 12-1 BIM level 2 规范标准构成图 ❶

---

❶ 图片来源: Kieran Parkinson 报告 , Built Environment FIREX 2016

英国 BIM 标准中，标准编号带有 BS（British Standard）的系列标准为国家标准。而编码中带有 PAS（Publicly Available Specification）的系列为公开规范，随着时间推移，PAS 系列的标准有可能升级 BS 国家标准。

12.2　BS 系列标准

12.2.1　协同设计标准：BS 1192：2007

BS 1192：2007 的全称是《Collaborative production of architectural，engineering and construction information．Code of practice》（建筑、工程和施工信息的协同生产 - 实务守则，图 12-2）。值得一提的是，BS 1192：2007 并不是真正意义上的 BIM 标准，但是因为其规范了建造阶段的沟通、协同、信息共享等工作的定义，成了英国后期一系列 BIM 标准编制的基础，并也被列入了支撑英国 BIM Level 2 的标准之一。

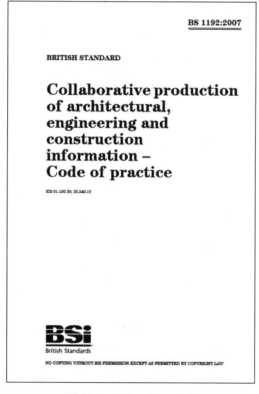

图 12-2　BS 1192：2007

BS 1192：2007 的前身是 BS 1192-5：1990。业界普遍认为，施工资料准备和协调一致不足是工期拖延、费用增加和冲突发生的重要原因，所以英国发布了 BS 1192-5：1990 用于规范建造阶段的各方协同与沟通。BS 1192-5：1990 基于 CAD 系统生成的施工信息，规定了管理建造过程信息的生产、协作和质量控制的方法。BS 1192-5：1990 最初是基于 Avanti 项目的实施案例编制而成（详见 10.2）。BS 1192 在 1998 年进行了更新，英国政府发布了 BS 1192-5：1998。

BS 1192：2007 是 BS 1192 标准的第三版，于 2007 年 12 月 31 日发布，为基于 CAD 信息系统的沟通、协作、建立公共数据环境（Common Data Environment）提供了更为全面的实践守则。BS 1192：2007 适用于建筑物和基础设施项目在设计、施工、运营期间各方面人员的信息管理与协作，偏向于工作流程的阐述与规范。

该标准也是软件开发人员的指南，使其能够通过提供配置文件或应用程序附件来支持其实现。它对项目在基于 CAD 系统中的命名、分类、分层、协同工作、责任等，建立了统一的方法来促进项目的数据交换，实现公共数据环境（Common Data Environment）。

Common Data Environment 是 BS 1192 强调的核心，也是后期一系列 BIM 标准的核心。Common Data Environment 促进了不同参建方的数据交换，成为项目各方的唯一信息源，用于收集、管理和传递整个项目团队的文档、图形模型和非图形数据。BS 1192 将 Common Data Environment 管理分为了四个阶段：

- 工作中（Work-in-progress）- 信息交互前各自人员所工作的数据环境。
- 共享（Shared）- 各个团队与其他团队协同共享的数据环境。
- 文档（Documentation）- 从"共享"（Shared）的数据变成里程碑文档数据，方便未来的检查和检索。
- 存档（Archive）- 以便未来项目可以继续使用的数据。

2015 年和 2016 年，BSI 分别发布了 BS 1192：2007 两次修订版本，所以现在 BS 1192 的正式组合是 BS 1192：2007＋A2：2016。

12.2.2 数据基础标准：BS 8541 系列

BS 8541 是一个系列标准，一共由 6 个标准支持，从 BS 8541-1 到 BS 8541-6。系列标准清单如表 12-1 所示。

BS 8541 系列标准

表 12-1

编号	名称
BS 8541-1:2012	Library objects for architecture, engineering and construction. Identification and classification. Code of practice（建筑、工程、工身份与编码对象库。实施规程）
BS 8541-2:2011	Library objects for architecture, engineering and construction. Recommended 2D symbols of building elements for use in building information modelling（建筑、工程、施工 BIM 应用推荐模型元素二维符号对象库）
BS 8541-3:2012	Library objects for architecture, engineering and construction. Shape and measurement. Code of practice（建筑、工程、施工几何与测量对象库。实施规程）

续表

编号	名称
BS 8541-4:2012	Library objects for architecture, engineering and construction. Attributes for specification and assessment. Code of practice（建筑、工程、施工技术规格与评估属性对象库。实施规程）
BS 8541-5:2015	Library objects for architecture, engineering and construction. Assemblies. Code of practice（建筑、工程，施工组件对象库。实施规程）
BS 8541-5:2015	Library objects for architecture, engineering anf construction. Product and facility declarations. Code of practice（建筑、工程、施工产品和设施对象库。实施规程）

BS 8541 系列标准为对象标准，定义了对 BIM 对象（Objects）的信息、几何、行为和呈现的要求，以确保 BIM 应用质的量保证，从而实现建筑行业更多的协作和更高效的信息交换。

通过标准化统一的 BIM 对象，可以更好地利用 BIM 来承载建设过程的数据，将 BIM 对象融合到一个共通的数据环境中。通过统一的对象定义与共通的数据环境，项目可以一致地使用、比较、分析和共享信息，从而更快速、准确地做出更明智的决定。

BS 8541 系列标准在英国 BIM 标准体系中的地位十分重要，是英国 BIM 战略的核心。因为只有对建设环境中各类所涉及对象进行统一的定义，BIM 才能以一个统一的方式承载建设的数据，从而协助创建一个公共的数据环境（Common Data Environment）。BS 8541 系列是建立众多建筑资产的建筑数据的基础，有助于英国对建筑的全生命周期进行全方位评估，利用基于对象的数据来辅助未来涉及建筑围护中的各项决策。

BS 8541 系列标准具体内容如下：

• BS 8541-1：2012 身份与编码对象库。包括对象识别和分类的指导和建议，提供了定义对象库的格式和内容的建议，以支持建筑资产的设计、招标、建造和管理。

• BS 8541-2：2011 BIM 模型元素二维符号对象库。建筑和土地注册标志和绘图准备工作的指导和建议，用于建筑行业的图纸表达。

• BS 8541-3：2012 几何与测量的对象库。BS 8541-3 扩展了 BS 8541-1 中的一部分内容，用于表达通用物体和制造商的产品物体的形状和测量的指导和建议。

• BS 8541-4：2012 技术规格与评估属性的对象库。BS 8541-4 在 BS 8541-1 基础上，以涵盖用于建筑施工和设施行业中使用的建筑对象和制造商的特定产品的具体技术参数和属性评估。

• BS 8541-5：2015 组件对象库。共享组件和空间组合子模型的指导和建议，涵盖命名、分类和嵌套。

• BS 8541-6：2015 施工产品和设施对象库。适用于制造商的具体产品，从产品的质量、属性、性能、标签、环境等共享数据提出建议。

12.2.3　设计管理标准：BS 7000-4：2013

BS 7000 也是一套系列标准,用于规范设计的管理过程。在 BIM Level 2 要求提出后,英国政府将 BS 7000 系列中的 BS 7000-4 针对 BIM 技术重新制定,形成 BS 700-4：2013。而其他标准则维持现状,用于针对设计的整体管理。BS 7000 系列标准包括：

· BS 7000-1：2008 Design management systems. Guide to managing innovation（设计管理系统：管理创新指南）

· BS 7000-2：2008 Design management systems. Guide to managing the design of manufactured products（设计管理系统：管理加工产品指南）

· BS 7000-3：1994 Design management systems. Guide to managing service design（设计管理系统：管理服务设计指南）

· BS 7000-4：2013 Design management systems. Guide to managing design in construction（设计管理系统：管理施工设计指南，图 12-3）

图 12-3　BS 7000-4：2013

- BS 7000-6: 2005 Design management systems. Managing inclusive design. Guide（设计管理系统：管理包容性设计指南）

- BS 7000-10: 2008 Design management systems. Vocabulary of terms used in design management（设计管理系统：设计管理使用名词术语）

BS 7000-4 最初于 1996 年发布，在英国政府提出 2016 年政府项目强制 BIM Level 2 的要求后，BSI 在 2013 年对其更新，发布了 BS 7000-4: 2013。因为 BS 7000-4 是关于施工与设计的协作，而 BIM Level 2 要求对设计中的协作过程纳入到经济效益和管理过程中考虑。所以 BSI 编在 2013 年更新了 BS 7000-4，针对 BIM Level 2 的要求，对设计和施工的协作管理，提出了更严格的要求。

BS 7000-4: 2013 对各级施工设计过程、各类组织和各类施工项目进行了管理流程的要求。BS 7000-4: 2013 从施工管理的角度，针对建设项目全生命期内的设计活动管理以及设施管理职能的原则，给出了总体的管理要求，可以适用于任何规模的设计组织或建设项目。

根据 BSI 的描述，BS 7000-4:2013 最大的特点就是考虑了随着科技的发展与进步，建设管理过程中可能出现的新的协同流程、项目角色、采购要求、责任体系等。为公司和项目的建设管理提供了原则和常见参考，标准也可以反向使用，用于检查标准的要求是否被覆盖。BS 7000-4: 2013 通过对新技术和信息管理融入，目标让建设过程的设计管理更加有效，减少时间和精力浪费。

12.2.4　信息交互标准：BS 1192-4: 2014

BS 1192-4 的全称是《Collaborative production of information. Fulfilling employer's information exchange requirements using COBie. Code of practice》（信息的协作生产：使用 COBie 履行雇主的信息交互要求 - 实践守则，图 12-4）于 2014 年 9 月由 BSI 发布。

BS 1192-4 标准属于 BS 1192 的系列标准，是顺着 BS 1192: 2007、PAS 1192-2: 2013、PAS 1192-3: 2014，发布的第四个 1192 标准。BS 1192-4 之前的两个标准，PAS 1192-2 和 PAS 1192-3 分别是关于施工阶段和运营阶段的信息管理标准，所以顺着这两个标准，BS 1192-4 阐述了信息协同和交互。由于信息交互的重要性、并涉及 COBie，所以 1192-4 没有从 PAS（Publicly Available Specification）过渡，而是直接按照国家标准（BS）发布。

BS 1192-4: 2014 的核心是定义了设施在全生命期内信息交互的要求，要求信息交互必须遵循 COBie，并定义了英国对 COBie 的使用，如图 12-5 和图 12-6 所示。COBie 是用于建筑运营阶段信息交付的一种非私有多页面电子表格数据格式，是一个专注于提供资产数据而不是几何信息的建筑信息模型（BIM）交付物。（详细可参照美国政策的对应内容）

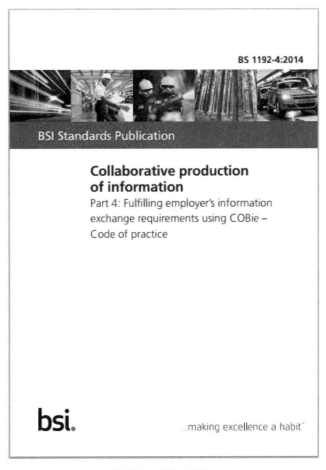

图 12-4　BS 1192-4

英国政府选择使用 COBie 作为 BIM Level 2 的业主项目交付信息交互模式，目的是将建筑物交付后在商业上有价值的信息交付给业主，使其可以与业主的部分业务相结合。BSI 提到，BS 1192-4 及 COBie 的良好实施可能会给 BIM Level 3 提供巨大的帮助。

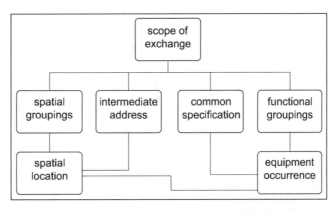

图 12-5　BS 1192-4 中对 COBie 交互范围的架构

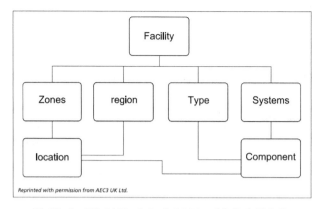

图 12-6　BS 1192-4 中对 COBie 对象信息的架构

BS 1192-4 的 COBie 表单包含了有关构成资产的空间位置、设备和组件的信息。这种简单的格式确保 BIM 信息易于由供应商创建，并易于雇主进行评估和使用，如图 12-7 所示。在项目规划和运营阶段，信息可以由业主提供并由供应商接收。在设计和施工阶段，信息可以由供应商提供并交付给业主。随着项目的发展，COBie 的可交付成果将变得更加完整。

图 12-7　英国 COBie 表格样例 ❶

12.2.5　运营标准：BS 8536-1：2015

BS 8536-1：2015 的全称是《Briefing for design and construction. Code of practice for facilities management》（设计和施工简述，设施管理实施守则，图 12-8），由 BSI 于 2015 年 7 月发布。

❶ 图片来源：http://constructioncode.blogspot.co.uk/.

图 12-8 BS 8536-1

　　BS 8536-1：2015 发布的主要目的是阐述设计阶段与施工阶段的工作要求，确保参建人员从设计阶段就以建筑运营管理和使用的思路来进行管理。标准期望能将建筑运营团队和供应商从设计与施工的外围拉入到建造的管理过程中。同时，标准还期望在早期就根据环境、社会、安全、经济效益等目标，进行设计和施工管理，确保资产 /设施在交付后的正确、安全和有效的运作。

　　英国 BIM Task Group 主席 Mark Bew 对这个标准有着很高的评价，MarkBew 在BIM Level 2 的官网中曾经表示，英国政府期望在 2025 年的时候能够将建筑全寿命期的运营费用降低 33%，BS 8536-1 的发布就是为了朝着这个目标努力。Mark Bew 也表示，BS 8536-1 的良好应用是建立在 PAS 1192-2，PAS 1192-3，PAS 1192-5（详细内容见 12.3）和 BS 1192-4 标准得到很好落实的基础上。

12.3 PAS 系列标准

12.3.1 施工阶段信息管理标准：PAS 1192-2：2013

PAS 1192-2：2013 的全称是《Specification for information management for the capital/delivery phase of construction projects using building information modelling》（建筑信息模型施工项目实施 / 交付阶段信息管理规范，图 12-9）。PAS 1192-2：2013 是完全响应 BIM Level 2 的相关要求，在 BS 1192：2007 基础上编制而成。

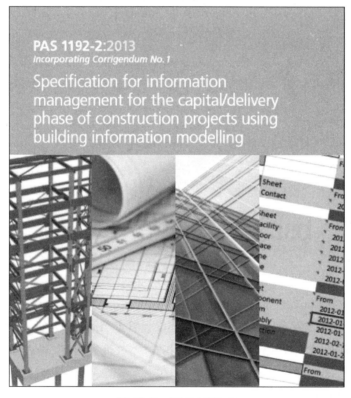

图 12-9　PAS 1192-2

按照英国政府在 BIM Level 2 官网上的陈述，PAS 1192-2：2013 是整个英国 BIM 强制令的核心，因为它阐述了如何使用 BIM 成果来进行项目设计与施工的交付。

由于 BS 1192-2 已经阐述了如何在设计、工程、施工的协同环境下进行工作，并对详细工作进行了要求，所以 PAS1192-2 只涉及引入 BIM 技术后新的信息交互要求。同时还包含了对 levels of BIM maturity 的定义，以及如何使用 COBie。因为大部分只涉及信息交互，所以 PAS 1192-2 需要与 BS 1192 结合起来进行应用。

PAS 1192-2 从评估与需求（Assessment and need）、采购（Procurement）、中标后（Post contract-award）、资产信息模型维护（Asset information model maintenance）四

个方面，对 BIM 信息的传递做了详细要求，如图 12-10 所示。除了信息传递要求外，PAS 1192-2 还从项目实施的各个阶段信息传递过程中，各方的职责，需要提交的文件，各个参照文件之间的关系做了详细的解释。

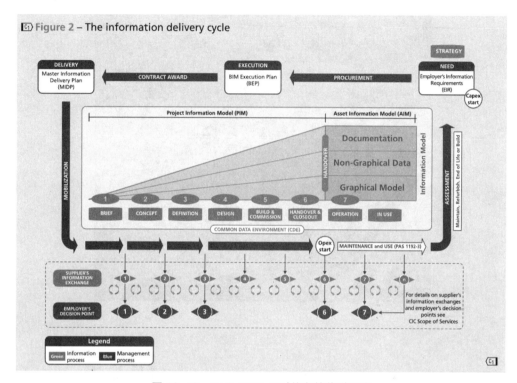

图 12-10　PAS 1192-2 对信息的传递要求

除了管理流程与要求，PAS 1192-2 还要求了项目在实施过程中所需建立的公共数据环境（Common Data Environment，CDE），和 BIM 实施技术细节，例如 LOD（Level of Definition）、文件命名、问题协作方式等。

整体来说，PAS 1192-2 更像是一个项目在 BIM 实施过程中可作为指导手册的总览。

12.3.2　运营阶段信息管理标准：PAS 1192-3：2014

PAS 1192-3：2014 的全称是《Specification for information management for the operational phase of assets using building information modelling》（使用建筑信息模型在资产运营阶段的信息管理规范，图 12-11）。PAS 1192-3 是 PAS 1192-2 的配套文件，规定了在项目资本 / 交付阶段支持 BIM Level 2 的信息管理流程。

和 PAS 1192-2 一样，PAS 1192-3 适用于建筑和基础设施资产，并且都是基于 BS 1192：2007 编制而成。相比之下，PAS 1192-3 侧重于资产的运营阶段，设定了建筑运营阶段信息管理的框架，为资产信息模型（AIM）的使用和维护提供指导，并从

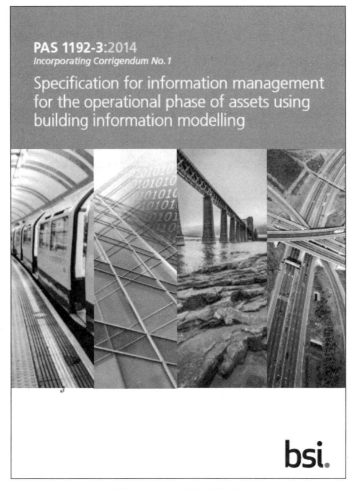

图 12-11 PAS 1192-3

Common Data Environment 和数据交互的角度阐述了如何来支持 AIM。

PAS 1192-3 的内容大量涉及了 BS ISO 55000 系列（资产管理）、PAS 55：2008（资产管理）以及现有设施管理标准 BS 8210：2012、BS 8587：2012、BS 8536：2010 和 BS 8572：2011。

与 PAS 1192-2 一样，PAS 1192-3 的内容更像是一个指南，从资产信息管理流程的角度进行了详细的阐述，规范了管理过程中的各方职责，对并各阶段各参建方所需提交的文件、信息、以及进行的交互方式等提出了要求，如图 12-12 所示。

同时 PAS 1192-3 非常强调 CDE 在项目资产信息管理中的重要性，因为 PAS 1192-3 认为，项目资产管理中所要求的信息都是来源于工作过程（Work In Progress），在 CDE 中参建各方按照标准化的流程共享与协同项目信息是项目最终 PIM（Project Information Model）与 AIM（Asset Information Model）的质量保障基础，如图 12-13 所示。

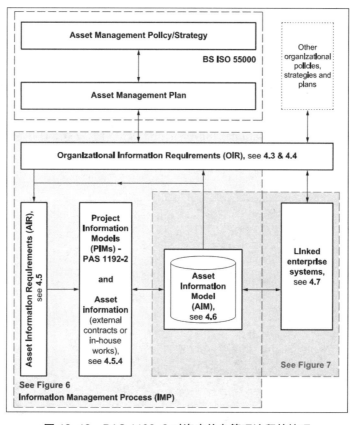

图 12-12　PAS 1192-3 对资产信息管理流程的梳理

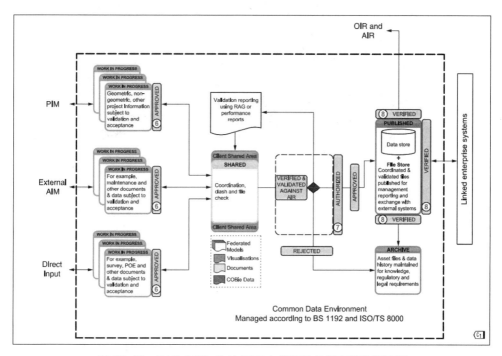

图 12-13　PAS 1192-3 对 CDE 与资产信息管理的流程梳理

12.3.3 模型数据安全性标准：PAS 1192-5：2015

PAS 1192-5：2015 的全称是《Specification for security-minded building information modelling，digital built environments and smart asset management》（安全意识建筑信息模型，数字建造环境和智能资产管理规范，图 12-14）。该标准由国家基础设施保护中心（Centre for the Protection of National Infrastructure，CPNI）发起，BSI 发布，于 2015 年 5 月 31 日生效。

图 12-14 PAS 1192-5

PAS 1192-5 是 PAS 1192-2，PAS 1192-3 和 BS 1192-4 的配套文件，并广泛参考了其中包含的定义和概念。与这些文件相同，PAS 1192-5 适用于建筑和基础设施资产，并基于 BS 1192：2007 而编写。但 PAS 1192-5 的范围比其余 1192 系列的标准所涵盖的概念更广泛，包括数字环境中的安全意识方法和新建与既有建筑资产的管理。

根据 PAS 1192-5 自身所阐述，英国政府认为信息安全是推进 BIM 应用过程中需要注意的一个重要问题。因为随着 BIM 技术的推进，英国重大工程的全部信息都在 BIM 模型中，一旦信息泄露，后果不堪设想。所以英国政府十分重视重视 BIM 模型的存储安全问题。

PAS 1192-5 针对 BIM 技术发展环境下，建设过程越来越多地使用和依赖信息和通信技术，因此有必要解决固有的安全性问题，特别是采取适当和相称措施，其中包括：

• 保护关于敏感资产或系统的位置和属性的信息，不能直接或通过其他来源直接显示。

• 保护有关敏感资产或系统的某些信息，其位置可以很容易地被识别。

• 识别和处理数据的聚合或关联，或资产或系统的位置准确性的增加可能会危及建造资产的安全或运营。

所以 PAS 1192-5 阐述了在使用 BIM 技术时可能引起恶意攻击的网络安全漏洞，并提供了可用来确定在项目全生命期 BIM 协同环境的网络安全级别的评估流程。

除此之外，PAS 1192-5 还从狭义上项目管理文档资料安全的角度，对建设过程中各参建方的职责设定、工作流程、信息安全管理方案等做了要求，如图 12-15 所示。

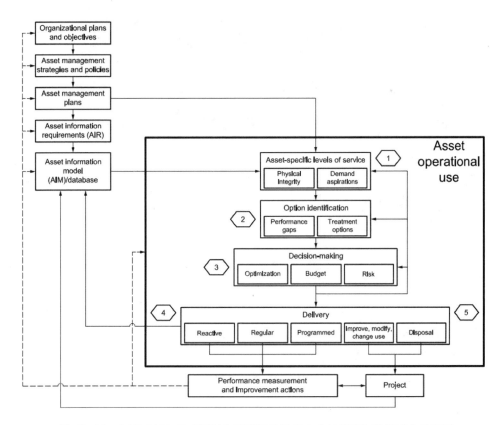

图 12-15 PAS 1192-5 对项目各阶段资产信息安全的流程与决策重点的梳理

12.3.4 工程安全标准：PAS 1192-6：2018

PAS 1192-6：2018的全称是《Specification for collaborative sharing and use of structured Health and Safety information using BIM》（应用 BIM 协同共享与应用结构性健康与安全信息规范，图 12-16），由英国健康与安全部门（Health & Safety Executive，HSE）赞助，由 BSI 于 2018 年 2 月发布。

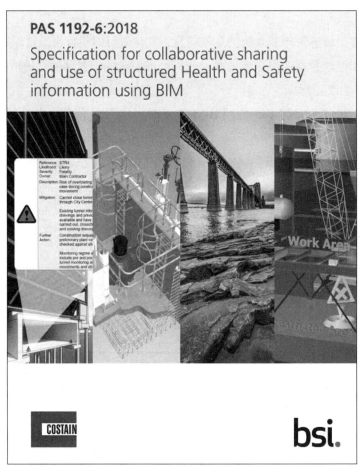

图 12-16　PAS 1192-6

PAS 技术委员会的建筑师 Stefan Mordue 指出，PAS 1192-6 旨在减少整个项目生命周期中的危害和风险，从拆除到设计，包括施工过程的管理，并使确保健康和安全信息在正确的时间由适当的管理人员负责。

PAS 1192-6：2018 强调在设计阶段就需要提前对风险源预判（anticipation of risk，designer must identify "foreseeable risk"）。PAS 1192-6：2018 同时还强调安全管理和 BIM 的协同理念一样，人人都应该参与进来，在安全管理中共享自己的知识和看到的风险源。PAS 1192-6 要求参与者实现标准所提供的四个基本组件协调使用结构性的健康与安全风险信息，在整个项目的生命周期中进行迭代和共享，如图 12-17 所示。

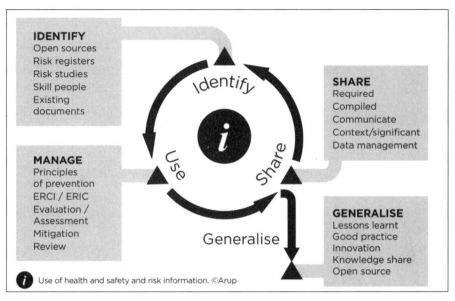

图 12-17 PAS 1192-6 对风险信息构架的概述

PAS 1192-6：2018 提出的结构性健康与安全风险信息包括：风险识别，风险信息使用，风险信息共享，风险信息收集以及重新利用。不过 PAS 1192-6 认为现在的难点是如何把大家在风险源识别以及安全管理中的知识记录并分享出来。所以 PAS 1192-6 提出来了通过结构性的数据形式（COBie）来记录 H&S information（风险源和安全信息），如图 12-18 所示。

12.4 英国 BIM 相关法律合同

12.4.1 CIC BIM Protocol

在英国政府发布了 GCS 2011 后，为了给行业 BIM Level 2 的实施提供一个良好的合同和履约环境，CIC 代表英国 BIM Task Group 从一系列法律和合同问题出发，于 2013 年发布了《BIM Protocol》（BIM 协议书，图 12-19）。该协议书的

Table 6 – Use of the COBie Issue sheet (transposed) indicating a managed risk

Column	Issue
Name	AAA12
CreatedBy	role@company.com
CreatedOn	2016-11-04T11:08:38
Type	Struck by falling object
Risk	Moderate
Chance	Low
Impact	High
SheetName1	Space
RowName1	Roof Terrace
SheetName2	Type
RowName2	Large feature planter
Description	Falling branches from height in heavy wind
Owner	role@company.com
Mitigation	Wind protection and ensure distance from edge
ExtSystem	
ExtObject	HS_Risk_UK
ExtIdentifier	

图 12-18 PAS 1192-6 中利用 COBie 记录风险源和安全信息的实例

生效后可以用于所有的英国建筑工程的合同，并支持 BIM level 2。2018 年 4 月，CIC 对 BIM Protocol 进行了更新，发布了第二版。

图 12-19　CIC BIM Protocol 第一版

BIM Protocol 吸取了 CIC 过去项目服务中的成功案例，定义了 BIM 模型的建立和使用相关的各方的具体的义务、责任和相关限制。项目参建各方可以按照自身的需求使用 BIM Protocol，例如采用 BIM Protocol 推荐的文件命名方式等。

BIM Protocol 除了定义了 BIM 实施过程中可参照的合约条款外，还提供了对应的可直接下载填写的合同模板，供行业各方使用。

BIM Protocol 第一版于 2013 年发布，主要为了响应英国政府发布的 GCS 2011，以及提出的 BIM Level 2 强制令。BIM Protocol 第二版于 2018 年发布，这时英国的 BIM Level 2 强制令已实施，同时对应的支持 BIM 标准也陆续发布，所以 CIC 根据政府要求的 BIM 标准以及市场实施 BIM Level 2 的具体反馈，更新了 BIM Protocol 的第二版，使其更符合市场需求。

12.5　其他相关标准

12.5.1　NBS BIM Object Standard

根据 RIBA CEO Richard Waterhouse 在 NBS National BIM Library 里的阐述，NBS 认识到 BIM 对象缺乏行业标准是 BIM 成功应用的一个障碍。建筑行业需要可免费使用的安全的 BIM 对象，以及包含正确且适当的几何级别的信息，同时将这些都包含在一个一致的、结构化的、易于使用的格式里面。因此，NBS 发布 BIM Object Standard（图 12-20），通过定义 BIM 对象包括其内容与结构，来促进 BIM 技术在英国的发展。

BIM Object Standard 基于 IFC2x3 和 Cobie 数据交换标准编制而成，自发布以来便一直在更新，其最新版本是 2018 年 1 月发布的第 2.0 版。

图 12-20　BIM Object Standard

BIM Object Standard 可使不同的设计师用共同的标准创建模型对象，从而实现更大的协作效率和更多更有意义的信息交互。不管是谁都可以使用公共数据环境

（Common Data Environment）创建 BIM 对象。随着越来越多的建筑资产基于 BIM 建成，满足 BIM Object Standard 要求的 BIM 对象将有助于多项目相同标准的结构性数据建立，从而将数据变成只是影响未来建设的决策与实施，在建筑资产的整个生命期内实现更高的价值。

BIM Object Standard 把 BIM 对象定义为诸多内容的联合体：

- 定义产品的信息内容
- 表示产品物理特性的几何模型
- 能够使 BIM 对象处于或者功能等同于产品本身的行为数据，如检测、维修以及间隙区域的数据。
- 给予对象可识别外观的可视化数据

BIM Object Standard 中，创建的每一个对象都有一个核心属性集，该属性集包括：

- 符合 COBie-UK-2012
- 采用一致的方法来分类
- 为 NBS 创建提供了一个简单的一体化
- 适用于易用性标准命名约定
- 将详细程度和对象表示的方法标准化

为了配合和支持 BIM Object Standard，NBS 还配套发布了 NBS 国家 BIM Library，免费供行业使用的。NBS 会有专人对供应商上传的文件进行检查，以确认是否满足 NBS BIM Object 标准，所以满足要求的对象会有相应的认证标识。目前，NBS 国家 BIM Library 是英国免费使用 BIM 内容的主要来源。同时，NBS 国家 BIM Library 中的对象可与主流的 BIM 建模软件集成，使用者可在 BIM 建模软件中直接使用 BIM 对象库中的对象。

12.5.2　BIP 2207

BIP 2207（图 12-21）是 BS 1192：2007 的使用指南，由 BSI 在 2010 年 8 月发布，旨在让项目的参建各方能更好地应用 BS 1192：2007 的标准，并为建筑行业生产信息的开发、组织和管理提供和推荐最优的实践方法。

BIP 2207 结合 BS 1192：2007 的具体内容，详细解释了如何利用标准来提高生产信息质量所需的流程和程序，以帮助设计人员在将信息传递给施工团队之前对其进行准备。这些过程以前在纸质文件系统中已经被明确定义和管理，但随着新的电子技术的应用，管理的良好需求被忽视了。在整个项目生命期中采用管理信息管理流程，也将使以文档为中心的环境转变为以信息为中心的环境 - 解锁信息技术的力量。

图 12-21　BIP 2207

12.5.3　CIC Best Practice

CIC Best Practice 全称为《Best Practice Guide for Professional Indemnity Insurance When Using Building Information Models》（应用建筑信息模型的专业保障最佳实践指南，图 12-22），可与 CIC BIM Protocol（详细内容参见 12.4）结合在一起使用。

CIC Best Practice 由 Griffiths & Armor 代表 CIC 制作，以支持 BIM 任务组（BIM Task Group）的工作。该指南直接针对模型应用方的需求 – 特别是使用建筑信息模型从事生产定义信息的顾问。这个最佳实践指南的目的是采用建筑业保险赔偿领域和 BIM 领域的相关经验，来支持建筑行业采用 BIM level 2。

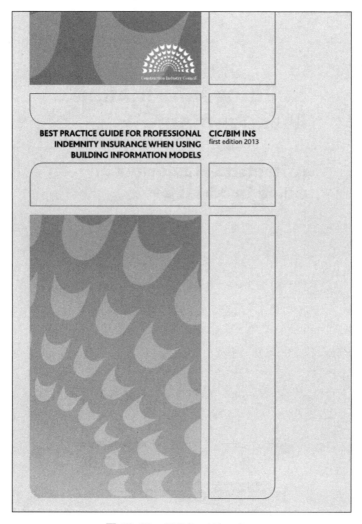

图 12-22　CIC Best Practice

12.5.4　CIC Outline

CIC Outline 全称为《Outline Scope of Services for the Role of Information Management》（信息管理角色服务大纲，图 12-23），由 CIC 代表英国 BIM Task Group 与 CIC Best Practice 和 CIC BIM Protocol 在同一时间发布，相互间互为参照。

CIC Outline 对英国的 BIM Level 2 中信息管理的要求以及其简单的语言进行了阐述，方便行业在短时间内循序了解和掌握 BIM 实施过程中的信息管理要点，CIC Outline 对 BIM 实施的关键名称进行了解释。同时，还阐述了在项目信息管理流程中，各方在协同工作、信息交互、项目管理中职责和任务，或者说可提供的服务。

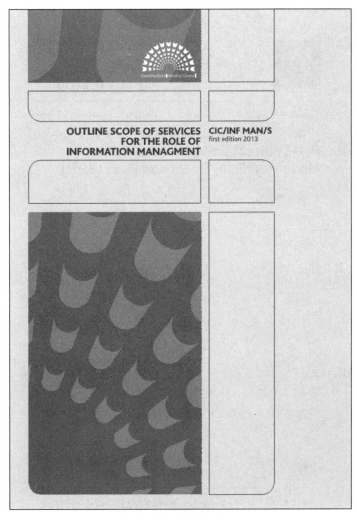

图 12-23　CIC Outline

12.5.5　CPIx Protocol

CPIx Protocol（CPIx 协议）是一套系列指南，由建设项目信息委员会（Construction Project Information Committee，以下简称 CPIc）发布，旨在为项目 BIM 实施过程中的参见各方提供一系列可直接使用的标准表格样板，如图 12-24、图 12-25 所示。CPIx Protocol 的系列指南都是 CPIc 与英国 BIM Task Group 协商、根据 PAS 1192-2 的要求而制定的。

CPIx on Line

Pre-Contract Building Information Modelling (BIM) Execution Plan (BEP)

Project Name:

Project Address:

Project Number:

Date:

Document No:
Date: April 2013
Revision: v2.0
Status: For review

图 12-24　CPIx Protocol 中标前 BIM Execution Plan

6　Project information model (PIM) delivery strategy

This section of the BEP covers the requirements of PAS1192-2 Clause 6.2 d).

The delivery of the Project information model (PIM) must be considered and stated as a project strategy document, appended to this pre-contract BEP, under the headings listed in Table 9. This should include the deliverables, accuracy and completeness of the design at each stage.

Table 9 – Strategy for information delivery

Brief	Concept	Definition	Design	Build & Commission	Handover & Closeout	In use

图 12-25　CPIx Protocol 中提供的 BIM Execution Plan 部分样表

CPIx Protocol 类似于美国 Penn State 发布的 PxP（详见美国章节），共包含四部分表单样板：

- CPIx BIM Execution Plan（CPIx BIM 实施计划，其中包含中标前和中标后的两个 BIM 实施计划样板）
- CPIx BIM Assessment Form（CPIx BIM 评估表单）
- CPIx Supplier IT assessment form（CPIx 供应商 IT 评估表单）
- CPIx Resource Assessment Form（CPIx 资源评估表单）

CPIx Protocol 所有文件都可以在其官网免费下载和使用。

12.5.6　EIR Core Contents and Guidance

EIR 全称是《Employer's Information Requirements，Core content and guidance notes》（雇主的信息管理要求，核心内容及指南注释，图 12-26），其发布落款为英国 BIM Task Group。

根据英国 BIM Task Group 在官网的描述，EIR 是项目 BIM 实施的重要组成部分，因为 EIR 被用于向投标人明确规定需要哪些 BIM 模型以及需要这些模型的目的。EIR 的内容大量的与 CIC BIM Protocal 结合在一起，EIR 中对 BIM 模型的规定与目的都要求在 CIC BIM Protocal 中的 BIM Execution Plan 写入。

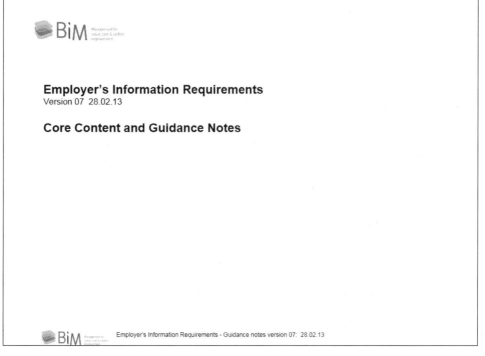

图 12-26　EIR

BIM Task Group 在 EIR 中表示，EIR 是传达信息需求以及建立信息管理要求的关键文件，一个满足 EIR 要求的 BIM Execution Plan 才是理想的。 EIR 将作为审查投标人 BIM 执行计划内容的基础，用于确认 BIM 执行计划书的完整性。

EIR 主要分为以下部分：

- 技术：软件平台，数据交换，协同详细程度，培训。
- 管理：标准，角色和责任，规划工作和数据隔离、安全，协调和冲突检测过程，协作过程，健康与安全与施工设计管理，系统绩效，合规计划，资产信息交付策略。
- 商业：数据项目可交付成果，客户战略目标定义，BIM 项目交付成果，BIM 特定能力评估。

12.5.7　Digital Plan of Work（DPoW）

数字化的工作计划（Digital Plan of Work，以下简称 DPoW，图 12-27），不是一个真正意义上的标准，但是是基于英国 BIM 标准的一个理念或要求。DPoW 由 BIM Task Group 开发，其目的是让业主在项目 BIM 实施的过程中能准确得提出并要求建设各个阶段各参加方所需要交付的内容。因为业主对 BIM 交付内容的准确要求与定位是项目 BIM 实施成功的关键因素。

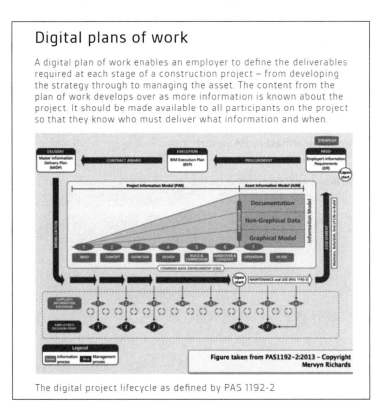

图 12-27　英国 BIM Level 2 官网对 Digital plans of work 的定义

DPoW 阐述了项目的各个交付阶段，每个供应商 / 部门需要向雇主提供的详细交付内容，并确保各方在交付过程中的有效协作。DPoW 旨在让客户知道如何定义、检查和成功使用数字交付物，并满足 BIM level 2 要求。DPoW 重点阐述了客户如何来定位各类项目信息技术应用的成熟度（包括为什么需要，应用是什么，谁将使用或管理成果，成果为项目的整个生命期提供帮助的基础），从而让客户能更好地策划自己的 BIM 工作计划。

基于 DPoW 的内容，BIM Task Group 委托 NBS 在 BIM Toolkit（详细内容参见 13.3.1）的开发中融入了 DPoW 的要求，从而为项目每个阶段的信息开发和交付责任提供一步一步的帮助来定义、管理和验证，如图 12-28 所示。通过 NBS BIM Toolkit 工具包，客户可以检查到自己所要求的交付内容以及指定的信息是否已被准确传递。

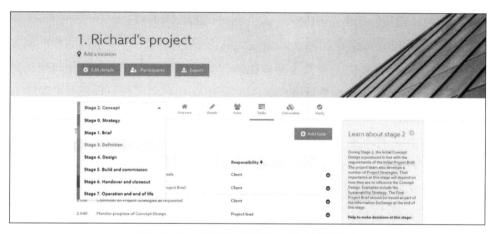

图 12-28　BIM Toolkit 融入 DPoW 的要求

DPoW 的好处是能够使得雇主能够确定建设项目每个阶段所需的可交付成果 - 从制定战略到管理资产。随着对项目的了解更多的信息，业主可准确向项目所有参与者提供自己的需求，以便他们知道自己在什么时候需要提交包含什么信息的 BIM 成果。

12.6　标准实施与影响

英国政府在 GCS 2011 的配套行动计划（Action Plan）中提出了"在 2016 年中央政府投资项目达到 BIM Level 2"的要求，这个要求在 2016 年 4 月 4 日开始正式实施。为推进 BIM Level 2 要求的实施，英国政府组织 BSI、NBS 和 BRE 等单位，建立了支持 BIM Level 2 的系列标准，以及合同样本、模板、对象库等一系列 BIM 应用基础资源。

截至目前，英国的 BIM 应用系列标准以及相关 BIM 应用资源远远超过其他国家，英国的相关政策文件都把输出英国的标准体系和智力资源作为政府行业战略的主要目标之一。根据英国 BIM Task Group 的员工表示，目前已经有阿联酋、澳大利亚、俄国、荷兰、比利时、西班牙、罗马尼亚、俄国、智利等国家都在采用英国的 BIM Level 2 系列标准。

同时，BSI 正在努力把英国标准升格为 ISO 标准，以加大在全球推广英国标准的力度。据 Centre for Digital Built Britain 官网最新消息发布，2018 年年底，原先的 BS 1192：2007 与 PAS1192-2 将会分别升级为国际标准 BS EN ISO 19650-1（Organization of information about construction works - Information management usingbuilding information modelling - Part 1：Concepts and principles General information，建筑工程信息组织——信息管理使用的建筑信息建模 BIM——第 1 部分：概念和原则）与 BS EN ISO 19650-2（Organization of information about construction works – Information management using building information modelling – Part 2：Delivery phase of assets，建筑工程信息组织——信息管理使用的建筑信息建模 BIM——第 2 部分：资产交付阶段）。

英国的系列 BIM 标准在国际上产生较大的影响力同时，这一系列的标准确实为英国企业的 BIM 实施提供了重要参照依据。比如，Atkins 的数字化设计与交付总监 Neil Thompson 就表示 Atkins 全球办公室的企业 BIM 标准和工作流程都是来源于 BIM Level 2 的相关标准。而 Mott Macdonald 的 BIM 经理在采访时也提到其企业标准主要是根据英国的 BIM 标准根据企业需求修改而成，而 Mott Macdonald 与业主的合同都是根据 CIC 发布的 BIM Protocol 进行修改的。

但英国的 BIM 标准推行中也遇到了相应的困难。在 NBS 发布的《NBSBIM Report 2018》中的一个调研显示，英国的系列 BIM 标准并不是被所有的企业所使用。如图 12-29 所示，在所有 BIM 标准里面，PAS 1192-2 的应用程度最高，但也只有 44%。虽然这些标准都是配套 BIM Level 2 的实施发布，但目前在企业的应用程度并不高。

在采访 Bre 的 Senior BIM CommunicatorDanRossiter 时，在问到英国有这么多 BIM 标准，项目实施层面的人如何知道自己需要看什么标准，业主层面怎么检查项目做的内容是否符合标准要求。DanRossiter 表示，并不是所有的标准都被项目所使用，项目还是有针对性的选择标准来用，同时也并不是所有的人都会用 BIM 标准。DanRossiter 提到了英国国家建筑规范组织的每年 BIM 应用研究报告，指出报告会显示英国各项标准的应用情况。关于标准的核实，DanRossiter 表示，目前确实没有成熟的办法来核实是否符合标准要求。

同时，由于英国 BIM 标准众多且体系性很强、互为参考，所以也影响了 BIM 标准的推广。例如，BS 8536-1 的要求就是建立在 PAS 1192-2，PAS 1192-3，PAS 1192-5，BS 1192-4 良好应用的基础上；再如，BIM Task Group 在委托 BSI 发布了一系列标准的同时，还要求 NBS、CIC 等机构发布了配套标准，与国家 BIM 标准相互参照使用。

就像 UK BIM Alliance 顾问 Richard Saxon 所表示的，当一个技术是复杂的、通过

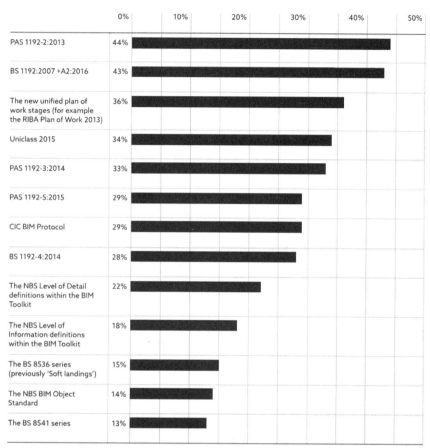

图 12-29 NBS 对 BIM 项目使用 BIM 标准的调研结果

强制并且需要额外增加费用来推广时，企业层面往往是抵触的，目前英国还有很多企业并不愿意去应用 BIM 技术。所以 UK BIM Alliance 计划重新发布一份 BIM 应用指南，把要求放低，未必一定要求达到 Level 2，换种方式引导企业接受 BIM 技术。UK BIM Alliance 这点做法或许值得各个国家反思。

第13章 英国BIM推广体系

13.1 BIM培训

目前由于BIM Level 2推广的盛行，英国针对BIM的培训也围绕着符合BIM Level 2的相关标准规范来展开。BIM培训不但面向从事建筑业的相关人士或者组织，还面向社会其他领域。目前英国主流的BIM培训基本由几大BIM推广组织（BSI, BRE, ICE, RICS, CIOB）所包揽，不同组织根据组织建立的性质对BIM的侧重点也有所不同，但培训内容主要基于BIM Level 2的要求以及应用案例。

13.1.1 英国标准学会（BSI）的BIM培训

BSI作为英国国家标准机构的角色，除了制定相应的标准规范外，也开展着针对标准的对应培训。

在BIM培训领域，BSI侧重于BIM Level 2的实施，从BS 1192：2007+A2：2016、PAS 1192-2：2013、PAS 1192-3：2014、BS 1192-4：2014、PAS 1192-5：2015、BS 8536-1：2015基本标准出发，根据不同建筑行业从业者的身份，提供不同类型的BIM实践和管理课程（图13-1）。BSI在培训完成后，会给参训人员发布对应的BSI培训证书。

Our course agenda

- Benefits to you, welcome and introduction
- Background and context
  - What is BIM
  - Benefits of BIM
- Defining BIM Level 2
- Standards supporting the BIM process
  - Summary
- Clients and customers
  - Government Construction Strategy
  - Objectives
  - PAS 1192-3:2014 and PAS 1192-5:2015
- Assessing capability
  - Assessment
  - Capability and competency – PAS 91
- The supply role
  - Process requirements
- The Common Data Environment
- Technologies that support BIM authoring
- Defining data exchange via COBie
- BIM technical implementation
- Managing change
  - Organizational change management
  - Roles, responsibilities and authorities
- Reflection and feedback
- Close of day

Book today at bsigroup.com/training

Upon successful completion of your course, you'll receive an internationally recognized BSI certificate.

图13-1 BSI部分BIM培训课程列表

作为英国标准的制定者，BSI 的培训更多侧重于如何应用标准于项目的实践与管理。根据对 BSI 的市场经理 Kieran Parkinson 的采访，支撑英国 BIM Level 2 的是一个系列的标准，各个标准间都有着紧密的逻辑与关联，但英国目前还没有对 BIM Level 2 实施响应的考核机制，为了更好的行业理解并执行 BIM Level 2 标准，BSI 制定了这些培训与认证体系。

13.1.2　英国建筑研究院（BRE）的 BIM 培训

BRE 最初是英国政府下设的国家实验室，在 1997 年正式私有化运营，被公认为全球五大最顶尖的专门建筑研究院之一，其在研究、咨询、培训、试验和认证方面都具有世界领先地位，是一个建筑环境及相关领域提供可持续发展和革新服务的机构。

作为全球最有影响力的建筑研究机构之一，Bre 也为行业提供对应的研究、咨询、培训、测试、认证和建设标准。根据 Bre 的官网显示（图 13-2），Bre 对 BIM 的培训主要还是侧重于 BIMLevel 2 的落地，即宏观了解 BIMLevel 2 的应用领域以及相关标

图 13-2　Bre 部分 BIM 培训课程介绍

准规范和基础知识，确保受培训者对 BIM Level 2 有基本了解，包括使用 BIM 模型、流程、标准、管理和协作方式等。Bre 还针对项目上的信息管理者、现场管理人员、预制加工端提供有针对性的培训课程。

根据对 Bre BIM 总监 Paul Oakley 的采访，Bre 的 BIM 培训主要还是为了支持英国的 BIM 发展，帮助企业实现业务指标的同时，支持相关 BIM 从业人员在他们的职业生涯进一步发展符合 BIMLevel 2 的能力。

13.1.3 皇家特许测量师学会（RICS）的 BIM 培训

皇家特许测量师学会（Royal Institution of Chartered Surveyors，以下简称 RICS）成立于 1868 年，是一个在国际上被广泛认可的专业性学会组织。RICS 其专业领域包括土地、物业、建造、项目管理及环境等 17 个不同的行业，负责提供相应的教育、制定相关的培训标准，并向不同政府和商业机构提供专业意见。

目前 RICS 提供的 BIM 培训更侧重于项目管理层面。根据 RICS 官网主页的描述（图 13-3），RCIS 认为 BIM 是一个方法学、流程学，所以其 BIM 培训应该让项目管理者们知道在何时何处需要通过什么样的方法来让 BIM 给项目各方带来更大的价值。RICS 的培训多是模拟项目实施的形式进行。

Course Summary

A BIM project manager has a critical role when advising clients, internal and external stakeholders about the benefits of BIM – how, when and where BIM can contribute to the project outcomes and then have the skills and knowledge to manage the project. The BIM manager is required to understand the BIM process, create the project environment in which BIM can work effectively: they set the outcomes and process and requirements across the teams. This course will give you the skills and knowledge to manage a BIM project at each stage.

This course is made up of the following 7 technical modules covering the practices and principles of BIM in project management:

Module 1 - Introduction to BIM & the business case for BIM
Module 2 - Strategic Definition Phase
Module 3 - Preparation and Brief Phase
Module 4 - Concept design/ Developed design/ Technical design/ Construction phases
Module 5 - Handover and Close Out
Module 6 - Operations and End of Use
Module 7 - Legal and Insurance Implications

图 13-3　RICS 部分 BIM 培训课程介绍

13.1.4 英国土木工程师学会（ICE）的 BIM 培训

ICE 成立于 1818 年，总部设在英国伦敦，是经皇室授权的非盈利性组织，1828 年获颁皇家特性证书。ICE 致力于促进和推动全球土木工程行业的发展，在全球 164

个国家拥有9万多名会员，是土木工程界历史最悠久、影响最广泛的国际性专业学会。ICE颁发的土木工程师执业资质获得全球大多数国家的广泛认可，ICE认定的会员资质在国际土木工程界享有较高的权威影响力。

ICE在建筑的方方面面提供相应的专业资格、继续教育、培训课程服务。在BIM方面，ICE的BIM课程主要结合BIM Level 2的推广开展，内容覆盖BIM实施、建筑设计和管理与BIM的结合、BIM在工程项目采购的应用、以及BIM在基础设施上的应用等等（图13-4）。通过了以上两种培训，ICE会给予ICE授权的BIM证书。

ICE BIM for Infrastructure
Course code: M0202

A leading two day training programme; the result of a unique collaboration between the ICE BIM Action Group and Government's BIM Task Group.

The syllabus embeds the Task Group's framework for learning and development outcomes, and takes the delegate through each aspect of BIM in detail. It delivers clarity on how to integrate and apply BIM across projects.

Learning objectives

- Be clear on **how the BIM initiative fits** into the delivery of engineering, design, construction and asset management in practice
- Understand the **impacts and benefits** of BIM to the engineering profession, and to the built environment
- Learn about the **practical steps** you need to take in order implement BIM across your practices

Who should attend

This programme is ideal for all those looking to consolidate their learning and refresh their knowledge of BIM, in order to align with the Government's framework for learning and development. Delegates will include:

- Senior management
- Project managers / project directors
- Engineers
- Technicians

图13-4 ICE部分BIM培训课程介绍

13.1.5 特许建造学会（CIOB）的BIM培训

CIOB是一个主要由从事建筑管理的专业人员组织起来的社会团体，是一个涉及建设全过程管理的专业学会。该学会成立于1834年，至今已有180多年的历史，在1980年获得皇家的认可。在过去的多年中，CIOB会员具有不同的层次，其中层次最高的两类会员，即资深会员（FCIOB）和正式会员（MCIOB），被称为"皇家特许建造师"（Chartered Builder）。由于CIOB在国际上具有较高声望，近年来，国内外越来越多的从事建筑管理的专业人员希望成为皇家特许建造师。

图 13-5　CIOB BIM 培训分类

Curriculum

The course is highly practical and interactive, and delivered by a highly experienced BIM professional over one day. The course contains the following elements:

Pre-reading

A selection of industry and topic focused reading that will help you prepare for the training day. This material will be accessible via our dedicated training website (ciobacademy.org)

Training session

A full day course including practical information, case studies and trainer led discussion covering the following topics:

- [✓] Strategic BIM implementation
- [✓] BIM project management – Organisational and project
- [✓] Skills training and development
- [✓] BIM technology and processes

Certification

At the end of the course, you will be eligible to apply for certification as a BIM Management professional under the CIOB. For more details on the certification, please contact educationadmin@ciob.org.uk.

图 13-6　CIOB 部分 BIM 培训课程介绍

　　CIOB 作为一个世界性的建设行业机构，代表建设和房地产开发专业人士在工作中谁的建筑环境。相比于其他机构，CIOB 的 BIM 培训分为 BIM 管理与 BIM 技术，CIOB 的 BIM 课程同 ICE 一样侧重于针对具有工程管理经验的专业人员提供运用 BIM 所需的要求和技能，帮助他们了解 BIM 可以在项目中实现哪些目标，确保 BIM 应用战略与项目指标协调一致，从而获取效益（图 13-5、图 13-6）。技能培训侧重于 BIM 应用领域的软件协同以及相应 BIM 标准下对信息文档的处理。通过培训可以获得 CIOB 认证的 BIM 管理证书。

13.2　风筝认证体系

BSI 风筝认证体系（The BSI Kitemark）由 BSI 在 1903 年推出，主要用于证明生产产品"符合英国标准"。对于 BIM，BSI 风筝认证体系主要关注项目的设计与施工、资产管理、信息安全是否满足对应标准的要求，来确保行业更好地按照 BIM Level 2 来实施（图 13-7）。

图 13-7　英国风筝认证与 BIM Level 2 相关的内容

在一次对 BSI 市场经理 Kieran Parkinson 的采访中，在问到 BSI 有众多的 BIM 标准，这些标准与 BIM Level 2 是什么关系以及如何考核标准的执行情况时，Kieran Parkinson 坦言，这个很难衡量。关于标准的落实考核方面，Kieran Parkinson 说目前 BSI 对一部分标准的实施有相应的认证体系，但还未覆盖到所有标准。另外，行业也普遍反映 BSI 制定的标准偏宏观，并不是很容易具体考核。大部分英国的项目也不是严格的按照标准在实施，更多的是部分参考标准的要求。不过根据对 BSI 的采访，企业取得 BSI 风筝认证是进入英国政府采购库的重要条件之一。

13.3　支持体系

13.3.1　NBS BIM Library 与 NBS BIM ToolKit

NBSNational BIM Library 是英国免费使用 BIM 内容的主要来源，同时，NBS

National BIM Library 中的对象库可与主流的建模类 BIM 软件集成，使用者可在 BIM 建模软件中直接使用 BIM 对象库中的对象。而 NBS BIMToolkit 则是将 BIM Level 2 的相关要求内置到产品里面，让使用者知道按照 BIM Level 2 的要求实施项目时，谁在什么时间需要做什么事情，方便行业人员在项目实施中直接使用。

在采访 NBS 研究与创新总监 Stephen Hamil 时，他说 NBS BIM Library、BIM Toolkit 等产品，都把 BIM Level 2 的相关要求内置到了产品中，来支持英国的 BIM 发展。在问到谁在维护和支持 NBS BIM Library 时，Stephen Hamil 表示 NBS 与建筑设备和产品供应商共同在维护 NBS BIM Library：NBS BIM Library 是免费供行业使用的，但是供应商在上传自己产品时会交一定的费用，一方面自己的产品可以在库中直接被设计师搜索并使用，同时自己的产品在库中也是一种程度上的市场宣传。NBS 会有专人对供应商上传的文件进行检查，以确认是否满足 NBS BIM Object 标准，所以满足要求的文件会有相应的认证标识。

Stephen Hamil 提到，当这样的库成为一种规模后会有很大的效应，但是如何从零开始是个艰难的过程。Stephen Hamil 表示，在 NBS BIM Library 之前，RIBA 和 NBS 就有类似成熟的产品库，所以从这些产品库过渡到 BIM 产品库会相应顺利些。

13.3.2 Bre Templater 与 DataBook

除了 NBS BIM Library 外，英国市场上还有其他类似的 BIM 库。不同的平台对同一个对象的数据、参数描述、几何呈现都是不一样的，所以在很大程度上影响了构件库的使用和模型数据的统一。所以 Bre 在目前英国主流构件库的基础上开发了 Bre Templater，Bre Templater 融合市场上主流 BIM 构件库的信息，把数据整合成符合 buildingSMART IFC 4x 的结构性数据，并可导出 COBieSPie, Excel 等格式，充分发挥出数据在建设管理过程中的力量。

除此之外，Bre 还进行 Data Book 的研发工作，Data Book 完全是对非几何图形信息的描述，所有的数据都可以以 COBie 的形式进行下载，用于建筑的资产管理和 EIR（Employer's Information Requirement，业主信息要求）。Data Book 是完全免费上传和使用的，Bre 的 BIM 总监 Paul Oakley 表示，能做到免费主要还是政府的支持，以及行业整体的努力。

13.3.3 UniClass 2015

完善和统一的编码体系也是支持 BIM 应用发展的重要支撑之一，是打通设计、施工和运维 BIM 应用、实现全生命期 BIM 信息共享的关键。英国政府以及 NBS、Bre 等机构也在积极推动着英国 UniClass 编码体系的应用。本书 10.4 对 UniClass 做了详细的阐述。

Bre 的 BIM 总监 Paul Oakley 表示，目前英国行业最广泛使用的还是 UniClass 1.4，因为 UniClass 1.4 已经植入到英国的主流工具中了，包括 Autodesk 和 Bentley 产品等。目前行业对 UniClass 2015 也在慢慢适应中，主流的工具也在渐渐地将 UniClass 融入到软件中。Paul Oakley 表示，随着知识和教育的普及，随着行业（不仅仅是个人）渐渐意识到 UniClass 的优势后，越来越多的人会融入到 UniClass 2015 中。

关于 UniClass 的开发，Paul Oakley 表示，Bre 在 20 多年前就与政府有过多次争论，Bre 认为像 UniClass 这样的编码体系是国家发展所必要的。在政府同意 UniClass 后，NBS 牵头、Bre 参与，行业共同努力通过十多年的努力完成这个基础性的工作。

所以，英国在建设数据的结构化、标准化以及数据积累等基础性工作上一直做着持之以恒的努力，标准的结构性数据是建筑行业走向更好未来的基础。

13.4 推广体系的效果与影响

一项新技术的普及应用，需要完善的政策体系、标准体系、教育培训体系，以及相关资源保障。

所以除了政策与标准体系外，英国的推广和教育体系也做比较完善。因为英国推广 BIM 更强调建立 BIM 思维模式和文化氛围，不是简单的软件培训，而是对技能、学习、创造力的重新塑造（Reskill/Relearn/Reinvent）。

同时，为了降低 BIM Level 2 的应用难度，BIM Task Group 也一直在支持第三方开发的工具中将 BIM Level 2 的要求融入进去，例如在 BIM 模型建立软件中嵌入 UniClass 方便项目管理人员直接使用，例如在 NBS BIM Library 与 NBS BIM ToolKit 中嵌入 BIM Level 2 所要求的数据标准和 DPoW 要求等。

虽然这些推广体系很难产生立竿见影的效果，但是这个行业还是逐渐地在往政府所引导的方向进步着。

参考文献

[1] 《建筑信息模型应用统一标准》（GB/T 51212-2016）.

[2] 《建筑信息模型施工应用标准》（GB/T 51235-2017）.

[3] 《建筑信息模型分类和编码标准》（GB/T 51269-2017）.

[4] 《建筑工程设计 BIM 应用指南（第一版）》（2014）.

[5] 《建筑工程施工 BIM 应用指南（第一版）》（2014）.

[6] 《建筑工程设计 BIM 应用指南（第二版）》（2016）.

[7] 《建筑工程施工 BIM 应用指南（第二版）》（2017）.

[8] 《BIM 软件与相关设备》（第二版）.

[9] National BIM Standard-United States Version 3.National Institute of Building Science & buildingSMART alliance, 2015, Washington, DC.

[10] National BIM Standard-United States Version 2. National Institute of Building Science & buildingSMART alliance, 2012, Washington, DC.

[11] AIA Document E202-2008，American Institute of Architects, 2008.

[12] ConsensusDocs 301-Building Information Modeling Addendum，ConsensusDocs, 2008.

[13] Level of Development Specification Guide, BIM Forum, 2017.

[14] BIM Project Execution Planning Guide Version 2.0，buildingSMART alliance&Pennsyvania State University，2010.

[15] BIM Planning Guide for Facility Owners,buildingSMART alliance & Pennsyvania State University，2013，San Francisco，California.

[16] Building Information Modeling Guildelines and Standards for Architects and Engineers，Division of Facilities Development，Department of Administration，State of Wisconsin，2009.

[17] Building Information Modeling Guildelines and Standards for Architects and Engineers，Division of Facilities Development，Department of Administration，State of Wisconsin，2012.

[18] Architectural/Engineering Guidelines，Texas Facilities Commission，2012.

[19] BIM Guidelines for Design and Construction，Commonwealth of Massachusetts，2015.

[20] State of Ohio Building Information Modeling Protocol，State Architect's Office，Ohio General Services Division，Columbus，2011.

[21] The US Army Corps of Engineers Roadmap for Life-Cycle Building Information Modeling，

Directorate of Civil Works, Engineering and Construction Branch, Washington, DC, 2012.

[22] GSA BIM Guide Series, U.S. General Services Administration, Public Building Service, Washington DC, 2012.

[23] University of Southern California Building Information Modeling Guidelines version 1.6, USC Capital Construction Development and Facilities Management Services, Los Angeles, 2012.

[24] IPD:Performance,Expectations, and Future Use-A Report on Outcomes of a University Minnesota Survey, University of Minnesota, 2015.

[25] Integrated Project Delivery:A Guide, AIA California Council, 2007.

[26] A Comparison of Construction Classification Systems Used for Classifying Building Product Models, KereshmehAfsari and Charles M.Eastman, Georgia Institue of Technology, Atlanta, Gergia, 2016.

[27] OmniClass Work Results: a critique, pcholakis1 Comment, 2013.

[28] BS 1192:2007, Collaborative production of architectural, engineering and construction information. Code of practice.British Standards Institution, 2007, London.

[29] PAS 1192-2:2013, Specification for information management for the capital/delivery phase of construction projects using building information modelling. British Standards Institution, 2013, London.

[30] PAS 1192-3:2014, Specification for information management for the operational phase of assets using building information modelling. British Standards Institution, 2014, London.

[31] PAS 1192-4:2014, Collaborative production of information. Fulfilling employer's information exchange requirements using COBie. Code of practice. British Standards Institution, 2014, London.

[32] PAS 1192-5:2015, Specification for security-minded building information modelling, digital built environments and smart asset management. British Standards Institution, 2015, London.

[33] BS 7000-4:2013, Design management systems. Guide to managing design in construction. British Standards Institution, 2013, London.

[34] BS 8536-1:2015, Briefing for design and construction. Code of practice for facilities management (Buildings infrastructure), British Standards Institution, 2015, London.

[35] BS 8541-1:2012, Library objects for architecture, engineering and construction – Part 1: Identification and classification - Code of practice, British Standards Institution, 2012, London.

[36] BS 8541-2:2011, Library objects for architecture, engineering and construction – Part 2: Recommended 2D symbols of building elements for use in building information modelling,British Standards Institution, 2011, London.

[37] BS 8541-3: 2012, Library objects for architecture, engineering and construction – Part 3: Shape and measurement. Code of practice, British Standards Institution, 2012, London.

[38] BS 8541-4: 2012, Library objects for architecture, engineering and construction – Part 4: Attributes for

specification and assessment - Code of practice. British Standards Institution, 2012, London.

[39] BS 8541-5:2015, Library objects for architecture, engineering and construction – Part 5: Assemblies – Code of practice. British Standards Institution, 2015, London.

[40] BS 8541-6:2015, Library objects for architecture, engineering and construction – Part 6: Product and facility declarations – Code of practice. British Standards Institution, 2015, London.

[41] BIP 2207, Building information management. A standard framework and guide to BS 1192. British Standards Institution, August 2010.

[42] Building information model (BIM) protocol. Standard Protocol for use in projects using Building Information Models. Construction Industry Council, 2013.

[43] "Introducing Uniclass 2015". theNBS.com. Retrieved 01 Sept. 2017.

[44] "ISO 12006-2:2015 Building construction -- Organization of information about construction works -- Part 2: Framework for classification". iso.org. Retrieved 01 Sept. 2017.

[45] Full Uniclass 2015 classification tables". theNBS.com. Retrieved 01 Sept. 2017.

[46] "What is the Digital Plan of Work? "https://www.thenbs.com/. Retrieved 03 Sept. 2017.

[47] BIM Protocol – Overview. http://www.bimtaskgroup.org/. Retrieved 03 Sept. 2017.

[48] Government Construction Strategy. 31 May 2011, UK Cabinet Office. Download from https://www.gov.uk/government/publications.

[49] Government Construction Strategy. 31 May 2011, UK Cabinet Office. Download from https://www.gov.uk/government/publications. 23 March 2016. UK Cabinet Office and Infrastructure and Projects Authority. Download from https://www.gov.uk/government/publications.

[50] Construction 2025: strategy. Department for Business, Innovation & Skills. 2 July 2013. Download from https://www.gov.uk/government/publications.

[51] Built Environment 2050. A Report on Our Digital Future. Download from http://www.bimtaskgroup.org/.

[52] Institution of Civil Engineers, 2016. ICE: The home of civil engineering | Institution of Civil Engineers [WWW Document]. URL https://www.ice.org.uk/.

[53] BSI, 2015. Building Information Modeling Certification | BSI Group [WWW Document]. URL https://www.bsigroup.com/en-GB/Building-Information-Modelling-BIM/.

[54] CIOB, n.d. About CIOB Our History | The Chartered Institute of Building [WWW Document]. URL http://www.ciob.org/about.

[55] Summary, C., Managers, P., Surveyors, B., Manager, F., Engineers, C., n.d. Certificate in Building Information Modelling (BIM) - Project Management [WWW Document].

[56] BRE, n.d. BRE Academy _ BRE Academy Courses [WWW Document].

[57] Cabinet Office, H., 2011. Government Construction Strategy, Construction. doi:Vol 19.

[58]   UK BIM Alliance, 2016. Strategic Plan.

[59]   Kemp, A., Saxon, R., 2016. BIM in the UK : Past , Present & Future 40.

[60]   Waterhouse, R., Philp, D., 2016. National BIM Report. Natl. BIM Libr. 1–28. doi:10.1017/ CBO9781107415324.004.

[61]   NBS, National BIM Report 2011-2018.

[62]   Launch of Digital Built Britain - GOV.UK [WWW Document], n.d. URL https://www.gov.uk/ government/news/launch-of-digital-built-britain.

[63]   Zhang, Q., 2013. Research on BIM Technology Policy in UK.

[64]   Smith, P., 2014. BIM implementation - Global strategies. Procedia Eng. 85, 482–492. doi:10.1016/ j.proeng.2014.10.575.

[65]   Kassem, M., Succar, B., 2017. Macro BIM adoption: Comparative market analysis. Autom. Constr. 81, 286–299. doi:10.1016/j.autcon.2017.04.005.

[66]   Succar, B., Kassem, M., 2015. Macro-BIM adoption: Conceptual structures. Autom. Constr. 57, 64–79. doi:10.1016/j.autcon.2015.04.018.